国家社科基金项目结项成果 项目编号：14BZX100

四川师范大学学术著作出版基金资助出版

恢复气候的路径

唐代兴　著

人民出版社

责任编辑:孟令堃

文字编辑:张龙高

装帧设计:朱晓东

图书在版编目(CIP)数据

恢复气候的路径/唐代兴 著.—北京:人民出版社,2017.10

ISBN 978-7-01-018328-2

Ⅰ.①恢… Ⅱ.①唐… Ⅲ.①气候变化-对策-研究-中国

Ⅳ.①P467

中国版本图书馆 CIP 数据核字(2017)第 244577 号

恢复气候的路径

HUIFU QIHOU DE LUJING

唐代兴 著

人民出版社 出版发行

(100706 北京市东城区隆福寺街 99 号)

北京中兴印刷有限公司印刷 新华书店经销

2017 年 10 月第 1 版 2017 年 10 月北京第 1 次印刷

开本:710 毫米×1000 毫米 1/16 印张:23.00

字数:342 千字

ISBN 978-7-01-018328-2 定价:70.00 元

邮购地址:100706 北京市东城区隆福寺街 99 号

人民东方图书销售中心 电话:(010)65250042 65289539

环境：是民族国家永续存在发展的必须土壤

空气·水·土地：是人人持续生存的最低条件

表本兼治：是阻止环境崩溃运动的正确方式

一旦你消除了不可能，那么，剩下的必定是真理。

——阿瑟·柯南·道尔
《四签名》

在应对气候改变的问题上，最大的阻碍是在人们了解气候改变问题之前，它已经成了一种陈词滥调。我们现在需要的是可靠的信息和仔细的思考，因为在未来的几年中，它将使所有其他相关的问题都显得微不足道。它将成为唯一的问题。

——蒂姆·富兰纳瑞
《是你，制造了天气：气候变化的历史与未来》

目 录

第一篇　治理大气环境的目标方向

第二篇　治理大气环境的社会路径

自序

居于大地之上苍穹之下，这是人的存在命运：地球和宇宙构成了人得以存在的实际环境，人无论怎样发展自己，都不可忽视使其存在的环境本身，更不能以违逆或对抗环境的方式任性而为。因为，环境始终在遵循其内在本性而自在运动。

1

使人得以存在于其中，并为之提供存在条件的环境，是立体性存在。我们通常讲"人存在于天地之间"，这个"由地而天"和"由天及地"双向运动所形成的"之间"，构成了人得以存在的立体空间。这个立体空间就是人得以存在的宇观环境，它由太阳辐射、地球轨道运动、大气环流、地面性质（即下垫面）和生物活动相向运作而敞开，其可感知的运动形态，就是气候的周期性变换运动及所呈现出来的时空韵律。气候周期性变换运动的具体形态，就是寒暑有节、降雨有时。从对人的功用角度讲，就是风调雨顺。换言之，人与宇观环境的关系，就是人的生存与风调雨顺的关系。

气候的周期性变换运动，既使地球与宇宙网络成为宇观存在，又是对地球与宇宙的动态调节使之共生互生。气候因为外力作用而丧失周期性变换运动规律，地球与宇宙的共生关系遭受破坏，这种情况一旦出现，不仅气候失律，而且地球失律。

人是存在于大地之上的，地球构成了人存在的宏观环境。地球失律，向上，影响宇观环境，推动气候失律；向下，影响中观环境，导致地面性质改变并改变生物活动方式，最终影响人居环境，使人居环境逆生化、死境化。

概言之，人得以存在的环境，是立体的，是"由地及天"并"由天而地"的共生运动，气候失律，是这种共生运动方式的解体。恢复气候的基本路径，只能走"由地及天"的路子，然后才可能恢复"由天而地"的共生运动。

2

人得以存在的环境，不仅是立体性存在，而且是动态生成的。环境的动态生成性，源于天（宇宙）地（地球）本身的共生存在，更源于居于天地之间的气候的周期性变换运动。更具体的，无论从宇观观，还是从微观讲，构成环境的各要素本身，既是自生成性的，也是相互生成性的。比如，太阳辐射、大气环流、地面性质、生物活动的相向运动，构成了人得以存在的宇观环境；海洋、山脉、河流、平原、湖泊、森林、草原等的共生存在，则构成了人居的宏观环境；支撑人存在的中观环境，其生成运动的构成要素是生物种群、群落、动物、植物、微生物。具体观之，微观的人居环境，恰恰又是宇观环境、宏观环境、中观环境的地域性统合，即地域性统合宇观环境、宏观环境、中观环境的微观环境，就是人得以具体存在的人居环境。因为每一个实际的人居环境，都既在具体的大地之上，更在具体的天地"之间"，并被具体的种群、群落、江河或平原、森林或山脉所簇拥。

无论从宇观看，还是从微观论，环境都是动态生成的。环境的动态生成性，根源于环境的自生命性。环境的自生命性表征为环境自为地存在，即环境以自身的内在本性决定自己的存在方式。比如，作为涌动于"天地之间"的气候，以内在的自秩序要求而自在运动。气候以自秩序要求而自在运动的方式，就是周期性变换运动及所体现出来的时空韵律。不仅宇观环境如此，就是构成环境的具体要素，同样是如此。比如，水的流动或停止，表面看取决于外物对它的做功，但实质上却是水"平澹而盈、卑下而居"的本性使然。哪怕是构成微观环境的具体要素比如树木花草，其存在敞开也以自生本性而自为自在。

环境的动态生成性，根源于环境的自秩序本性及由此所形成的自在要求。环境的动态生成性决定了环境与环境要素，以及微观环境、中观环境、宏观环境、宇观环境相共生和互生。这种共生互生的内在要求，即是环境的亲生命性：环境与其构成要素之间，以及微观环境、中观环境、宏观环境、宇观环境之间的亲生命性，构成环境的本原性关系。正是这种本原性关系，才构成环境的动态生成动力，并使环境共生成为现实。

环境遭受破坏，是人力解构环境之共生关系的结果，但本质上是破坏了环境亲生命的本原性结构。治理环境的根本努力方向，是恢复环境之间的亲生命本性，重续环境构成要素之间以及环境与环境之间的共生关系。

3

环境的形态学，揭示环境立体敞开的运动方式。

环境的存在论，揭示环境自为共生的存在方向。

环境的生存论，揭示环境自生生他的本质力量。

无论从具体构成论，还是从形态类型的关联性敞开论，环境之间能够自为地共生的内在前提，是环境本身具有生的功能、生的能力。这个能生的功能，就是环境自生境功能；这个能生的能力，就是环境能力。

环境自生境功能，是指环境具有自承载、自滋养、自化解并使其生生不息的功能。环境的自承载，是指具有自我承受其容量极限内的外部压力之能力。环境的自滋养，是指环境具有自我制造营养和自我输送营养的功能，正是这种功能使环境自生境化。环境的自化解，是指环境具有自我排除阻碍、自我净化机能、自我疏通渠道的能力。正是这种功能，才保障了环境的自生境化。

环境自生境功能的生成及发挥，是建立在环境能力基础上的。环境能力是指环境的自组织、自繁殖、自调节、自修复力量。

环境所具有的"四自"力量，揭示了环境能力是内在生成的，是环境的内在本性外化为自存在的力量。

大而言之，环境相对地球生命的存在论；具体地讲，环境相对人而论。从地球生命和人出发审视环境的形态类型，宇观环境统摄宏观环境，宏观环境统摄中观环境，中观环境统摄微观环境；反之，微观的人居环境却又以地域性方式涵摄了中观环境、宏观环境和宇观环境。所以，环境的动态生成呈立体网络性，环境自生能力的功能发挥最终表征为其生他能力。以此观之，环境能力即是环境自生能力与生他能力的融会贯通。

从环境自生与生他的功用角度观，环境能力就是环境生产力。

环境生产力，是环境自我生育和生育他者的能力。

4

环境能力，或者说环境生产力，内在地蕴含三个原理，即环境生育原理、环境优先原理和环境限度生殖原理。

所谓环境生育原理，是指环境自组织、自繁殖、自调节、自修复原理。自组织，是环境生育的动力原理；自繁殖，是环境生育的结构原理；自调节，是环境生育的动态平衡原理；自修复，是环境生育的补偿原理。

从根本论，环境生育原理对环境做出两方面自我规定。一是环境自我定性：环境必须以自生为原动力，并在充分发挥自生功能的同时，才释放出生他的功能。二是环境自我赋形：环境按内在本性要求而自在地敞开自身、呈现自身。所以，环境之自组织、自繁殖、自调节、自修复，是环境自为的功能发挥方式。环境之自为诉求和自为能力的功能发挥，才生出为他性。环境为他性的功能释放，就是生他。环境的自生与生他，是从整体与个体之生成关系论：环境作为人存在于其中的存在世界，它是整体的；

构成环境的要素、条件，却是个体的。只有当作为整体的环境处于自生状态、体现很强的自生能力时，它才发挥生成具体的生命、具体的存在物、具体的资源条件的功能。

环境生育原理揭示了环境的整体动力学和局部动力学从何处来，也揭示了环境的整体动力学向局部动力学实现、环境的局部动力学向整体动力学回归何以可能。更重要的是，环境生育原理昭示我们：环境是生命存在体，它以自身本性为内动力机制而自在地存在，任何将环境视为是无生命的物而可任意摆布之的想法，都无利于阻止环境悬崖的崩溃运动。只有遵循环境生育原理，我们才可尊重环境、善待环境，这是阻止环境崩溃的必须前提。

5

环境的自生品质与生他功能之间的如上规定，决定了环境优先，形成环境优先原理。

环境优先原理对环境自身的生育功做了两个方面的规定。首先，根据环境生育原理，环境必须自主自为。所以，无论是作为整体的环境，还是作为具体的环境要素，其自生优先于生他。其次，构成环境的任何要素、任何条件，都必须以环境自生为存在土壤和动力源泉。以此为准则，也"只有在优先考虑环境的前提下实现经济发展才是真正的人类可持续发展之路"[①]。"尽管我们许多人居住在高技术的城市化社会，我们仍然像我们的以狩猎和采集食物为生的祖先那样依赖于地球的自然的生态系统。"[②]

环境优先原理揭示了环境自生与生他的关系，即只有当环境保持自生能力时，它才能发挥生他的功能。具体地讲，第一，只有当环境拥有自生且生生不息的内动力时，才可释放出生他功能来；第二，环境一旦获得生

---

① 冯雷：《马克思的环境思想与循环型社会的建构：日本一桥大学岩佐茂教授访谈录》，《马克思主义理论与现实》2005 年第 5 期。

② ［美］莱斯特·布朗：《生态经济》，林自新、戢守志译，东方出版社 2002 年版，第 5 页。

他力量并释放出生他功能时，就自在地增强了自生力量。

　　基于如上两个方面规定的环境优先原理告诫我们：人类发展到当代，虽然有超越环境的智能和技术，但仍然不是环境的主人，任何企图主宰环境和任意驾驭环境的想法，都是愚蠢的。因为我们已经拥有的一切，以及想要得到的一切，都蕴含在环境之中，都须由环境提供，哪怕是最抽象的高深智慧，或最感性的魅人的美，都来源于环境。

6

　　环境生育原理揭示了环境的生产力功能；环境优先原理揭示了环境生产力的内在限度性，即环境自生与生他的能力既要受环境整体存在的约束，同时也要接受环境构成要素的约束。这两个方面的约束构成了环境限度生殖原理。

　　首先，环境作为整体的生产力量，其自我生殖能力是有限的。这种有限性既源于环境的基本构成性，也源于环境的形态类型性。从前者观，环境由个体构成，个体性的生命，个体性的资源，个体性的存在物，个体性的种群、群落……个体的本质是有限性，由有限的个体性要素构成的环境，无论它具有何等的整体生产能力，都要接受由有限个体构成的限度的限制。从后者论，环境的不同形态类型，比如微观环境、中观环境、宏观环境和宇观环境，其类型形态本身就自设了自生与生他的限制性。正是因为如此，环境生产力，以及由此形成的环境生境，无论在微观层面，还是在中观、宏观或宇观层面，始终呈现自我限度和相互限度。由是，宇观环境、宏观环境、中观环境由微观环境构成，微观环境由个体性的生命、资源、存在物构成；微观环境的存在敞开却要接受中观环境、宏观环境和宇观环境的推动和制约。

　　其次，环境作为具体的生产力量，其生殖他者的功能也是有限的。这是因为整体与个体虽然可以交融性存在，但整体与个体仍然各属自己，并且各自内生出自为的存在本性和自在方式。比如，一片绿色的草原中，也可能出现一块不毛之地；广袤无垠的肥沃土地里，或许有一片沼泽或乱石地。又比如今天，全球气候处于失律状态，酸雨与霾污染、洪水与干旱、酷热与高寒等交织无序敞开，但仍然有许多微观环境处于旺盛的生境状态；并且哪怕是微观环境也处于生境破碎状态，但其中仍然有不少的生命形式、种群、群落处于自生生状态。

　　环境限度生殖原理警示我们：人类的欲望可以无限度，但人类实现其欲望的环境条件却是有限度的。有限度地存在，有限度地生存，有限度地利用环境或培育环境，这是恢复气候、重建地球生境的必须方式。

2016 年 8 月 23 日书于狮山之巅

导论：恢复气候·重建生境的道路

2017 年 4 月 6 日，《世界环境》杂志和《中国日报》社联合评选出"2016 年全球十大环境热点"。这"十大环境热点"突显出一个主题，这就是紧急行动应对日益恶化的气候。在这"十大环境热点"中，体现里程碑意义的是《巴黎气候协定》于 2016 年 11 月 4 日正式生效。2015 年在巴黎召开的第 21 届世界气候会议上，缔约方一致通过《巴黎气候协定》（2015 年 12 月 12 日），该协定从通过到生效，仅用了不到一年的时间，这是历史上批准生效最快的国际条约。《巴黎气候协定》迅速生效，改变了历届世界气候会议上两大利益集团的"利益拉锯战"格局，达成了共同对付极端气候的行动共识。这种行动共识的达成，表面上看来很意外，但实际上恰恰是全球气候进一步恶化逼得两大利益集团不得不明白"只有立即行动共同应对气候危机"才是最大的利益；也"只有立即行动共同应对气候危机"，才是唯一自救的机会和方式。如果站得更高看得更远一点，《巴黎气候协定》的快速生效，意味着环境的未来，不仅取决于今天做出了共同行动的积极选择，更取决于其后怎样行动。因为，在气候危机面前选择应对的行动，这是基于生存的本能："所有动物和植物的生长，在很大程度上依赖于气候。人类一切生活方式的形成也间接受气候的影响，故人类为了适应他们生活于其中的气候，曾被迫调节其习惯、所有物和一切物质需要。与此相适应的，动物界成员们也不得不改变身体上的器官和机能，以适应喜怒无常的气候。"[①] 而在什么层次上以什么方式应对恶变的气候，才体现人类理性对环境的未来的真正把握。

---

① ［德］J. E. 利普斯：《事物的起源》，汪宁生译，四川人民出版社 1982 年版，第 78 页。

1. 环境治理的常识定位

本书是对《气候失律的伦理》①主题的延续。《气候失律的伦理》讨论了三个基本问题。第一，全球气候极端变化的实质，是气候作为天气变化的过程，丧失了周期性变换运动的规律。第二，造成全球气候失律的根本力量，是人类过度介入自然界的活动，并基于这一基本认知而探寻人力造成气候失律的自然机制：人类活动推动全球气候失律遵循的是层累原理、突变原理和边际效应原理。第三，基于层累原理、突变原理和边际效应原理，人类自我节制恢复气候、重建地球生境，需要伦理-道德的引导，因而必须探求重建伦理原理和道德规范体系，这就是以利益共互原理、普遍平等原理、权责对等原理和气候公正原则所构成的伦理-道德体系。《气候失律的伦理》所做的工作，是为恢复气候、重建生境提供认知理论、价值导向系统和行为规范体系。本书就是运用其认知理论、价值导向系统和行为规范体系，探讨如何卓有成效地恢复气候、重建生境的社会途径与一般社会伦理方法。

如何卓有成效地恢复气候、重建生境，首先涉及两个常识性认知：一是气候与环境的关系，二是恢复与治理的关系。

气候与环境的关系，《气候失律的伦理》中讲得很清楚：气候周期性变化运动构成了地球生命安全存在和人类可持续生存的宇观环境。对气候作如此的环境界定，源于"环境"本身的规定。

一般而论，环境对于地球世界中的存在物而言，它是存在物得以存在的必须土壤、条件、平台，比如一块石头，它成为**这块**石头而存在，需要一个支撑它存在的土壤、平台，那就是某一特定地理位置、具体的一块土地，以及与此地理位置和这块土地相关的各种存在物等，构成了"这一块"石头存在的环境。总之，任何一块石头都不会凭空存在，即使有这样一块石头在空中存在，那么使这块石头存在于空中的"那一片"天空，也就构成了它能够存在的"环境"。在严格意义上，环境对于人而论，它是

---

① 唐代兴：《气候失律的伦理》，人民出版社 2017 年版。

指人得以存在的土壤、条件、平台。抽象地讲，所谓环境，就是人对自己存在于其中的存在世界的意识对象化，或曰：环境就是我们**意识到**的存在世界。人存在于其中的存在世界，一旦被自己的意识对象化，它就成为人所存在的环境。所以，"存在世界"变成"环境"，在于人对它的意识：被人意识到的存在世界，就是环境；没有被人意识到的环境，就是存在世界。

　　人与环境的关系，表面上看是外在关系，究其实质，却是内在关系。这是因为：第一，环境作为被意识到的存在世界，不管人对它有无意识，它都始终以自身方式存在着，并使人（包括其他存在物）存在于其中。所以，人被存在世界内在化，或者说人被自己存在于其中的环境内在化了，并且正是这种内在化，作为环境的存在世界对人具有**生养**的功能。第二，人存在于其中的存在世界，只有当被作为意识的对象而意识到时，它才成为环境，然而，正是人对存在世界的这一"意识"行为本身，将存在世界内在化为人的意识的对象：人存在于其中的存在世界，之所以变成了人的存在环境，就是因为意识的缘故而成为人的意识的对象物。一切被意识对象化的存在物，都是被内在化的存在物。以此观之，人与环境的关系，是互为内在化的关系。这种互为内在化的关系恰恰揭示了人与环境之间的本原性亲缘关系：作为存在世界的环境，具有亲生命性，也具有亲人性；作为存在于存在世界中的生命、人，具有亲环境性，也具有亲存在世界性。

　　人存在于其中的存在世界因为人的意识的对象化而成为环境，却并没有改变人与存在世界（即环境）之间的原本关系，更没有改变环境（即存在世界）本身的结构。这就是说，人得以存在的土壤、条件、平台，无论是纯自然状态的"存在世界"，还是被意识对象化后的"环境"，它自身构成的二维结构，始终没有被改变。环境自身构成所呈现出来的二维结构，就是由地面性质、生物活动所组构起来的地球环境和连接起地球与宇宙共生运动的气候环境。前者是人得以存在的**宏观**环境，后者是人得以存在的**宇观**环境。只有在宇观的气候环境和宏观的地球环境统摄下，才形成不同层级的地域环境，比如，区域性环境（如欧洲环境、亚太环境）、国域性环境（如中国环境、美国环境）、地区性环境（如北方环境、江南环境，或者山东环境、海南环境）和具体的人居环境（如家乡环境，或生活于其中的城市环境）。因为，无论是区域环境、国域环境、地区环境，还是具体的人居环境，必须在地球之上和苍穹之下展开，并且必须接受气候运动的影响。

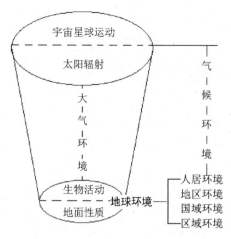

图导-1　环境生变的宏观运作机制

气候环境作为人得以存在的宇观环境，实际上由生物活动、地面性质、大气环流、太阳辐射、地球轨道运动等要素共生运动形成。所以气候环境始终是一种**生成性**变化的环境，这种生成性变化的环境也有规律，这就是气候**自返性循环**运动。气候自返性循环运动，就是气候周期性变换运动。气候作为生成性变化的天气过程，它能够自返性循环的内在要求，就是自秩序本性；它能够自返性循环的外在规范，就是周期性变换运动的时空韵律。气候失律，就是气候变换运动既丧失内在秩序本性要求，又丧失周期性变换运动的时空韵律。

气候失律的直接原因，是气候自返性循环这一变换运动方式的内在裂变。这种内在裂变源于环流不息的**大气的浓度**的改变。导致大气浓度改变的有两类物质：一类是二氧化碳、甲烷、氟利昂等，另一类是二氧化硫、氮氧化物和硫酸、硝酸等颗粒物。前一类物质在大气中比例增加，自然会导致大气中温室气体浓度升高，由此造成气候变暖；后一类物质在大气中比例增加，自然会导致大气中污染物的浓度升高，由此形成霾天气，霾天气的**持续扩散**就成为霾气候。

在人类从"学习自然"向"征服自然"方向挺进的现代文明进程中，无论哪类物质的浓度增加所导致的气候失律，都由人力介入自然界的活动所造成。这主要源于两个方面：一是工业化生产、商品消费和高技术化生活，向大气层排放二氧化碳等温室气体和二氧化硫、氮氧化物及硫酸、硝酸等颗粒物；二是无限度的生产、消费所形成的破坏性因素层累性积聚导致地球生物结构和地面性质改变，由此使地球自净化功能弱化或根本性丧失。解决前一个问题，其目标是降低大气中的温室气体；解决后一个问题，其目标是降解大气中的各种污染物，尤其是对人体伤害极大的颗粒性污染物。为解决前一个问题，其必为方式就是减排，即减少高碳、高污染物排放；为解决后一个问题，其必为努力就是化污，即降解、化解各种污染物。但无论是减排还是化污，都是治理。所以，恢复气候、重建生境，是一个人力治理的过程。

恢复气候，重建生境，必须治理；并且，恢复气候、重建生境，必须治理环境。在这里，要治理的环境，主要不是指作为宇观环境的气候运动，因为气候是不能治理的，人类也没有能力直接治理气候，只有通过间接的方式使气候恢复。要使失律的气候恢复到周期性变换运动的常态，只有通过治理地球环境来实现，具体地讲，就是通过对人居环境、地区环境、国域环境和区域环境的治理，改变恢复气候的地面性质条件、生物结构条件。

不仅如此，通过治理地球环境来实现气候的恢复和生境的重建，还客观地存在着一个表本兼治的问题。而且，表本兼治要真正卓有成效，还需做双重结构的社会努力。在表层结构上，治表，是减少温室气体和污染物的排放；治本，是推进社会经济、生产和消费方式的转型，恢复大地自净化功能。在深层结构上，治表，是探索可持续生存式发展方式，推动经济、生产和消费方式的全面转型；治本，是重建社会基本结构，实施"小政府、大社会"，建立"利用厚生"的社会发展方式和"简朴生活"的生存方式。

2. 环境治理的目标定位

为根治环境问题而改变生产方式、消费方式和生活方式，其直接努力是降解污染、恢复气候，但根本目标却是重建生境，即重建地球生境和气候生境。所谓"生境（Habitat）是为动植物提供生长条件的常规自然空间"①。换句话说，生境就是地球上"生物种群的家"，即生物物种得以存在的本原性环境状态。在本原意义上，支持生命存在的环境，是生境的。环境的生境性，并不是外部注入的，而是环境自持内在本性的存在性敞开状态。这里涉及对"环境"的根本性理解："环境"作为支持生命存在的土壤、平台，或者说构成生命存在的整体性条件，它本身由生命或生命性的要素构成。比如，在生物世界，任何一个具体的物种、种群得以存在的环境，都由水土、草木、气候、生物群落等要素构成。再比如，你所出生的家乡环境，同样包括山脉、河流、草木、动物、微生物、人口、建筑等。由于环境构成要素的生命性，构成了环境本身的生命性存在。环境本身的生命性存在，并不是其构成要素的机械组合，而是自然力量按照宇宙律令、自然法则、生命原理的方式予以内在化的自生性建构。所以，环境具有自生境能力，即自组织、自繁殖、自调节、自修复能力。

环境自生境能力，简称为环境能力。环境能力一旦为生物世界和人类社会所适度运用，就成为环境生产力。所谓环境生产力，是指环境不仅具有自组织、自繁殖、自调节、自修复的自生境能力，而且还具有生育和滋养他物、他种生命、他种存在的能力，具体地讲就是具有滋养、培育、繁荣人类社会的能力。比如，环境科学里面所讲的可再生资源问题，实际上就是环境生产力问题。又比如说"一方水土养一方人"，同样是环境对人、对种族、对民族繁荣和国家存在发展，起到了决定性的培育和滋养的作用。试想严重缺水或丧失绿色的环境，根本不具有可居住性的环境，这样

—————————————

① ［芬兰］Ilkka Hanski：《萎缩的世界：生境丧失的生态学后果》，张大勇、陈小勇译，高等教育出版社 2006 年版，第 4 页。

的环境就是其环境生产力根本丧失之后的崩溃性环境（见第一章）。

所以，根治环境问题、恢复气候的实际目的，是重建环境生境；重建环境生境的根本目的，是恢复环境生产力，这是人类社会重获存在安全和可持续生存的根本保障。或者说，人类重获存在安全和可持续生存的根本环境条件，就是恢复环境能力，具体地讲，就是恢复环境自生境能力和环境生产力。为实现此双重目标，根治环境问题必须从减排化污着手，走向对生产方式、消费方式和生活方式的改变和重建。

3. 环境治理的源头是什么

以恢复气候、重建生境为最终目标的环境治理，必须表本兼具。表本兼治环境，相当困难。这首先体现在治表不易，因为无论是减排还是化污，既涉及具体的利益的损益，更涉及习惯的调整和改变。而治本则更难，这是因为治本不仅涉及到利益的损益，也不仅涉及到习惯的调整和改变，还必须改变利益机制。所以，治本，实质上是源头治理，是根源的治理。

对环境进行源头治理，就是进行生产方式、消费方式和生活方式的治理。

首先是生产方式。生产方式源于群居性的社会劳动，或者更简单地讲，生产方式源于人与人之间的劳动合作。因而，理解生产方式，须先理解社会及其与个体存在的关系。

社会由个体基于共同意愿所缔造。个体之所以能够形成共同意愿，是因为个体的两个本原性存在事实所驱动：第一，个体面对广袤的存在世界和强大的生物世界，弱小无依，从根本上缺乏存在安全；第二，个体是生命化的，而且生命需要资源滋养才可存在，个体所需要滋养生命的资源没有现成的，所以，个体被迫处于资源匮乏无保障的状况中。为解决这两个问题，个体必须走向他人、走近他人、走进他人，以借他者之智力解决存在安全和生存保障的问题，这就是霍尔巴赫所曾讲的，人"为了使自己幸福，就必须为自己的幸福所需要的别人的幸福而工作；因为在所有的东西中间，**人最需要的东西乃是人（引者加粗）**"①，人对人的需要，产生了社会，构建起了人互借智力谋求存在安全和生存保障的生产方式。

生产方式的展开，狭义地讲就是经济劳动，就是通过经济劳动而创造物质财富。但前提是必须向自然界索取资源，使之变成能够为人所享用的物质财富。以生产的方式向自然界索取资源、创造财富的行为及其过程，始终体现对自然生态和环境的破坏。自然世界既是有限度的存在世界，也是能生的存在世界。当人以生产的方式向自然界索取，所造成的破坏能够被自然世界本身所修复，人与自然世界就处于相互生生的状态；当人向自然世界索取所形成的破坏不能为自然世界本身所修复时，人与自然世界之间就会形成分裂的状态。

从人类文明展开的方向和进程观，人向自然世界索取资源的活动，切实走了一条从人与自然相生向人与自然分裂的道路。开辟这条道路的根本工具，就是生产方式。

生产方式构成推动人与自然分裂的工具，缘于两个方面的原因：一是生产方式的高技术化，二是生产方式的粗放化。

生产方式的高技术化，推动人的经济劳动从"学习自然"迅速向"征服自然"方向展开。由此造成生产方式的技术化程度越高，对自然世界和环境的破坏就越普遍，就越具有深度和广度，因而，人力对自然世界和环境的破坏就越严重。人类文明的基本方向，就是高技术化生存；高技术化生存的前提条件，就是高技术化生产，由此形成生产方式的高技术化追求。高技术化追求必然造成对自然世界的加速破坏，造成对环境生态的根本性扭曲。说到底，人类现代文明的工业化、城市化、现代化进程，不过是其生产方式高技术化追求的敞开形态。自十九世纪末以来，地球环境越来越贫乏，气候失律越来越极端，不过是不间断的生产方式高技术化追求所应得的负面结果而已。

不仅生产方式的高技术化追求导致了自然贫困和环境破坏，而且生产方式的粗放性泛滥，同样是造成自然遭受加速破坏、环境被迫加速崩解的

---

① 周辅成编：《西方伦理学名著选辑》下卷，商务印书馆 1996 年版，第 89 页。

根本社会推动力。粗放型的生产方式，不仅是低技术含量的生产方式，而且是高浪费资源、高污染环境、高破坏自然的生产方式。

一般地讲，生产方式本身呈粗放型向高技术化方向改变的趋势。由此形成导致自然贫困、环境破坏的两个阶段、两种方式。首先，在生产方式的粗放性阶段，必然形成对自然环境的粗放性破坏。对自然环境的粗放性破坏方式，是最野蛮、最残酷的破坏方式，它往往产生于农业文明向工业文明的过渡时期，具体地讲，就是工业化、城市化、现代化的低阶进程，必然是粗放型生产方式主导社会经济活动的阶段，这个阶段中人类文明对自然世界的野蛮掠夺，造成了对环境的残酷破坏。其次，一旦进入生产方式的高技术化阶段，必然形成对自然环境的精致性破坏。这种破坏方式往往是工业文明成熟的体现，即工业化、城市化、现代化的成熟期，也是生产方式高技术化革新的时期，这一时期形成最精致的环境破坏和自然贫困，因为越是精致的生产方式，越是在深度和广度上造成自然的贫困和环境的破坏。换言之，粗放型生产方式指向自然世界，尚有许多力所不及的地方，而且对环境的破坏更多地处于表层。与此不同，高技术化的生产方式却指向自然世界的每一个角落，对环境的破坏始终是深度的；并且，技术化程度越高，环境破坏越具有深度和广度。比如，在 20 世纪上半叶，对海洋和太空的开发，仅仅是尝试性的，而且只是个别国家才有这个实力，但进入 21 世纪，海洋和太空开发成为普遍的经济活动。

从根源上治理地球环境，以实现恢复气候、重建生境。落实在生产方式上来，其根本的努力方向有二：一是放弃粗放型生产方式和环境伤害型的高技术化生产方式；二是发展环境滋养型的生产方式，这种生产方式，当然可能是高技术的，但更应该是自然生境性和环境生境性的。也就是说，环境滋养型的生产方式，是既合人文律，更合自然律的生产方式，是自然律与人文律有机统一的生产方式。

其次是消费方式。消费方式虽然更多地表现为个人行为，但它本质上是社会性的。这源于三个方面因素的激励或制约。第一，消费方式由消费欲望所推动，消费欲望由"生活得更好"的冲动所激发。因而，对"生活得更好"的具体内容和水准的谋划，就构成了消费方式形成和更新的个体性动力。第二，生活消费方式伴生于生产方式，因为如何生活得更好的问题，只能以现有的生产方式为依据和动力机制。具体地讲，赋予"生活得更好"以什么内容或什么水准的内容，不是凭空想望得来，很大程度上是由生产方式所激励生成。所以，具体的消费方式总是伴随生产方式而产生，生产方式的变革，必然带来消费方式的变革。第三，推动生产方式变革的根本动力是技术。技术的革旧鼎新，成为消费方式形成和变化的最终源泉。

由于这三个因素的激发，消费方式与生产方式同步，即有什么样的生产方式，必然形成与之相适应的消费方式。由此，粗放型生产方式塑造出粗放型消费方式，高技术化的生产方式培育出高技术化消费方式；并且，消费方式也呈现从粗放型向高技术化型方向展开的趋势。

另一方面，消费方式并不完全被动地接受生产方式的刺激和规训，它同样具有对生产方式的激励功能。这是因为生产方式对消费方式的激励性生成，是通过产品而实现的。具体地讲，生产方式通过生产活动而将自己灌注进规格化的产品之中，产品进入市场成为消费商品然后进入家庭生活，或者说个人生活，或丰富、或改变了个人生活或家庭生活的质量、方式、水准。正是这种丰富或改变，潜移默化地激发了人们对所使用的产品缺陷的发现，对更好的、更便利的、更人性化的产品的市场化寻觅或想望。与此同时，生产企业为了更大的生产赢利，不得不追求对更大的消费市场份额的占有，而抢占消费市场份额的唯一方式，就是不断推出更新的、更好的、更让消费者满意的产品。由是，消费者对使用中的产品缺陷的发现和对更好的产品的想望甚至设想，顺理成章地成为企业创新的智慧源泉，更成为"消费促生产"的原动力。或可说，消费促生产的现代生产方式，就是这样产生的。

概括地讲，消费方式与生产方式的互为动力，构成了生产和消费的联盟与野性发展。正是生产与消费的联盟与野性发展，才形成最强大的力量，征服自然、改造环境、掠夺地球资源，地球环境由此遭受持续增长的破坏。这种持续增长的破坏构成了气候失律的最终推手。所以，为恢复气候、重建生境而根治地球环境，需要从根本上改变粗放型生产方式和环境伤害型的高技术化生产方式；要从根本上改变粗放型生产方式和环境伤害型的高技术化生产方式，需要改变粗放型的和高技术化生存的消费方式。

要通过改变消费方式来改变生产方式，其根本性的努力是改变生活方式。生活方式与消费方式、生产方式之间也是互生性的：生活方式的形成和改变，往往受社会消费方式和生产方式激励，但生活方式也可形成对消费方式和生产方式的超越，这主要取决于生活方式的实际价值取向或满足诉求。由此可将生活方式归纳为两大类型，即以情感-精神为取向的生活方式和以物质-利益为取向的生活方式。

以情感-精神为取向的生活方式，更多地体现为物质生活的简朴，对资源、物品的充分利用和对地球生命的尊敬与敬畏。所以，以情感-精神为取向的生活方式，其基本价值诉求是利用厚生，即物尽其用、人尽其性、敬畏生命，以求生命、环境、自然的共生，或者说生生。反之，以物质-利益为取向的生活方式，更多地体现为物质生活的奢侈，对资源、物品的浪费和对地球生命的蔑视。所以，以物质-利益为取向的生活方式，其基本价值诉求是享乐主义与消费主义，其具体表现是喜新厌旧、用过即扔。

进一步讲，以情感-精神为取向的生活方式，体现为生活节俭，而且往往有节制地生产。所以，开源、节流并举，是这种生活方式对消费方式和生产方式的基本要求。反之，以物质-利益为取向的生活方式，追求物质生活的高品位，因而往往无节制地生产。喜新厌旧、弃旧图新，是这种生活方式对消费方式和生产方式的基本要求。正是这种以物质-利益为取向的生活方式，才推动消费促生产的经济模式，才为粗放型生产方式和环境伤害型的高技术化生产方式的野性扩张提供了原动力。要从根本上改变这种粗放型生产方式和环境伤害型的高技术化生产方式，必须从原动力入手，即放弃以物质-利益为取向的生活方式，培育以情感-精神为取向的生活方式。因为培育以情感-精神为取向的生活方式，就是简朴生活，就是以简朴为乐、以简朴为美、以简朴为福的生活，这种生活方式才可引导消费方式和生产方式以"利用厚生"为导向，才可真正形成低排放、低污染的家庭生活和社会生活。

4. 怎样实施环境源头治理

粗放型的和高技术化追求的生产方式、消费方式和生活方式，此三者一旦形成合力，必然推动社会**片面**追求工业化、城市化、现代化，其结果是自然贫困、环境死境化。为从根本上改变这种状况，必须改变粗放型的和高技术化的生产方式、消费方式和生活方式。这需要从两个方面努力根治：

首先，应该重建以简朴为美、以简朴为福的生活方式。重建以简朴为美、以简朴为福的生活方式，需要从两个方面努力：一是应该重新挖掘深厚的传统文化资源，重建简朴生活的价值观和伦理观；二是应该进行社会整体动员，展开全民环境启蒙教育，通过环境启蒙教育，重建"人、生命、自然"共在互存和"人、社会、环境"共生互生的社会认知，形成"人、生命、自然"合生存在和"人、社会、环境"共生生存的生活观。因为只有当整个社会普遍形成这种共在观和共生观，才会节制生产、节制消费，自愿过一种简朴生活；并且，只有当整个社会自愿节制生产、节制消费，并人人自愿过简朴生活时，日常生活才可低碳化、低污染化。只有当家庭生活、个人生活低碳化、低污染化时，环境治理才获得自下而上的普遍社会动力。

其次，应该继续进行经济发展观和经济发展方式的转型。由片面发展观和粗放型经济发展方式向可持续生存式发展方向转型。片面发展不遗余力地发展经济，为了保证经济的高增长，甚至采取"竭泽而渔"的方式利用有限自然资源和环境资源，无形中造成了更大程度的环境破坏，这应该是气候极端恶化、霾气候形成和扩散的根本动因。

经济发展与环境生态之间所形成的根本对立与矛盾，并不来源于外部，而是来源于经济与环境、经济发展与环境生态之间的生成性变动规律，即"用废退生"规律：经济与环境之间同样是一种嵌含关系，即经济嵌含在环境之中。在这种"用废退生"规律的控制下，经济发展与环境生态之间呈相反的矛盾张力关系，即**经济发展必以环境破坏为代价，经济每向前发展一步，环境就向后倒退一步；经济全速发展，环境就全速后退；经济无止境地发展，环境就遭受全面破坏而死境化**。经济与环境的关系，是"用废退生"关系，这一关系的正面表述是：经济发展越缓慢、越有节制，环境就越具有自生境的恢复功能；反之，经济发展速度越快、越无节制，环境就越丧失自生境功能。一旦后一种状况发生且得不到根本性的抑制和改变，必然会无视经济与环境之间的"用废退生"规律，形成"竭泽而渔"的发展大跃进，其结局只能是环境全面崩溃。[①]

建构可持续生存式发展方式，其基本任务有三。一是遵循经济与环境、经济发展与环境生态之间的本原性规律，确立"生存优先于发展"、"可持续生存"引导"可持续发展"的发展观。二是建立起有限度地发展经济和无限度地发展社会的社会发展战略。之所以要有限度地发展经济，是因为发展经济所必须支付的代价，就是环境遭受破坏。有限度地发展经济，就是指具体的经济发展方式所形成的经济发展速度造成对环境的破坏因素和一切负面影响，都要控制在使环境能够自净化、自化解的范围内。三是建构"开源节流"的社会经济发展方式，具体地讲，就是有限度地开源，无限度地节流，并通过开源节流的经济发展方式来解决国民经济的低增长与人民生活水平的渐进提升和稳定增长的协调。

为全面实现经济发展观和发展方式的转型，必须重建经济学，即自觉放弃消费主义经济学对社会经济的指导，重建生境经济学，以生境经济学来引导社会经济的可持续生存式发展（第五章）。

经济发展观和发展方式向以可持续生存为导向的方向转型，其实际是推动社会生产方式和消费方式从无节制的粗放型和高技术化向有节制的生境化方向转型。正是这种转型才构成强大的社会力量，引导社会生活方式向以简朴为美、以简朴为福的方向重建。然而，社会经济发展要真正实现

[①]　唐代兴：《"一带一路"国策实施的综合实力战略研究》，《甘肃社会科学》2015 年第 5 期。

以可持续生存为导向，需要"加快生态文明制度"建设。加快生态文明制度建设有两个基本任务：一是进行生态文明制度的自身建设；二是进行支撑生态文明制度的政治学思想的建设，即建设生境政治学思想（因为生态文明的本质是环境生境化）。从宇观论，生境政治学就是气候政治学；从宏观论，生境政治学就是（地球）环境政治学。它具体展开为两个维度，即全球生境政治学和国家生境政治学。前者是一般生境政治学，主要研究和探讨以联合国政府间气候变化专门委员会（IPCC）为主导所展开的全球应对气候变化的协商与行动、援助与合作；后者是地域生境政治学，主要研究国家如何根据自己的国情和具体的环境（包括国域内的气候环境和地球环境）状况及态势展开治理与恢复（第四章）。仅就国家而论，以生境政治为导向的生态文明建设，最终要通过建设节约型政府来推动节约型社会的建设。

5. 如何保障环境源头治理

为恢复气候而根治地球环境，必然展开源头治理。要有效展开源头治理，必须建构治理的保障体系。建设源头治理的保障体系，涉及很多方面，最重要的方面有三：

一是伦理规范引导。这就是运用气候伦理学原理、理论、方法来建立根治环境问题、恢复气候、重建生境的伦理规范。气候运动本身构成了宇观环境，根治地球环境是为恢复气候；而只有恢复气候，才可真正实现地球生境的重建。所以，根治环境问题、恢复气候、重建生境，必须遵循宇观环境伦理学原理、理论和方法。这一伦理规范的实践功能主要体现在两个方面：首先，形成根治环境问题、恢复气候、重建生境的伦理价值导向系统；其次，形成对根治环境问题、恢复气候、重建生境的道德规训体系。由其生境伦理价值导向系统和道德规训体系为基本内容的这一伦理规范，贯穿于本书写作的全过程，形成对根治环境问题、恢复气候、重建生境的实践目标设计和实践路径、实践方式建构的探讨。

二是法律体系和制度建设。这就是根治环境问题、恢复气候、重建生境法律体系的建设，包括环境法律规范体系、环境法律制度及其实施体系的建设，简称为"国家气候-环境法"建设。国家气候-环境法建设，是对已有环境法律的整合性建构，这种整合性建构后的国家气候-环境法，应该是一个具有严格规范和惩戒机制的自治而完备的法律体系。这一法律体系主要由国家气候安全法、国家环境安全法、国家能源法、国家低碳法和国家气候-环境教育法这五个子法系统构成，但这五个子法系统必须由《国家生境基本法》规范和统摄，并且，《国家生境基本法》必须纳入国家宪法而接受国家宪法的规范（第六章）。

　　三是展开气候-环境教育。这是根治环境问题、恢复气候、重建生境的社会主体建设和动力保障。因为根治环境问题、恢复气候、重建生境，不是三五年计划所能涵盖的，更不是三五年努力所能实现的。人类现代史上两个污染治理的典型案例，即英国伦敦和美国洛杉矶治理霾气候的历程可以说明这一点：伦敦 1952 年发生霾污染（亦称"烟雾"），却倾全国之力，耗时 50 余年，才最终使伦敦上空呈现蓝天白云和清洁空气；美国洛杉矶 1943 年形成霾气候，直到进入 21 世纪，其治理才大见成效。由此反观美国和英国以及欧洲其他发达国家的现有环境，之所以比许多发展中国家好，恰恰是因为它们从 20 世纪四五十年代就开始了社会化的环境治理，并一直持续到现在，不仅没有放松，而且向深度和广度领域展开。发达国家的大气-地球环境治理的历史及其经验表明：第一，气候-环境治理，尤其是气候-环境日益恶化的国家，其治理始终是一个长期的国家工程、社会工程，任何短期的、临时的观念，都不利于环境问题的根治，更不利于气候的恢复和地球生境的重建；第二，根治环境问题、恢复气候、重建生境这一国家建设工程要真正卓有成效地展开，必须要进行社会整体动员。政府是国家根治环境问题、恢复气候、重建生境的主导性力量，但政府无法单独实现环境治理和气候恢复的国家工程，必须全民参与。因而，必须形成政府自上而下和国民自下而上的合力，才可实现根治环境问题、恢复气候、重建生境。正是基于这一双重要求，进行社会整体动员，展开全民环境教育，异常需要和迫切。进行社会整体动员，展开全民环境教育，应该以政府为主导，建构"家庭、学校、社区、社会"四位一体的国家环境教育平台。然后在这个平台上，重点加强家庭环境教育和学校环境教育。就学校环境教育而言，其设计和实施，应该根据小学、中学、大学的不同特征，而开设不同视野、不同认知水准、不同内容和不同环境生活能力的环境教育课程，使新一代人能够成为社会环境精英（第七章）。

第一篇

治理大气环境的目标方向

第一章 恢复气候的环境能力诉求

　　地球生命和人类存在的环境，敞开为三个维度，即具体地域环境、地球环境和以地球和宇宙互生运动所构成的气候环境。气候以周期性变换运动的方式形成对地球与宇宙的关联性，并通过这种关联性而构成了地球生命存在和人类可持续生存的宇观环境。气候运动作为宇观环境，最为实在地影响着地球生命存在和人类可持续生存的宏观环境和具体环境，即影响地球环境和具体的地域环境。正是在这个意义上，气候失律才从根本上破坏了地球生命安全存在和人类可持续生存，破坏了地球生命安全存在和人类可持续生存的宏观环境和具体环境，使其环境生态从整体上丧失自生境能力而滑向死境方向；不仅如此，地球生命和人类存在的具体环境或宏观环境一旦进入逆生态运动，又反过来影响气候，改变气候的运动方式，推动失律的气候更加恶化，气候恶化的极端表现形态，就是酷热与高寒的无序交替，以及酸雨和霾污染的无限扩散。

　　从根本论，环境相对生命而存在，并相对人类而产生意义。对生命和人类来讲，无论哪个维度的环境，本身都具有自生境能力，这种自生境能力不仅构成了地球生命安全存在的土壤，也构成了人类和国家社会安全存在的能力基石。从环境角度看，气候失律的直接生态学后果，是使整个地球生命安全存在和人类可持续生存的环境能力丧失；从人类角度看，气候失律的最终生态学后果，是人类能力和国家能力的无根基性，即从根本上动摇了人类和国家社会存在的能力基石。恢复气候的直接目标是重建生境（包括地球生境和社会生境），以此而重建国家能力基石。

　　气候伦理学肩负引导社会恢复气候、重建生境的实践任务，所要实现的最终目的，是通过生境重建而恢复和提升国家能力。基于这一目标要求，气候伦理学走向实践引导的必须认知前提，就是厘清环境能力与国家能力之间的内在关联，确立环境治理的整体理路，然后才可考察恢复气候、重建生境的伦理规范及实践路径。

一、人类自救的生境文明道路

气候失律从根本上危及地球生命存在和人类可持续生存，恢复气候，使其重获周期性变换运动的时空韵律，必须从地球环境治理入手。治理地球环境，其基本目标是重建地球生境和社会生境。这一双重目标体现了人类前进的历史必然性。考察这种历史必然性，成为重新审视环境问题的工作前提。

确立以重建地球生境和社会生境为直接实践目标，体现了人类前进从工业文明向生境文明方向敞开的历史必然性。这是本书的基本判断，这一基本判断蕴含两个需待从认知上解决的基本问题：

第一，工业文明为何必然要朝生境文明方向前进？

第二，生境文明为何体现了人类文明前进的方向？

1. 工业文明的伦理取向

要讨论工业文明为何必然要朝生境文明方向前进，需要了解工业文明的整体诉求和伦理取向，为此，必须从了解农业文明入手。

农业文明时代的生存诉求与伦理取向　考古学发现，人类从动物走向人的进化历程，已经有上百万年的历史，但人真正从野蛮社会走出来进入文明社会，却不过万余年时间，它以人类进入农业社会为标志。农业社会是"人类文明"的第一种社会形态，它出现在一万年以前。人类进入农业社会，标志着他把自己**从动物的野蛮社会中解放出来**而成为人。

在农业社会，人类的目标就是**为了生存**。在"为了生存"的时代，人类所创造的文明集中体现在四个方面。首先，为了生存而劳作所必须开发的工艺技术体系从整体上体现四个特征：（1）必须顺应自然并适应环境；（2）必须实现或保障基本生活；（3）必须由手工工艺制作；（4）必须体现个性化、个体性并能够口耳相传。其次，人类因智力有限和能力有限，为了生存而劳作，只能摄取或者说利用大地表面的资源，这些资源主要是树木、泥土、石头等。到农业文明成熟期，才开始开发地下资源，生产铜器、铁器等，但这都不是主要的。农业文明的工艺技术的主体部分，仍然是手工制作技术。这种运用手工制作技术所形成的生产体系和商品体系，不仅体现了人类能力的有限性，也为所开发的资源本身所限制。其三，因为智力处于慢开发阶段，生存能力非常有限，所以"为了生存"的努力更多地依赖自然界，向自然学习，从自然中获得生存的智慧和方法。比如，无意中发现了火种，就从中学会了保存和使用火的智慧与方法；从散落于大地的种子在气候适宜的季节破土生长的自然现象中发现植物的生长规律，就学会了节制和储藏、耕耘和种植。其四，"为了生存"而努力的内在情感土壤和精神支柱，源于对自然的敬畏、崇拜和信仰，这就是万物有灵、是物皆神，并由此构建起自然伦理和血缘道德。

工业文明时代的生存诉求与伦理取向　农业文明的前进方向就是工业文明。从生产方式方面讲，农业社会的生产方式以农业为主导，以乡村繁荣为方向，以生活有保障为富裕的基本标志。与此不同，工业社会的生产方式以工业为主导，以城市发展为方向，以物质生活现代化为目标，以生活的技术化和高消费享乐为基本标志。所以，当农业文明达到成熟阶段，必孕育出工业文明。工业文明发生在三百年前，它是人类以自造的文化为指南的进化方式，它真正标志着人类把自己**从身体中解放出来**而成为现代智力人。

首先，人类进入工业文明社会，其目的是为了**更好地生存**。为了不断实现更好地生存这一目标，人类首先是发展自己，不断增强向自然要独立的力量、能力和智慧，不断摆脱对自然的依赖，走上改造和征服自然的道路。这条道路的最初成功，就是近代科学革命和哲学革命的双重胜利。科学革命发现了新的自然和世界，哲学革命却重新发现了人。在由这一双重发现所开辟的前进道路上，人类开始努力于一种根本性的转向，这即是从适应自然界、向自然界学习转向适应自己和发展自己，从以自然为师转向以人为师，人的认知和智慧开发由外部世界转向内部世界、由自然转向人本身，对人的大脑、智力、思想以及身体潜力的开发，构成了工业文明的根本特征。人类向自己学习，向历史学习，向人所创造的智慧、思想、技能与方法学习，取代了人类向自然学习。这一根本性转向持续进行所形成的实际结果，是人类改变了对自然界的根本看法：自然再不是充满灵性的自然，万物已经没有了生命，自然是僵死的，上帝真正死亡了，唯人存在。所以，**神在自我**。人是自己的主人，但人首先是自然的主人，人类的精神归依是人本身，人类得以获得安全存在的精神崇拜是人类自恋的英雄崇拜，是人格神或人化神崇拜。

其次，进入工业文明社会，人类为了更好地生存而积极、主动开发工艺技术体系，这一行为努力体现三个方面的特征：第一，始终以征服自然、改造自然和不断创造新的生存环境为动力；第二，始终以不断更新的需求、提升更高生活质量和生活水平为目标；第三，始终以有意识地抛弃手工制作方式和口耳相传方法为前提，以标准化、流水线、批量化的工艺技术体系为标准方式和社会方法。

其三，工业文明是人定胜天的文明。人定胜天，构成工业文明的根本价值取向。这一价值取向既从物质生活和产品消费两个方面表现出来，也从劳动生产的工业化和生活方式的城市化等方面表现出来，更从资源利用与开发的范围、方式、方向上得到淋漓尽致的展布。从整体讲，在工业文明时代，人类为了更好地生存而必须创造更多更好的物质生活产品，开发更多更高的消费技术、消费方式，必须全面转向地下资源的开发，必须抛弃以木材为主导能源的方式，转向对化石燃料的开发，形成以化石燃料为主导能源的资源结构和社会结构。在工业文明进程中，工业化、城市化、现代化的根本保障就是全面开发和利用地下所蕴藏的各种化石能源及各种金属。

基于如上三个方面的努力，工业社会铸造出的人本理想和伦理蓝图，主要从四个方面得到全面展开。首先，以如上三个方面的整体规定为导向，工业社会形成三个不可逆转的生存发展取向：一是使用不能再生的化石燃料作为能源基础；二是技术构成工业社会的真正支撑点，并且全力追求技术的发明与革新，成为社会发展的主要动力；三是将社会予以两分，即生产与消费，并使消费成为社会生产的动力机制，将社会发展与社会生活一体化，其标志是使社会发展和社会生活均建立在大规模的"生产-消费"这一社会结构上，并使之链条化。其次，工业社会的如上基本努力得以持续不衰地展开的内在支撑力量，源于三大基本信念：（1）一切各不相同的意识形态都必然建立在人类征服自然、改造环境的思想观念基础上；（2）工业化是人类社会进化的最高阶段；（3）人类在生活上追求更美好的未来构成不可阻挡的历史潮流。① 其三，工业社会这三大信念得以生成构建的伦理基石，是物质幸福论生存目标。将这一物质幸福论目标落实在生存发展领域，则构建起征服论实践体系，这一实践体系由傲慢物质霸权主义行动纲领和绝对经济技术理性行动原则所构成：工业社会就是"以人对物质的无限欲望与需要、掠夺与占有为动力，以科学主义为展开方式——即以对科学的发现和技术的开发为展开形态，以傲慢的物质霸权主义观念为行动纲领，以绝对经济技术理性为行动原则，以追求无限度地满足人的物质快乐和幸福为最高目标"②。

2. 工业文明的生态学后果

19 世纪，马克思在批判资本主义和帝国主义的同时，也指出工业化和城市化是最先进的社会形态，但工业社会的掠夺性却导致了它越是努力向前发展，就越是向后倒退。推动工业社会在发展中倒退的根本力量有二：一是人类以人定胜天的激情推动狂热征服自然、改造环境成性，无节制地把自己推向与自然世界对立的状态；二是人类开足消费促生产的战车向前，无限度地掠夺地球资源和高度消耗、浪费地球资源，使地球资源处于枯竭状态。由此两个方面所形成的合力，推动工业文明加速前进，但其结果却在引导人类大步倒退。工业文明的这种**发展倒退论**主要体现在两个

---

① ［美］阿尔温·托夫勒：《第三次浪潮》，朱志焱等译，生活·读书·新知三联书店 1984 年版，第 12 页。

② 唐代兴：《生存理性哲学导论》，北京大学出版社 2005 年版，第 21 页。

方面：

地球环境生态死境化　工业文明所开启的工业化、城市化、现代化进程，加速了对地球环境和人类环境的全面破坏，这种全面破坏表征为地球环境生态和人类环境生态滑向死境方向。其中，地球环境生态死境化态势集中表现为如下四个方面：

一是地球承载力削弱且局部区域承载力丧失。近代以来，人类为了更好地生存，加速发展工业化、城市化和现代化建设而扫荡地表、掏空大地、污染天空和海洋。扫荡地表，使地球表面的原始森林消失，草原退化，土地沙漠化，大地裸露；掏空大地，就是无节制地开采地下金属、煤、石油、天然气、地下水，使地沉、地陷、地塌、地震、海啸频繁发生。

二是大地自净化力消解且局部区域自净化功能丧失。以"为了更好地生存"为动力，不断加速的工业化、城市化和现代化建设都是为了全面实现生活现代化，或不断提高生活的现代化水平。生活现代化的集中表达就是高技术化生存，由此无节制地向大地和太空排放各种废气和有毒物质，污染大地，污染水体，污染大气；无节制地向大气层排放各种有毒污染物、二氧化碳等温室气体，使大气中温室气体浓度颗粒物浓度持续增加，气温持续上升，霾密布天空，人被抛于有毒的环境里，社会被置于高危风险之中。

三是灾疫失律、灾疫频发，其突出表现是气候灾害频繁暴发，并由此引发地质灾害和流行性疫病不断，而频繁暴发的各种灾害又反过来影响气候，加速了气候失律。比如，地震历来被视为是纯粹的自然现象，与人类活动没有关系，但仔细考察地震史，就会发现当代地震暴发呈现出三种趋向：一是地震活动越来越频繁，二是地震的强度和破坏性越来越大，三是地震活动与气候活动之间的互动关系越来越明显、越来越突出。地震暴发所表现出来的这三种趋向不能说与人类活动没有任何关系。根据天体物理学原理和地学原理，地质构造形成地球沿地球轨道的周期性运行，也形成了地壳的相对稳定性，这种相对稳定是动态平衡的。地震是地壳快速释放能量的基本方式和表现形态。地壳快速释放能量，可能由地质板块挤压造成，也可能是由地壳之下的软流层丧失动态平衡所致（地震监测显示深源地震一般发生在地下 300—720km 处，720km 深处不存在固态物质），但无论属于哪种情况，人类活动指向地球，采掘地下金属，开采煤、石油、天然气和无限度地抽取地下水，都在事实上以层累方式改变着地壳内部的结构、运动方向和运动速度。关于地震与人类活动之间是否存在动态关联性这一问题，只要略懂跷跷板原理，就能够理解地震与人类持续不衰掏空大地的活动息息相关。另外，地质灾害所带来的各种次生灾害也多种多样，并且这些次生灾害也影响着气候的改变。比如，2008 年汶川地震之后，成都平原的气候发生了许多变化，这些变化可能是不经意的，甚至不为人们所觉察，但却早已在缓慢地改变着气候。这些改变主要表现在几个方面。其一，汶川地震之后，成都空气变得比以前干燥，以冬天为例，汶川地震前，在冬天，洗的衣服可能几天不干，地震之后，只要是晴天，晾在窗外的衣服可以当天晾干。其二，汶川地震之后，成都天气晴朗，出太阳的时候比地震前明显增多了（近年来因霾气候形成，成都的日照情况又发生了变化）。其三，汶川地震之后，成都的风比地震之前大了许多。其四，地震之后的成都一天中早晚的温差越来越大。其五，汶川地震之后，成都的气温不仅升高了许多，而且下雨即寒冷、天晴就暴热的突变性气候更明显了。

四是生物多样性减少，而且减少的速度越来越快，地球生命圈的生态平衡被强行打破，物种进入灭绝期，大量的物种消亡。环境伦理学家戴斯·贾汀斯（Des Jardins）指出："当我们迈入 21 世纪时，可以说人类正面临着这个星球上史无前例的环境问题的挑战。主要由于人类的活动，地球生命面临着自 6500 万年前恐龙时代以来最大规模的生物灭绝问题。有人估计，如今每天约有 100 种生物灭绝，并且这一速度在随后几十年里还会再翻番。"[①] 贾汀斯之论亦有佐证：联合国环境规划署官员于 2003 年发

---

① ［美］戴斯·贾丁斯：《环境伦理学》，林官明、杨爱民译，北京大学出版社 2002 年版，第 5—6 页。

布信息，进入 20 世纪以来，全球范围内每年有大约 6 万个生物物种灭绝；国际鸟类联盟在《2004 年世界鸟类状况》报告中指出，全球鸟类有 1/8 濒临灭绝；世界自然保护联盟在《2007 受威胁物种红色名录》中指出，地球生命圈在没有人类活动干扰的情况下，大约平均每 100 年才有 90 种脊椎动物灭绝，然而，当人类活动过度地介入自然界、不断强化对地球生命圈的干扰所造成的直接后果，是"人类活动在雨林方面，仅是减少面积就使物种灭绝增加了 1000 倍到 10000 倍。显而易见，我们正处在地质史上一次大灭绝发作的进程中"①。物种大量灭绝，导致地球生命多样性丧失；地球生命多样性丧失，既成为灾疫全球化和日常生活化的重要推力，也是造成气候失律的最终原因。

人心失律　在工业文明社会，不断加速的工业化、城市化、现代化进程，导致了社会环境生态也趋向于死境化，这种死境化趋势集中表现为人心失律。

工业文明所造成的人心失律，首要表现为绝对的人类中心论存在观，它具体展开为三个方面：首先，它把人类自己视为是宇宙的中心、世界的主宰、自然的主人；其次，它否定自然的生命存在性，将自然界看成是没有生命的僵死存在物，用约翰·洛克（John Locke）的话讲就是自然没有生命，这是人类通往幸福之路的前提；②再次，它采取二元分离的方式，将自然界和人类社会截然分开，用人的知性来"为自然立法"，然后用人的理性来"为人立法"（康德）。

工业文明所造成的人心失律，其次表现为片面确立以物质幸福为生存目的。当人类将生存目的集中抵押在物质幸福上时，以利欲满足为动机和消费享乐为实务的征战主义生存观得到全面确立。在征战主义生存观的鼓动和支配下，形成"与天斗其乐无穷，与地斗其乐无穷，与人斗其乐无穷"的斗争学说和斗争生存原则。这一原则指向自然界，指向物质财富创

①　〔美〕斯蒂芬·施奈德：《地球：我们输不起的实验室》，诸大建等译，上海科学技术出版社 2008 年版，第 105 页。

②　〔美〕杰里米·里夫金、特德·霍华德：《熵：一种新的世界观》，吕明、袁舟译，上海译文出版社 1987 年版，第 21 页。

造以及市场领域，表现为傲慢物质霸权主义行动纲领和绝对经济技术理性原则。这一斗争学说运用于人的社会，则必然构成人类社会的斗争主义生存原则，这一原则的形象表述就是"只讲目的，不讲手段"和"为达目的，不择手段"。这一斗争学说和斗争生存原则最终演化为征服自然和改造社会、改造人的方法论，就是二元分离的类型化认知模式和"非此即彼"的操作方法。

3. 生境文明的可能性前景

工业文明是对农业文明的超越，但更是对农业文明中最珍贵的品质和精神的武断抛弃，比如适应自然、向自然学习的品质和精神，这是人类存在于大地之上、生存于苍穹之下所不能抛弃的根柢品质和精神，但却被人类自己所抛弃。正是这种抛弃才使人在不知不觉的生存竞斗中以层累的方式导致了地球环境生态死境化态势和人心全面失律。地球环境生态死境化态势和人心失律，发酵生成当代人类所面临的世界风险社会和全球生态危机。在日益严峻的世界风险社会和全球生态危机面前，是毁灭还是自救，均取决于人类自己的作为。要毁灭，人类完全可以按照现行的征战主义冲动和掠夺方式惯性化生存；如果要自救，则必须探求化解世界风险社会和全球生态危机的道路与方法。对这条自我拯救的道路和方法的探索，就构成当代人类的社会转型发展。

未来学家阿尔温·托夫勒（Alvin Toffler）在《第三次浪潮》中指出，自 20 世纪中叶以来，人类正在经历第三次浪潮。第三次浪潮所冲击的对象就是工业文明，一度让人们乐观不已的工业文明在第三次浪潮的冲击下变得不堪一击："第二次浪潮的乐观主义遭到了第三次浪潮文明的痛击，悲观主义成了一时的风尚。今天世界迅速认识到，在道德、美学、政治，环境等方面日趋堕落的社会，不论它多么富有和技术高超，都不能认为是个进步的社会。进步不再以技术和物质生活标准来衡量。社会不会只沿着单一轨道发展。丰富多彩的文化是衡量社会的标准。"① 正是以这样的眼

---

① ［美］阿尔温·托夫勒：《第三次浪潮》，朱志焱等译，生活·读书·新知三联书店 1984 年版，第 28 页。

光来重新打量工业文明，以如此的标准来度量工业文明，必然发现工业文明"世界正在从崩溃中迅速地出现新的价值观和社会准则，出现新的技术，新的地理政治关系，新的生活方式和新的传播交往方式的冲突，需要崭新的思想和推理，新的分类方式和新的观念。我们不能把昨天的陈规惯例，沿袭的传统态度和保守的程式，硬塞到明天世界的胚胎中。"① 阿尔温·托夫勒在 20 世纪 80 年代初的预言，被其后 40 多年的岁月所逐渐证明：当代人类正在开辟文明重塑和社会转型发展的新进程。

当代社会转型发展所指向的整体目标，就是创建生境文明。"生境文明"概念是对生态文明社会的本质描述。生境文明是继农业文明、工业文明之后的更高水准的人类文明形态。比较论之，农业文明是人类**顺应自然**的文明，工业文明是人类**分离自然**的文明，生境文明却是人类**回归自然**的文明。更具体地讲，农业文明是**为了生存**的文明，工业文明是**为了更好地生存**的文明，生境文明却是重建"**人与天调**"，然后"**人与天地相美生**"的文明，即追求"人、生命、自然"合生存在和"人、社会、环境"共生生存的文明。

以创建生境文明为目标，社会转型发展只能从物质与精神两个领域展开自救与重建。

重建物质体系　在物质层面，社会转型发展需要从三个方面展开重建工作：

一是资源的转型开发。客观地看，工业文明所注重的是自然资源，包括对地面资源、地下资源和海洋资源以及太空资源的无限度开发；与此不同，面对自然资源日益枯竭的现状与未来，生境文明必须致力于对信息资源、知识资源、大脑知识的开发。这一资源转型开发要求生境文明社会必须重建全新的工艺技术体系。

二是重建工艺技术体系。如前所述，支撑农业文明的工艺技术体系是个体性的和口耳相传的手工操作的工艺技术体系；支撑工业文明的工艺技

---

① ［美］阿尔温·托夫勒：《第三次浪潮》，朱志焱等译，生活·读书·新知三联书店 1984 年版，第 43—44 页。

术体系是标准化、流水线、批量化生产的机械论工艺技术体系；生境文明
所需要的工艺技术体系，必须基于实现人、生命、自然三者共互生存而创
建，必须为实现物质与精神协调幸福的生活而开发，必须基于宇宙精神和
人体大脑的整合生成而探索。具体地讲，重建生境文明的工艺技术体系，
主要运用人体本身的资源，比如身体资源、大脑资源、心灵资源、情感资
源、意志资源，以及人所创造的已有智慧、知识、方法资源等。创造性开
发生境文明社会所需要的工艺技术体系，应该以人体自身为资源主体，以
空间资源开发为辅助形态；在这个基础上展开对地下资源和地面资源的开
发，必须考虑其再生能力和对不可再生资源的开发对地球生态的平衡的
影响。

三是重建生境经济体系。以生境文明为目标，探索社会转型发展的基
本任务，就是重建人类经济体系。这一需要重建的经济体系必须是生境化
的，这需从两个方面来界说：一是重建生境化的经济市场，包括生境化的
经济市场制度和体制、经济市场运作机制、经济市场的资源配置方式和财
富流动分配方法；二是重建生境化的环境生态，包括重建生境化的自然环
境生态和社会环境生态，其中最根本的是制度环境生态、文化环境生态和
教育环境生态。以如上两个方面为规范，重建生境化的经济体系的实质性
努力，就是创建低碳经济、可持续生存式发展、低排放（或零排放）和高
化污（即自净化）的生境技术体系。

重建精神体系　在精神方面，社会转型发展必须为重建物质体系而重
建其社会机制和动力，首要任务是重建生境主义认知体系。

重建生境主义认知体系，须从三个方面努力：一是需要将人从孤立而
绝对的人类中心主义存在观中解救出来，确立以"人是世界性存在者"为
认知出发点的生态整体的存在论；二是重建以"自然为人立法"和"人为
自然护法"为根本导向的认知精神；三是重建"人、生命、自然"合生存
在和"人、社会、环境"共生生存的伦理诉求，其具体表述为重建生境幸
福论的伦理理想和实践理性追求。

第二是重建生境主义世界理想，包括生境主义人类理想、地球理想、

宇宙理想和生境主义国家理想、个人理想。

第三是重建生境主义生存-实践范式。概括地讲，工业社会得以建立的基础是工业范式，它的本质规定和价值定位却是地缘主义。地缘主义形成国家政治-经济的地缘化，也形成科学、技术、文化、思想、教育等的地缘化。在工业文明进程中，国家与国家、国家与地区以及国家与民族之间的战争，都以地缘主义为背景和驱动力。正是这种地缘主义价值导向和伦理诉求才形成征战主义，才导致自然环境生态死境化态势和人心失律，由此使工业文明在纵向挺进和横向扩张的进程中，本能地突破了自身疆域，把头颅伸向了工业范式之外探索生境文明，构建生境范式。

创建生境文明，就是打破工业范式而在比工业文明更高的水准上重建生境范式，它的本质规定是全球化、生态整体性、关联生成性。重建生境范式需要从四个方面努力：其一要重建生境化的政治范式，这就是以协商为推进方式的全球和平政治、绿色政治和环境生境政治；其二是重建生境化的经济范式，这就是以减排和化污为动力机制的生境经济，或曰可持续生存式发展的低碳经济、绿色经济、环保经济；其三是重建生境化的科技范式，这就是融低碳、绿色、再生循环、原生态于一体的科技范式；其四是重建生境化的文化教育范式，这一教育范式的创建与形成，必须接受两个方面的规范，一是从生境出发并以生境为导向来重建文化教育，二是其文化教育必须追求"人、生命、自然"合生存在和"人、社会、环境"共生生存。

4. 气候恢复的生境目标

全面形成的世界风险社会和日益严重的全球生态危机，必然推动当代社会转型发展。当代社会转型发展的根本目标是创建生境文明。生境文明要从物质和精神两个维度得到真正创建，需要解决的根本问题就是环境生态死境化问题，为此，生境文明建设必须肩负起重建环境生境的任务。这是因为在狭窄的意义上，生境文明就是环境的生境化文明。第一，环境相对生命和人才有意义，尤其只有当人出现的时候，环境才构成其意识的对象而获得积极的意义；反之，地球生命和人，亦必有环境才可产生和存在，因为在自然世界里，无论地球生命还是人，其存在敞开都需要相应的土壤和条件，这个使生命和人类得以产生和存在的必不可少的土壤和条件，就是由大地、地球、宇宙构成的环境。所以，生命存在，人类生存，须臾离不开环境。第二，从根本论，"环境"是人所意识到的存在世界。环境并不以人的意愿而改变自身存在方式、存在朝向和存在状态。正是因为这一存在事实，人必须遵从环境。如果人要以自身的意愿方式强行改变环境的存在朝向和存在状态，环境就会发生根本性的逆转而形成逆生态倾向。客观论之，环境具有自组织、自繁殖、自调节、自修复能力。环境一旦逆生态化，就表明它的自组织、自繁殖、自调节、自修复能力丧失而被迫承受人类力量的安排。第三，当代人类所面对的自然环境处于丧失自组织、自繁殖、自调节、自修复能力的逆生态状况中，重建环境生境的实质性努力，就是帮助环境扭转其逆生态方向，促进其恢复自组织、自繁殖、自调节、自修复能力，这一努力过程就是创建生境文明的过程。第四，生境就是生生不息的环境，即凡是具有自组织、自繁殖、自调节、自修复能力的环境，就是生境。生境对环境自生能力的表述，揭示了生命存在的内在事实："在生命世界里，物种与自然、生命与生命之间是内在关联的，即物种与自然之间存在着亲缘关系，生命与生命之间是亲生命性的。正是这种内在的亲缘关系和亲生命本性，才使物种与自然、生命与生命之间的生存是互为体用的，才形成人、社会、地球生命、自然的共互生存本性。所以，所谓生境，就是物种与自然、生命与生命以其共互生存方式而汇聚所形成的既有利于自己生存又有利于他者生存的环境。生境，就是使物种与自然、生命与生命相互生生不息的生育、生长、繁衍的环境，它所表达的不仅仅是生存论的思想，也是生长论的力量，更是生态整体论的方法，还是历史指向未来的智慧。"①

当生境文明构成生态文明的本质规定，当环境生境化构成生境文明的真正标志，气候伦理学研究就获得了特别的意义与功能。气候伦理学就是针对气候失律的现实状况而从宇观入手来检讨环境死境化问题，并以此为

---

① 唐代兴：《生境伦理的人性基石》，上海三联书店 2013 年版，第 5 页。

起步探索重建气候环境生境化的全球道路。以此观之，气候伦理学在本质上是环境伦理学，是对环境伦理学进行宇观领域的拓展，这首先体现为气候伦理学讨论的是气候这一宇观环境，其次在于以气候变换运动为表征的宇观环境包含地球环境、人类生存环境，再次意味着气候伦理学对气候这一宇观环境的探讨必然要带动对地球环境以及人类生存环境的审视和反思。所以，气候伦理学不仅是宇观环境伦理学，还是生态整体的环境伦理学，它的直接目标是通过引导人们恢复气候而实现整个地球环境和人类环境的生境化重建，最终目的仍然是为当代人类创建生境文明提供新的和完整的伦理理想、价值导向系统、道德原理和行为规范体系。为此，气候伦理学必须引导恢复气候的环境治理研究，考察地球环境问题，检讨环境能力与国家能力之间的内在关联，并从生态整体入手来重新审查环境治理的实践路径和宇观方法。

二、环境能力的生存论释义

在当代进程中，气候失律的最终之因是人类活动过度介入自然界。一方面，人类活动过度介入自然界的根本前提，是国家能力不断强大。不断强大的国家能力一旦造成环境能力的丧失，最终必然导致本身的不断弱化。个体的能力始终是有限的，个体以有限能力介入自然界所产生的作用完全可以忽略不计，只有当个体通过国家而集聚起来，形成整体力量作用于自然界，所产生的负面因素按照层累方式集聚形成强大的力量，才可发生影响而推动环境逆生态化，导致气候失律。环境逆生态化一旦持续强化，气候失律就进一步恶化，环境能力就滑向自我消解的道路，环境必然沦为死境状态。另一方面，当环境滑向死境方向，环境能力丧失，则必然因此而削弱国家能力，因为环境能力的弱化或丧失，使地球生命存在丧失了根基，也使人类可持续生存丧失了土壤，国家安全遭受因环境日益恶化而产生的各种冲击。

表面上看，环境能力与国家能力之间毫无关联，但实际上并非如此。

在一般论域层面，国家能力即国家实力，它由经济、科技、资源、军事等具有刚性特征的硬实力和由文化、政治价值观、制度、外交政策等具有柔性特征的软实力构成。这两个方面的国家能力得以生成和提升，都须以环境能力为土壤，尤其在由世界风险社会和全球生态危机所整合生成的当代境遇下，国家能力的持续性强弱，最终由实际的环境能力所决定。恢复气候的环境治理研究的社会目标，就是要通过有效地恢复气候而重构环境能力与国家能力之间的共生关系。为此，须先正面考察"环境能力"问题本身，以确立正确的气候环境观和气候环境治理观。

1. "环境能力"概念内涵

"环境能力"概念界说　环境问题的日益突出和环境意识的逐渐社会化，必然引发对环境的重新审视。当重新审视"环境"，就会发现"环境能力"的客观存在性。

所谓环境能力，即环境自生境力量，具体地讲，就是环境的自组织、自繁殖、自调节、自修复能力。

要能从如上方面理解"环境能力"这个概念，首先需要抛弃静止、僵化、被动的环境观，正视环境的动态生成性。环境的动态生成性体现在两个方面。首先，环境不是空无的壳，不同视域层面的环境，都有其充实的实项内容，比如构成生物群落环境的实质内容是动物、植物、微生物，但动物、植物、微生物，都是生命物；再比如，构成地球环境的实质内容除生物群落外，还包括土壤、岩石、山川、河流、湖泊、海洋等，而这些东西同样是有生命的。大气化学家詹姆斯·拉伍洛克（James Lovelock）指出，地球自身就是一个活生生的生物有机体，并且始终处于自我进化的过程之中。拉伍洛克认为，自然自我进化的基本方式就是**生育**，所以拉伍洛克用大地女神的名字"盖娅"来称谓它。无论从微观看，还是从宏观论，环境都由生命构成。其次，由生命和生命物种构成的环境本身就是一个生命体，并内在地拥有**生**的力量；不仅如此，这种内在地拥有的生的力量，还呈现某种整体的生命朝向与张力。这种生命朝向可能呈示生长、繁殖、调节、修复和自我活力性，因而呈现向外扩张的张力，这就形成环境的生境取向；这种生命朝向也可能呈示萎缩、弱化和自我消费性，由此必然呈现向内收敛的枯萎性，这就形成环境的死境取向。概言之，环境的动态生成性呈现两种可能性，或呈朝向自我扩张的生境取向；或呈朝向自我萎缩的死境取向。

客观地讲，环境，无论宇观环境、宏观环境还是微观环境，它的动态生成性不仅意指某种"正在进行时"中的现实性，更指某种或将发生的可能性。这种或将发生的可能性，同样要么是生境的或要么是死境的。环境的生境性或死境性，是环境敞开自身的两种可能性。要真实地理解环境存在敞开的这两种可能性，有必须理解"生境"概念。"生境"（Habitat）是一个生物学概念，意指生物（包括个体、种群或群落）的栖息地，即生物生存的地域环境。芬兰学者伊尔卡·汉斯基（Ilkka Hanski）在《萎缩的世界：生境丧失的生态学后果》认为"生境（Habitat）是为动植物提供生长条件的常规自然空间；换句话说，是生物种群的家。……在种群和物种的管理和保育工作中，生境是最重要的概念，因为生境是种群和物种生存的必须条件"，是"一个物种能够生存和繁殖的环境条件范围"。[①] 种群和物种一旦丧失其生境，就难免"走向濒危乃至灭绝"的死境状态。[②]

概括地讲，第一，生境或死境，都是相对于环境而论的，它们是对环境的存在状态和实际生存朝向进行定性描述的两个不同概念：如果种群和物种赖以生存的环境是生境的，那么种群和物种就会生长和繁殖；反之，如果种群和物种赖以生存的环境是非生境的，或者如汉斯基所说是"丧失生境"的，那么种群和物种的生存就会滑向与生长和繁殖相反的方向，即死境方向。

第二，生境是构成生物世界种群和物种生存得以生长和繁殖的实际土壤、空间平台、现实条件，换言之，生境就是生物物种或种群得以按其本性而生长和繁殖的家园。当这个家园一旦被某种或某些外来力量所破坏或

---

① ［芬兰］Ilkka Hanski：《萎缩的世界：生境丧失的生态学后果》，张大勇、陈小勇译，高等教育出版社 2006 年版，第 4 页。

② ［芬兰］Ilkka Hanski：《萎缩的世界：生境丧失的生态学后果》，张大勇、陈小勇译，高等教育出版社 2006 年版，第 4—6 页。

捣毁，生物物种或种群就因此丧失得以正常生长和繁殖的实际土壤、空间平台、现实条件。

第三，在生物世界里，物种（更包括个体）和种群的生存都是受环境约束的。环境，无论对自身还是对构成环境的要素（诸如种群、物种或个体生命）来讲，始终呈现动态生成性的生态倾向，并且这一动态生成性的生态倾向既可能呈现枯萎、死亡、毁灭的朝向、态势，也可能呈现生育、生长、生生不息繁殖的朝向、态势。环境朝向前一种可能性敞开，就生成死境；环境朝向后一种可能性展开，就生成生境。

第四，环境生境化的真正动力，亦蕴含在环境自身之中，这就是环境内在地拥有自生境能力，即自组织力、自繁殖力、自调节力、自修复力。因而，凡具有自组织力、自繁殖力、自调节力、自修复力的环境，就是生境，或者说，凡是由自组织、自繁殖、自调节、自修复力量推动而敞开的生生不息的环境，就是生境。反之，导致环境死境化的真实推动力来源于环境的外部，即某种或某些违逆环境自生本性的外部力量入侵环境，导致对环境的自组织力、自繁殖力、自调节力、自修复力的弱化，形成环境自生境功能的丧失。客观论之，推动环境丧失自生境功能的外部力量通常有两种：一种是比环境更具强力的整体自然力量，一种是人类力量。

第五，环境之所以内在地具有自生境能力，是因为环境由生命构成，并且环境本身就是生命。环境由生命构成和环境本身就是生命这一双重存在事实背后，蕴含一个鲜为人知的内在事实：在生物世界里，环境与种群、物种、个体生命之间以及更大范围的环境与自然、物种与自然之间是内在关联的，即环境与自然、物种与自然、生命与自然之间存在着本原性的**亲缘**关系，生命与生命之间呈**亲生命性**。这种本原性的亲缘关系和亲生命本性，使环境与种群、物种与自然、生命与生命之间互为体用地生存，才形成生命与环境共互存在的局面。

概括地讲，环境能力就是环境的自组织、自繁殖、自调节、自修复能力，而不是人对环境的治理能力或对环境的保护能力。

"环境能力"概念内涵构成　文化源于人力创造，观念产生于人为，这是审视"环境能力"的必备认知起点。以此为切入点，环境始终对人而论，没有人的对象性意识能力，没有人运用这种意识能力将存在于其中的存在世界以对象性意识的方式呈现出来，就没有对"环境"的意识、观念，更没有对"环境能力"的发现和思考。所以，当进一步考察"环境能力"的构成内涵时，必须从生物学和生态学的视域中突破出来，使"环境能力"概念获得社会学的维度：所谓环境能力，是指"人、生命、自然"和"人、社会、环境"共互生存并生生不息的整体力量。以此来审视环境能力，它就是事物之间相互关联所形成的那种具有自组织、自繁殖、自调节、自修复功能的整体性关联力量。这种整体性的关联力量因为人、社会、生命、自然的整合生成而客观地敞开为两个维度，即自然环境能力和社会环境能力：环境能力由自然环境能力和社会环境能力所构成。其中，自然环境能力从如下四个维度敞开并构成社会环境能力生成的基础：

在宇观方面，自然环境能力即是气候环境能力，简称气候能力，它是由太阳辐射、地球轨道运动、大气环流、地面性质和生物活动等因素自整合生成的关联能力。这种自整合生成的关联能力决定地球上所有生命、一切物种、全部种群只能以怎样的方式存在，并必须按照某种方式敞开生存的最终力量。具体地讲，这种力量就是气候。气候构成了地球的宇观环境，气候变换运动构成了地球的整体能力。气候按自身的内在秩序要求而变换运动，地球上所有生命、一切物种、全部种群都获得生生不息的生境能力；反之，如果气候失律，地球上所有生命、一切物种、全部种群都会滑向逆生态方向，一旦出现这种状况，地球就会陷入物种灭绝、生物多样性减少的危机，人类亦会陷入各种生存灾难不断的危机之中。

在宏观层面，自然环境能力是指地球能力，即地球本身构成陆地、海洋、河流的整体环境，地球自身的承载力量和自净化力量整合构成了存在于地球上所有存在物和一切生命形态繁殖或毁灭、生长或死亡的整体力量。

在中观层面，自然环境能力即是生物环境能力，即地球上的动物、植物、微生物相向整合生成的关联能力。这种关联能力敞开的实际取向，取决于动物、植物、微生物三者之间的竞-适是否达向动态平衡，如果此三者的竞-适始终处于动态平衡状态，那么由动物、植物、微生物三者相向整合生成的环境能力，就体现生境化趋势，张扬整体生成、生长、繁殖的生生功能；反之，如果此三者的竞-适打破动态平衡状态而滑向某种偏离轨道的方向运行，那么由动物、植物、微生物三者相向整合生成的环境能力，就呈现死境化趋势，并从整体上呈现自我萎缩、枯竭、死亡的灭绝功能。

在微观层面，自然环境能力就是生命**环境能力**，即生物圈中具体的种群、物种、个体生物三者相向整合生成的关联能力，这种相向整合生成的关联能力究竟是呈生境朝向还是呈死境朝向，主要取决于各种群、物种、个体生物之间是否保持正常的**共互生存**张力，如果此三者之间能够正常保持其共互生存张力，它就在整体上呈生境倾向，并不断实现其生生不息的功能；反之，就会从整体上呈现死境倾向，并发挥出弱化、消解其自生和互生的死境功能。

与自然环境相对应的是社会环境能力，它是人际环境能力、社群环境能力、国家环境能力等的整合表达。

人际环境能力是社会环境能力的微观形态，它是由人与人之间相互缔结成的生存关系本身所体现出来的关联张力，这种关联张力既可以对人的生存、行动、发展起到某种规范、引导、激励作用，也可能对人的生存、行动、发展起到某种制约、压抑甚至剥夺作用。如果属于前者，意味着人际环境能力发挥出自生境功能；如果是后者，则意味着人际环境能力表现出死境取向。

社群环境能力是社会环境能力的中观形态，它是指人与群体（比如团体、组织）、人与政府或政府与群体之间所缔结的实际生存关联张力。如果这种生存关联张力表现出生境倾向，它就对人、群体、政府的生存行为发挥出某种实际的规范、引导、激励作用；反之，如果这种关联张力呈现出某种死境倾向，它就可能对人、群体、政府的生存行为起到某种制约、压抑甚至剥夺作用。

　　国家环境能力是社会环境能力构成中的宏观能力，它指国家与国家之间或国家与国际社会之间所缔结起来的某种真实的生存关联张力。这种生存关联张力同样蕴含两种可能性，即既可成为促进、引导、激励国家走向生生不息发展道路的生境能力，也可成为制约、压抑、强迫国家滑向自我沉沦道路的死境能力。一个国家的国家环境能力向何种可能性方向敞开，主要取决于两种力量的推动：一种力量就是自然环境能力的强弱及其敞开的实际朝向，另一种力量就是（多元）利益力量的博弈。

　　环境治理：环境能力弱化的必然要求　　通过对"环境能力"概念及其内涵构成的简要分析，可以得出两个初步的结论。第一，环境能力是环境的内在能力，它是由构成环境的各要素相互关联所整合生成的一种整体力量，这种整体力量就是环境的自组织、自繁殖、自调节、自修复能力。第二，环境能力不是环境治理能力，也不是环境保护能力。环境治理能力和环境保护能力是专指**人力作用于环境**的能力。这种人力作用于环境的能力，是人们以**人的意愿方式**去改变环境状况或维护环境状况，使之不发生改变的能力。具体地讲，人们以人的意愿方式去**改变**现实的环境状况的能力，就叫做环境治理能力；人们以人的意愿方式**去维护**现实的环境状况使之不改变现状的能力，叫做环境保护能力。所以环境治理能力或环境保护能力，均是人力作用于环境的能力，是**人**的能力；与此相反，环境能力却是环境的自组织、自繁殖、自调节、自修复能力，是**环境本身**不以人的意愿为转移的**自在生存**能力，即**环境自生能力**。

　　客观论之，无论是环境治理能力还是环境保护能力，其得以生成的前提必须是并且只能是环境本身出现了状况，即当环境的自组织、自繁殖、自调节、自修复能力遭受削弱或丧失，并且仅凭环境自身之力又不能获得内在恢复的状况一旦出现，对人类存在和生存发展造成了直接的制约、压制、削弱，甚至从根本上消解着人类存在安全和生存发展时，人不得不欲求通过治理环境而使之恢复其自身活力的愿望变成现实的行动时，环境治理能力才形成。相应地，环境保护能力是指当环境的自组织、自繁殖、自调节、自修复能力出现弱化的可能性，或出现不能自我保持其良好自生功能的危机前兆，被人们敏感地捕捉到，并意识到环境的这种自我弱化前兆一旦变成现实就将严重地危及到人的存在安全和生存发展时，人类就会果断地采取措施帮助环境消解其自弱化前兆的行动，这种对环境的行动能力就是环境保护能力。概括地讲，环境保护是指对**可能恶化**的环境的预防行动，环境治理是对**已经恶化**的环境所采取的弥补措施。所以，环境保护与环境治理是两种不同的人力作用于环境的方式，环境保护能力和环境治理能力也是两种不同的人力作用于环境的力量：前者是对可能恶化的环境的**人为预防**能力；后者是对已经恶化的环境的**人为拯救**能力。由此不难看出，环境保护能力是环境需要保护时才生成出来的一种人为环境能力，环境治理能力是环境需要治理时才生成出来的一种人为环境能力。但无论是环境保护能力还是环境治理能力，都是基于环境能力本身出现状况时才产生的。因而，要很好地理解环境治理和环境保护，必须先理解环境能力的弱化或破坏。

如前所述，环境能力是环境自组织、自繁殖、自调节、自修复能力。从构成角度看，环境能力作为一种自整合（各构成要素）的整体关联力量，它始终处于未完成、待完成和需要不断完成的生成进程之中。客观地看，环境生成自身的过程所凭借的根本推动力，来源于环境本身，即构成环境的各要素之间所形成的关联朝向、关联冲动、关联整合趋势，构成了环境不断敞开自组织、自繁殖、自调节、自修复的内在动力。但由于环境始终面向更加广阔的他者、世界而存在而敞开自身，所以环境能力的功能发挥又现实地受到自身之外的其他因素的影响或制约，这种影响或制约可能是正面的，也可能是负面的。比如，社会环境的自组织、自繁殖、自调节、自修复能力的过程化敞开，要以宇宙和地球为空间舞台，并以地球生命圈为土壤。动物、植物、微生物三者相互关联所整合生成的生物环境，离不开由太阳辐射、地球轨道运动、大气环流、地面性质、生物活动等宇观要素整合生成的气候环境，并且当人已经在事实上介入了自然界的情况下，生物环境的自组织、自繁殖、自调节、自修复的生境运动，也不可能离开由人际环境、社群环境、国家环境三者共互生成的社会环境。由此不难看出，环境的自组织、自繁殖、自调节、自修复的生境运动，同样不可避免地要承受它自身之外的其他因素的影响，同样不可避免地要承受它自身之外的其他力量的推动，或制约、限制、压抑、阻碍，或激励、导向、引导、规范。

正是如上内外两个方面的因素的客观存在，为环境的自组织、自繁殖、自调节、自修复能力的强化或弱化提供了可能性。具体地讲，环境能力的强化，既得益于环境本身的关联朝向、关联冲动的推动，也得益于该环境的种种关联因素、关联力量对它的顺应敞开。反之，环境能力的弱化，却更多地源于环境的外部力量对它的负面影响，表现为强大的外部力量以逆向展开的方式产生的对环境的负面影响因子层层积累到某种临界点时，就构成一种强大的力量，对环境的自组织、自繁殖、自调节、自修复冲动释放出制约、压制、阻碍的功能。如果这种制约、压制、阻碍功能持续展开并不断强化，就会造成对环境能力的强行消解，使之逐渐丧失自组织、自繁殖、自调节、自修复的生境功能。从外部观，这种现象就叫做环境能力的破坏。无论哪个层面的环境能力，一旦遭受破坏，它就必然朝死境方向沉沦。环境的死境态势一旦形成，就会危及到人类存在安全及其生存发展，于是，拯救环境的行动必然产生，环境治理能力就应时而生。客观地讲，环境治理能力（当然也包括环境保护能力）实际上是环境能力的拓展形态。将环境治理能力和环境保护能力纳入环境能力中来审视，完整的环境能力的构成要素见下简图。

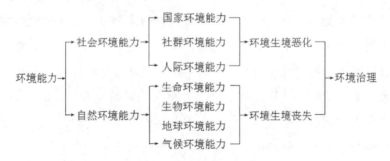

图 1-1　环境能力的两维构成

2. 提升国家能力的气候战略

任何一个论域，其基本概念的澄清与明晰化都是最基本的，因为一个论域的基本概念始终蕴含着能够指涉和规范该论域的潜在原理与方法。换言之，在一个论域里，其探讨所要接受的规范与引导的原理和方法，总是不折不扣地蕴含在其基本概念之中的。正是因为如此，对具体的论域而言，"每一个概念、原理和方法都有助于一些问题的解决"①。对"环境能力"这个概念的澄清与内涵明晰化，能够为我们重新审查和思考环境问题，包括环境生态的伦理问题、政治问题、社会学问题、经济学问题、法学问题以及环境生态的文化学、教育学等方面的问题，打开新的视野，提供了新的思路，更为我们正确地从不同领域、各个层面探讨气候失律及其恢复问题，打开新的视野，提供新的思路。

在自然生境的意义上，环境是不需要治理和保护的。当环境需要治理和保护，或者说当环境治理和环境保护观念进入了我们的意识领域，并外化构成一种实际的行动能力（环境治理或保护能力）时，自然生境意义上的环境就已经不存在了，环境在事实上已经沉沦为异化的死境。从根本论，环境始终以整体方式呈现自身，环境的力量对其构成要素或者说个体存在来讲，始终是强大的。并且，以整体方式呈现自身的环境力量，按照自身各构成要素的关联方式而存在，因而环境始终是以自身方式运作的。这两个方面揭示了环境生态运行的自动力性和独立性，在这种自动力性和独立性面前，个体生命、个体物种，尤其是人、人类，只能是适应环境。当环境治理或保护被纳入日程，这就意味着原本独立地自生存运行的环境已经丧失了自生境能力，环境与个体存在物，尤其是环境与人类之间的关系发生了根本性的逆转：原本顺应环境而谋求存在的人类，却成为了环境得以维持自身存在的依靠者，环境只能在人类的意愿作为中敞开自身。

客观地讲，自然是地球生命之母，也是人类之母。在自然生境的意义上，自然环境是社会环境的土壤、空间范围与条件。当自然环境生态处于

_____

① ［美］彼得·S. 温茨：《现代环境伦理》，朱丹琼、宋玉波译，上海人民出版社 2007 年版，第 3 页。

自组织、自繁殖、自调节、自修复的生境状态时，它为社会环境的生境化运行提供了空间平台、范围和全部的条件。反之，自然环境的自生境能力一旦自我弱化或丧失，社会环境的生境能力也随之弱化或丧失。所以，社会环境一旦出现死境倾向，必然生发自我拯救的治理行动，但对出现死境倾向的社会环境生态予以治理的根本所指，就是治理自然环境生态，使自然环境生态恢复生生不息的自生境能力。这是环境治理的基本理路，也是环境治理的真实目的。如果环境治理缺乏这种明晰而正确的治理目的和理路，那么这种性质的环境治理从根本上缺乏治理能力。具体地讲，无论是对国际社会还是对国家，或者对一个区域和地方来说，环境治理能力生成的动力和源泉，是其治理环境的真实目的和正确理路，因为环境治理的基本理路构成了治理环境的宏观方法。

如前所述，环境意识是因为人介入自然界后才产生的，也因为人从深度和广度两个方面不断地介入自然界，环境能力才获得如下两个方面的实际意义：

首先，环境能力在事实上构成人的存在的根基能力，并敞开为人的生存导向能力。因为人是个体生命，人的诞生，不仅意味着他（她）必须因生而活，并为活而谋求生，且必然要生生不息地展开自己的人生，更意味着他（她）为此而必须谋求活路和图强生机，[①] 然而，人谋求活路和图强生机的全部行动与作为，都只能在自然世界中展开和实施。因为自然界不仅构成他（她）得以存在的全部物质资源的源泉，而且还为他（她）提供空气、阳光、水、土壤。自然环境生态如果处于良好的生境运行状态，人谋求安全存在和更好生存的如上两个方面来源丰裕；如果自然环境生态发生根本性的逆转而朝死境方向运行，人谋求安全存在和更好生存的如上两个方面的来源会枯竭。不仅自然环境生态状态状况决定了人的存在和生存，而且社会环境生态状况也从另一个维度决定着人的存在和生存，可以从人类的历史与现实中找到这方面的不可胜数的实例，比如，无论是人类

---

① 唐代兴：《生存与幸福：伦理构建的知识论原理》，中国社会科学出版社 2010 年版，第 85—90 页。

社会还是国家社会，一旦出现战争、动乱、饥饿、暴力至上思想等，就表明社会环境生态出现了生境危机而朝死境化方向敞开，在这种社会状况下，人的存在安全和更好生存的愿望只能被无情地打破。

其次，环境能力在事实上构成国家能力的基石，成为国家能力的导向力量。存在世界中的个人始终弱小，不能单凭自己的能力而求安全存在和更好生存，个人必须走向他者而共同缔造国家，以获得安全存在和更好生存的整体力量、空间平台和根基性的环境条件。但被缔造出来的国家要担负起使个人安全存在和更好生存的责任，它必须要优先进化，并在优先进化的过程中不断提升自身，使自己具备担当起为它的缔造者的安全存在和更好生存提供生境化的条件、土壤、平台的能力及整体运作的动力。

国家为其共同体成员的安全存在和更好生存所提供的这种生存条件、土壤、平台及整体运作的动力，就是国家能力。国家能力的强弱，所表现出来的可能是科技力量、经济实力和军事力量，但实质的支撑性力量是其文化魅力、社会价值观、制度优越性等所形成的国家向心力、吸引力、发散力和影响力，这些东西才构成能够促进国家兴旺、社会繁荣、人民幸福的社会环境生态，这一社会环境生态得以生生不息的土壤是自生境化的自然环境生态。所以，社会环境生态是国家能力的基石，并构成国家能力生成和提升的直接导向能力；自然环境生态是社会环境生态的土壤，并构成国家能力生成和提升的终极导向能力。

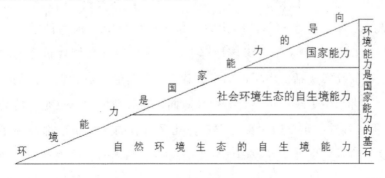

图 1-2　环境能力的双重功能

从上图可以看出，环境能力既是国家能力生成的基石能力，也是国家能力发展的导向能力。正视环境能力，是构建国家能力发展战略必备的眼光：面对无论是宇观气候环境的不断恶化，还是具体地球环境死境化态势，要真正提升国家能力，必须立足于千疮百孔的地球环境而谋求其自生境能力的恢复性重建。

恩格斯指出，"我们不要过分陶醉于我们人类对自然界的胜利。对于每一次这样的胜利，自然界都对我们进行报复"①。人类不断取得对自然界的胜利的基本方式，就是通过劳动而掠夺地球资源，掏空大地，破坏自然秩序，使自然环境沦为死境。反之，自然报复人类的基本方式，就是自然灾害和瘟疫的频频袭扰，其整体推动力量是失律的气候运动。瑞士社会学家和环境伦理学家克里斯托夫·司徒博（Christoph Stuckelberger）在《环境与发展：一种社会伦理学的考量》之"中文版前言"中写道："中国的发展是独一无二和叹为观止的：经济的发展速度超过了其他大多数国家，它为自己的人民和整个世界提供了商品和劳务，教育制度备受关注，学术成果几乎涵盖了所有领域。中国的全球政治重要性对所有国家产生了与日俱增的影响。文化传统以及对日常生活、伦理学和社会和谐发展所做出的贡献将被重新发现。这一快速的发展也付出了代价：贫富差距加大，环境承受着巨大的压力，污水和不洁的空气对人的健康和动物产生了威胁，土壤退化带来了未来农业生产减产的风险，气候变化引发了洪水和风暴。人的生命、财产和基础结构为此付出的代价更是加倍的。"② 司徒博这段写于 2007 年的文字，应该是对中国国家成就和环境代价之间的生态关系状况的真实概括。中国的国家成就，尤其是经济成就在其后的"跨越式发展"进程中更是举世瞩目。但与此同时，其环境生态也是"跨越式恶化"，霾气候扩散到全国大部分省市，几乎所有的大中城市都被霾污染笼罩，这是跨越式发展所导致的气候生态跨越式恶化的直接表现。不断涌现

---

① ［德］恩格斯：《自然辩证法》，人民出版社 1984 年版，第 304—305 页。

② ［瑞士］克里斯托夫·司徒博：《环境与发展：一种社会伦理学的考量》，邓安庆译，人民出版社 2008 年版，第 1 页。

和扩散的城市内涝，是跨越式发展推动无节制的城市规模建设的"杰作"。为了跨越式发展而实现跨越式增长的汽车制造业推动汽车的跨越式消费，使跨越式发展的现代交通和城市不堪重负，高速公路塞满汽车，城市的街道几乎被蠕动的汽车堵塞，每个人的生活都被汽车尾气所包围，汽车尾气不仅无情地透支着每个国民的健康，而且更在无声息地削弱着国家的强健机体。毫无节制的城市规模发展和无止境的房地产开发，使有限的耕地越来越少；而且，不断扩张的城市向农村掠夺资源和农村向城市迁移人口的双向运动，导致土地的退化和污染，耕地的荒芜和沙漠化更加严重，淡水和水质问题越来越成为存在安全中更为艰难的问题。自进入 21 世纪以来，不断加速的气候失律和南北气候的大逆转（"北涝南旱"的南北模式），不知将给未来带来什么样的更大的、更严重的气候灾难、地质灾难和灾疫。然而，更为严重的却不在于环境恶化本身，而是人们对环境的日益恶化的忽视，即以生境为本质规定的生态文明建设早已作为国策而得到确立，其根本性不断得到强化，但是，在现有制度机制及运作体制的惯性推动下，为了高经济增长而在实际操作上仍然不顾环境恶化的压力，更无暇顾及代际生存，并以环境死境化和蔑视代际生存为双重代价来换取现实的经济成就。正是在这种不断加速恶化的环境危机和生存风险面前，"环境能力"问题才引来关注。通过对环境能力的关注和探讨，揭示人与环境、国家社会与气候之间的共生原理，构建整体提升国家能力的环境战略：提升国家能力的环境战略的重心是自然环境生境化，提升国家能力的环境战略的基础是恢复气候。因为，气候作为地球生命存在和人类可持续生存的宇观环境，只有当它恢复其周期性变换运动的时空韵律，重建地球环境生境才有动态生成的土壤和整体条件；只有当地球环境重获整体的生境功能时，强化和提升国家能力才有本与源。

第二章 恢复气候的生境目标共识

气候作为宇观环境，其丧失自身周期性变换运动的时空韵律，必然推动整个地球环境和人类环境走上死境化道路。环境一旦朝死境方向敞开，就从根本上危及到地球生命的存在安全，迫使人类丧失可持续生存的土壤。因而，在气候失律日益全球化和日常生活化的当代境遇中，降解污染、恢复气候成为人类治理地球环境和人类环境的宏观方向。

一、环境治理的目标与途径

环境问题，既是一个历史性积淀的现实问题，更是一个全球性问题。说它是一个历史性积淀的现实问题，是因为凡是环境问题都与人对自然的作为相联系：当人类逐渐摆脱自然的控制，从顺应自然转向对自然的征服性、控制性介入，环境问题就伴随产生。人介入自然界的范围越广、程度越深，环境问题就越普遍和严重。作为一个全球性问题，环境问题成为所有国家都不能避免的问题。为了更好地谋求存在发展，人类必须面对环境问题而谋求共同的治理之道。

治理环境，并不是简单地去污染、减排放、植树造林以及节约能源、绿色发展，更不是简单地追求片面的发展，而是整个社会生境重建和文明重建的问题。

1. 环境恶化的风险和危机

乌尔里希·贝克（Ulrich Beck）认为，"我们都是环境的罪人"[①]。因

---

① ［德］乌尔里希·贝克：《世界风险社会》，吴英姿、孙淑敏译，南京大学出版社 2004 年版，第 56 页。

为我们为谋求发展而无止境地破坏环境，并因为环境不断遭受更为广阔和更有深度的破坏，将人类推向"世界风险社会"之中。① 贝克认为，全球化当然指知识、信息、经济、服务、生产、劳动合作以及文化的全球化，但这些都不是全球化的特征，在根本意义上，全球化是指生态危机的全球化。生态危机全球化表现为世界性的环境风险，其根源在人类的贪婪和为满足其贪婪而无节制的作为："生态危机是文明社会对自己的伤害，它不是上帝、众神或大自然的责任，而是人类决策和工业胜利造成的结果，是出于发展和控制文明社会的需求。"② 生态危机全球化是当代社会高危风险不断加剧扩散的最强劲的动力，因为它正伴随着人类"因为获取财富引发的破坏生态环境和技术工业的危机"（诸如臭氧空洞、温室效应、还有无法预见、无法估量的基因工程及移植医学的后果）和"因贫困引发的破坏生态环境和技术工业的危机"，以及"在生产以及区域性或全球性范围内使用核武器、化学或生物武器以及核动力的危机"③。全球环境生态危机由四种因素造成，并形成四种形态，就是以财富扩张为导向的环境生态危机、以技术异化为导向的环境生态危机、以贫困所造成的破坏性为导向的环境生态危机和以生化武器及核动力为导向的环境生态危机。这四大危机又加剧了当代社会的世界风险。风险笼罩、危机四伏的当代社会日益呈现出三个难以解决的根本难题：

首先，生态危机的"全球化迄今带来了生产力的衰退，社会的灾难和对稳定的威胁"④。生产力的衰退表征为经济的低增长或零增长化，这就是所谓的经济危机、金融危机。但在世界风险社会里，这种经济危机、金融危机主要不再由市场波动所决定，而是由如上四个方面的环境生态危机

---

① ［德］乌尔里希·贝克：《世界风险社会》，吴英姿、孙淑敏译，南京大学出版社 2004 年版，第 4 页。

② ［德］乌尔里希·贝克：《什么是全球化？全球主义的曲解：应对全球化》，常和芳译，华东师范大学出版社 2008 年版，第 43 页。

③ ［德］乌尔里希·贝克：《什么是全球化？全球主义的曲解：应对全球化》，常和芳译，华东师范大学出版社 2008 年版，第 45 页。

④ ［美］爱德华·赫尔曼：《全球化的威胁》，薛晓源编译，《马克思主义与现实》1999 年第 5 期。

和资源日益稀缺所推动。环境生态危机不解决,经济危机、金融危机只能常态化,因为无论是环境生态危机还是资源的日益稀缺,都从不同方面推动经济生产的日益高成本化,这是生产力衰退的根本原因,也是形成经济危机、金融危机常态化的根本动力,这种常态化表征为经济的低增长或零增长。社会的灾难,既来源于宇观环境生态的破坏,亦即气候失律所造成的日常生活化的气候灾难、地质灾难和疫病灾难,同样也表现为财富争夺、资源争夺、生存空间争夺(比如太空开发争夺、海洋争夺)所带来的现实的或潜在的战争、暴力、动荡,更表现为饮用水、粮食、水果、蔬菜等方面的不安全性。对人类存在安全和社会稳定的威胁,不仅来源于风险的世界化和全球化,更来源于风险和危机分配的不平等。

其次,在当今世界性存在风险转化为实际生存危机的过程中,不断地实现着不平等分摊。比如气候,它是一种全球化的公共产品,从历史看,发达国家的工业化进程造成了当今世界的气候失律;从现实看,当前气候的加速恶化,既在于发达国家继续加速发展和对气候失律的消极不作为,也与部分发展中国家片面追求经济发展息息相关。但气候失律所造成的全部灾难性后果却分摊给了全世界每一个国家、每一个人。再比如经济增长与财富分配问题,经济增长源于全社会的共同努力,但由于市场、制度、分配体制以及无限绝对权力垄断等因素,导致了财富分配的不公,造成贫富差距不断扩大。在这种态势中,各种各样的生态危机以及各种各样的生态灾难,总是以一种不平等的方式实现了分摊。这种不平等的分摊首先体现在贫穷国家和发展中国家为富裕国家创造财富,即贫穷国家和发展中国家以廉价的劳动力和有限资源换取最低的劳动财富,这主要通过进出口、关税、核心技术、核心产业和权力控制来实现:"在作为福利代价的环境破坏与作为贫困代价的环境破坏之间有着重要的区别。许多财富驱动型生态威胁由生产成本的外部化导致,而在贫困驱动型的生态破坏的情形下,正是穷人摧毁着他们自己,而这种行为给富人带来了副作用。换句话说,财富驱动型环境破坏是在全球范围内平均分布的,而贫困驱动型环境破坏则只打击特定地区,它只有通过媒介术语表现出来的副作用形式才会成为国际性的。"① 其次表现在穷人为富人创造福利：富人享受更多的环境福利，穷人却承受更多的环境污染、环境灾难。因为穷人总是在制度、政策、法律、文化甚至道德的规训下被迫生存在恶劣的环境里，并被视为是理所当然地承受更多的污染，吸纳更多的废气和噪音，吃更多的高含毒性食物，承受更多的环境灾疫之难。

再次，环境灾疫的全球化和日常生活化，表明现实世界的存在风险和生存危机是遵循层累原理而加速集聚和扩散的，人类正被迫步入高风险、高危机社会，并且这一高风险、高危机更多地被内部化。社会学家 A. 吉登斯（A. Giddens）认为社会风险客观地存在着外部风险与内部风险两种形态②。外部风险的生成来源主要有二：一是传统，二是自然的不变性和固定性。比如洪灾或旱灾、农业歉收、瘟疫或饥荒等都属于外部风险。外部风险体现两个特征：一是指风险客观化，即自然因素是形成外部风险的直接原因，人力只是其间接因素，即人力成为外部风险的动力因素，以层累方式集聚并必须通过自然的方式才可发生作用；二是风险空间化，即时间之于外部风险的形成所发挥的功能是很微弱的，因为外部风险始终以空间导向为播散方式。与此不同，内部风险的生成之因更多的是主观性因素，它往往是由具体的知识、认知观念和思想支配人类行为介入世界所产生的风险，比如土地退化、生物多样性丧失等，就属于内部风险，哪怕是气候失律这样的宇观环境问题，或者气候变暖、海平面上升等所形成的风险，都属于内部风险，因为这些风险最终由人力造成，而人力由观念、认知、思想所发动和主导。由此造成内部风险的特征也有两个方面：一是风险生成的层累性，二是以边际递增效应的方式扩散。前一个特征表明内部风险是以时间为导向的，这一特征通过生成与扩散两个环节呈示出来：在生成环节，以时间为导向就意味着内部风险的生成必须遵循层累原理；在扩散环节，以时间为导向就意味着内部风险扩散遵循边际效应递增原理。

---

① ［德］乌尔里希·贝克：《世界风险社会》，吴英姿、孙淑敏译，南京大学出版社 2004 年版，第 44—45 页。

② ［英］A. 吉登斯：《失控的世界》，周红云译，江西人民出版社 2001 年版，第 22—23 页。

时间越久，风险越大，危害越大，所造成的灾难就越严重和普遍。

在存在风险世界化和生态危机全球化的当代境遇中，中国社会"正步入风险社会，甚至将可能进入高风险社会"[1]。贝克的诊断既与实际相符合，也符合基本规律：环境问题与社会经济发展同步，社会经济越发展，环境问题越普遍越严重；并且，社会经济越是非理性发展，环境恶化就越呈加速状态。以此来看正处于全面发展进程中的中国，其环境问题比其他国家更突出，以"跨越式恶化"和"跨越式崩溃"的方式敞开。环境的跨越式恶化和跨越式崩溃，是环境突变的极端化。导致环境突变极端化的现实力量，就是经济的跨越式发展。中国境内的地球环境的跨越式恶化的突出表现就是污染立体扩散、城市内涝、空中霾污染常驻化、土地沙漠化、耕地退化和荒芜、北涝南旱的南北气候逆转等，无论深度或广度以及对未来的影响程度，这些情况的出现都是前所未有的。如此迅速扩张和恶化的环境状况，以层累的生成方式和边际递增的扩张方式集聚起来加速膨胀其存在风险，并扩散生态危机，必然将我们推向与世界同步的环境治理轨道，并强迫我们在放弃许多东西的同时采取环境治理行动。

2. 环境治理的自然目标

只有那些探究出事物的目的的分析才是成功的。因为有了恰当的目的，人类行为才有一贯性。由于失去了恰当的目的，现代人总是有一种未得到满足的欲望。既然迷失了方向，他就试图通过无节制地疯狂占有商品来重新找回失去的东西，那些商品能够刺激他的感官，暂时平息他的迷失感，或者他就拼命追求控制他人生命的权力，来缓解这种感觉。一个人若失去了决定自己生活目的的力量和能力（以及愿望），就会寻求控制其他人和事物的权力，来解救自己，于是经济生产和经济力量就成了他的目的。在这个过程中，现代人不是解决了社会弊病，而是使社会弊病恶化了。只有回到最基本的原则，去研究人及其恰当的最终目的，

---

[1]　转引自朱力：《我国重大突发事件解析》，南京大学出版社 2009 年版，第 24—25 页。

才能解决这些社会弊病。①

当我们思考和讨论环境治理时，须接受如上认知的引导，否则，一切有关于环境治理的想法和做法，都将会加速环境的恶化。

治理环境的首要任务，不是盲目地制定行动方案，而是探讨环境治理的真实目的，并真诚确立起有的放矢的环境治理目标。

环境以跨越式方式恶化，既动摇着人类社会、国家以及个人存在的根基，又使人类社会、国家、个人谋求更好生存的土壤不复存在，更使人类社会、国家、个人谋求更好生存的各种可能性丧失。确立切实可行的环境治理的目标，只能是使环境**恢复**环境本身。

要理解"使环境恢复环境本身"，仍然需要从理解"环境"入手。如前所述，其一，环境相对生命才有真实意义，并且唯有人有意识地介入其中，环境探讨和思考才有价值。其二，环境以动态生成的方式而存在，并以自生境的方式敞开生存（即自我运动）。其三，环境是构成它本身的各种存在物之间的关联生命状态，正是这种关联生命状态才形成了环境的动态生成性，才使环境本身一直处于未完成、待完成和需要不断完成的进程状态中而获得生生性。其四，环境的固有本性是**生**，环境敞开存在本性的生存状态就是**生生**，它的内在动力是其自组织、自繁殖、自调节、自修复能力，即环境能力。客观地看，环境的动态生成运动本质上是一种自在运动；环境自在运动得益于环境能力，环境能力乃环境内在能力，这是环境不按人的主观想象和人的意愿方式而存在的根本原因，这也是人不能完全按照自己的意愿方式而作用于环境、任意地改变环境或改造环境的深度根源。如果人类在谋求存在发展的进程中违背了环境的自生成原理和自动力规律，所造成的直接生态学后果，就是环境自生境能力的丧失，其最终的生态学后果却是整个世界（包括自然世界和人类世界）的萎缩：环境的自我萎缩主要体现为种群灭绝、生物多样性丧失，原始森林消失、草原沙漠

① ［美］杰拉尔德·阿朗索·史密斯：《财富目的：一个历史视角》，见［美］赫尔曼·E.戴利、肯尼思·N.汤森编：《珍惜地球——经济学、生态学、伦理学》，马杰等译，商务印书馆2001年版，第234页。

化、荒野和湿地消失，可供人类生存的空间日益狭窄。[①] 一旦这种萎缩不能停止，甚至萎缩步伐加速，生物消亡、人类毁灭就成为必然。

客观地看，世界风险社会和全球生态危机所呈现出来的恶化态势之所以让每一个有理性的人深度不安的根本原因，就在于以环境恶化生存为根本标志的存在风险和生态危机，根源于环境自生境能力的日益消解，或者说根源于环境自组织、自繁殖、自调节、自修复力量的加速丧失。因为，由气候、阳光、空气、水、大地、植物以及多样化的生物种群、物种、个体生命组成的环境，它的存在和生存动力不是来源于外部，而是来源于内部，环境能力的弱化和丧失，是环境内部的萎缩，这种内部萎缩不能靠加强外部力量来解决，只能通过对环境的外部挤压力量、扭曲力量的减弱或消除，让环境本身获得自然舒展的喘息机会，慢慢地自我恢复其自组织、自繁殖、自调节、自修复的生境张力。唯有如此，环境才可重获生机，重建生境才成为现实，人类才可安全存在和谋求更好的生存状态。

简要地讲，环境治理的真实目的，是使人类赖以存在的环境世界重获自在的生机。环境治理的根本目标，就是通过各种行之有效的方式帮助环境恢复其生境能力。因为，环境自组织、自繁殖、自调节、自修复能力的全面恢复，就是人类存在安全的基石得到真正的重构，人类谋求可持续生存的土壤才获得自我活化，无论是人类整体还是民族国家，可持续生存以及以此为基础的永续发展才有了自然前提和存在论保障。

3. 环境治理的社会目标

环境始终因为生命而产生，却总是因为人的介入而获得关注。人介入环境亦因为人本身居于环境之中，由此使"环境"不仅仅是纯粹自然的，而且也是人化的。由此使环境获得了自然与人的双重维度，因而治理环境的目标自然包括了两个方面的内容，即自然方面的目标和人的方面的目标。就前者言，环境治理就是人类以自己的努力帮助环境恢复自生境能力；就后者论，环境治理使人类自己的存在更适应环境，即按照自然的方

---

① ［芬兰］Ilkka Hanski：《萎缩的世界：生境丧失的生态学后果》，张大勇、陈小勇译，高等教育出版社 2006 年版，第 184—195 页。

式而存在于自然之中。

要正确地确立环境治理的社会目标，需要正确地理解两个基本要点：首先是"适应环境"的问题，其次是"按照自然的方式存在于自然之中"的问题。

"适应环境"是指人类而论，所以"适应环境"本身有一个客观前提，那就是人类与环境处于分裂状态中，并且这种分裂状态由人自己造成：在近代以来的自然科学革命和哲学革命的双重胜利推动下，人类踏上了从否定自然①到改造自然再到掠夺地球资源的道路，在这条道路上，人类把自己推向了自然的对立面，也把自然推向了人的对立面，这种双向对立的表现形态就是后发制人的气候失律、灾疫全球化和日常生活化。"在现代，灭绝人类生存的不是天灾，而是人灾。"② 因为"尽管表面看来是大自然独立的现象，但若从本质的观点来看，可以认为是包含人类在内的整个生命世界在起作用，而形成了异常变化的几个原因……有必须严肃考虑人类行为对自然运行、自然界的协调所产生的影响，严格限制那些哪怕很微小的孕育着危险的行为"③。

人类重新"适应环境"的问题，其实就是"人与天调"的问题，因为只有人与天调，然后人才与天地共生，更因为只有"人与天调，然后天地之美生"④。从根本讲，人类"适应环境"的本质就是适应规律、遵循法则。适应环境的规律，就是"物竞天择，适者生存"，它强调在生物世界里，竞斗虽然是必须的，是重要的，但它仅仅是手段，适应才是目的。"适"，就是限度生存，就是必须具备自我限度生存的能力；"适者"就是

---

① 这种否定自然的方式集中表现在对自然存在本身的生命性和主体性的取消：洛克努力于前者，即为了"把人们有效地从自然的束缚下解放出来"而必须否定自然的生命性，因而他提出"对自然的否定，就是通向幸福之路"的主张；康德努力于后者，他通过纯粹理性和实践理性批判，确立起人的绝对主体地位和自然的绝对受体地位，这即是康德的"理性为人立法"和"知性为自然立法"。

② ［日］池田大作、［英］阿·汤因比：《展望21世纪》，荀春生译，国际文化出版公司1985年版，第37—38页。

③ ［日］池田大作、［英］阿·汤因比：《展望21世纪》，荀春生译，国际文化出版公司1985年版，第37页。

④ ［清］戴望：《管子校正》，中华书局2006年版，第242页。

具有限度生存能力的生物。"适者生存"是指只有在竞斗中追求适应并以适应为竞斗的真实目的的生物，才可能在这个世界上谋求到真正的生存，才可能持续地和长久地生存下去。这种需要遵循的适应环境的法则，就是宇宙律令、自然法则、生命原理，当然也包括普遍的人性要求，这就是"按照自然的方式而存在于自然之中"的基本含义。

这里所讲的"自然"，包括宇宙和地球。按照自然的方式而存在，其实就是按照宇宙和地球的方式而存在。宇宙和地球都是按自身本性而存在的，并且宇宙和地球按照自身本性存在所体现出来的朝向，就是"和"，就是"生"，就是"合生"。合生的宇观表达就是宇宙律令，合生的宏观表达就是自然法则，合生的中观表达就是（地球生命世界的）生命原理，合生的人本表达，就是"凡人之生也，天出其精，地出其形，合此以为人，和乃生，不和不生"①。

综上所述，人类要从根本上解决环境问题，必须解决人与自然的对立问题。解决人与自然的对立，必须学会重新适应环境。重新适应环境，就是重新回归自然，就是在重新回归自然的过程中成为自然的人。因而，按照自然的方式存在于自然之中，就是遵循宇宙律令、自然法则、生命原理、人性要求而存在于宇宙之中和地球之上，才可帮助环境恢复自生境能力，并最终使自己获得生生不息的生境。

面对人类当前的环境状况，适应环境，按照自然的方式存在于自然之中的具体目标，就是降解污染，重建生境，创建生境文明社会。

降解污染，重建生境，创建生境文明社会，就是重建人类的生境存在，其前提性努力是重建自然生境，即全面恢复自然环境的自生境能力。

降解污染，重建生境，创建生境文明社会，就是重建一种社会存在方式和生存方式，其基本的任务就是创建低碳化的社会存在方式和生存方式，包括低碳化的技术方式、生产方式、消费方式和生活方式。所以，创建低碳社会，就是创建以低碳技术、低碳生产、低碳消费和低碳生活为基本准则的社会。

---

① ［清］戴望：《管子校正》，中华书局2006年版，第272页。

降解污染，重建生境，创建生境文明社会，就是终止片面发展观和发展模式，开辟可持续生存式发展方式。

可持续生存式发展观以追求人、社会、生命、自然的可持续生存为根本目标，经济增长必须服务于这一可持续生存目标，即以可持续生存为起步，环境治理的最终目标不是实现经济增长，而是实现"人、生命、自然"和"人、社会、环境"持续稳定的共生互生。基于各不相同的目标指向，可持续生存式发展方式所要考虑的根本实践问题，是如何实现低排放、低污染、低浪费的问题，对可持续生存式发展方式的实践落实，就是要努力于低碳技术的研发、低碳生产方式的构建、低碳消费方式和低碳生活方式的社会化建设。为此，它一定会综合运用各种社会工具，构建全面实施低排放、低污染、低浪费的社会发展体系，以疏导、规范、抑制房地产经济、交通经济、汽车经济等有限度地发展。

4. 环境治理的广阔途径

概括以上分析，所谓环境治理，就是为建设生境文明修筑道路，环境治理就是修筑**自然回归自身**的道路，具体地讲，就是人类以自身努力修筑让宇宙、地球、生物圈恢复自身存在方式，使其按照自己的本性存在而敞开共互生存的道路。以此为基础，环境治理还是修筑**人回归自身**的道路。人始终是自然的一员，是生命世界的一个物种，人回归自身的道路最终仍然是回归自然，即按照自然的本性（即宇宙律令、自然法则、生命原理和人性要求）而经营社会、发展国家，重塑人类自身的人性化存在。

基于这一双重要求，环境治理的道路必须是广阔的、多元的、多方式的、多层面的，以概括的方式观，环境治理的道路敞开为三个维度。

首先，环境治理的宇观道路，就是降解污染、恢复气候。气候作为周期性变换运动的天气过程，构成了环境的宇观形态，并且气候以周期性变换运动的方式连接起了天（宇宙）地（地球），构成了整个自然世界和生命世界的生境化存在。20世纪后期以来，气候变换运动改变其周期性方式，以无序和突变的方式持续敞开。这种以持续无序（比如酷热与高寒无序交替）和变突（即不可预测性）而敞开的天气过程，就是气候失律。气候失律源于两个方面的改变：一是大气温度非规律性升降，其具体呈现形态是酷热和高寒无序交替，其抽象形态是气候变暖或气候变冷；二是大气浓度改变，其典型形态是酸雨天气和霾气候。气候失律从根本上动摇了地球生命和人类安全存在的根基，因为气候失律表现为太阳辐射、大气环流、地面性质、生物活动的失序。在这种失序进程中，太阳辐射影响到宇宙星球的运行，大气环流影响到太阳对地球的辐射，地面性质状况取决于地球表面的海洋、山脉江河、森林草原、荒野湿地等方面的生态状况，然而，影响海洋、山脉江河、森林草原、荒野湿地等地面性质的生态状况的根本因素，是生物活动。生物活动的生态状况，决定着地面性质的生境化程度，反之亦然。

生物活动的生态状况，就是地球生命世界中动物、植物、微生物之间所形成的关联状态，亦可以说是地球生命圈中动物、植物、微生物共互生存的关联状态，这种关联状态如果在整体上呈现生境取向，就是生物活动的生境化。反之，当地球生命圈的生境破碎化或生境丧失时，由动物、植物、微生物三者所共互生成的地球生命环境，就陷入死境状况中。

地球生命环境的死境倾向主要表现为四个方面：一是地球生命环境的自生境质量下降，具体表现为地球生命圈的"种群、物种增长率下降"，并由此导致地球表面承载力下降和地球"环境承载力降低"；二是地球生命环境的自生境数量下降，具体表现为地球生命环境的自生境面积减小，即"种群减少，边缘效应增加"和"物种灭绝风险增加"；三是地球生命环境的自生境"通连度降低"，生境破碎化和生境片断化的比率增加；四是地球生命环境的自生境连续性下降，整体关联生成的地球环境生态岛屿化，"集合种群灭绝风险增加"。[1] 地球环境生态在整体上呈现出来的这四个方面的死境化状况，决定了当前环境治理的宏观道路。具体地讲，探索环境治理的宏观道路，就是直面如上四个方面的死境化态势，谋求对地球生命环境的整体治理，并通过这种治理而使地球生命环境生态全面恢复自

---

[1] ［芬兰］Ilkka Hanski：《萎缩的世界：生境丧失的生态学后果》，张大勇、陈小勇译，高等教育出版社 2006 年版，第 62 页。

生境能力。

治理地球生命环境，促使其全面恢复自生境能力，需要正视两个问题：一是地球生命环境的生境丧失与灾疫失律的关系，二是地球生命环境的生境丧失与人类活动的关系。

首先，地球生命环境的生境丧失，既是灾疫失律的原因，也是灾疫失律的结果：从发生学看，只有当地球生命环境不断碎片化，地球上的动物、植物、微生物种群生境不断丧失，并且动物、植物、微生物普遍呈现出"整体灭绝风险增加"时，才推动地球表面性质状况的根本性改变，并且，这种不可避免的改变的加剧，不断地改变大气环流的速度和方向，从而改变太阳辐射的长度和强度，最后导致气候失律。气候失律，直接导致连绵不断的灾疫暴发，使原本偶发性、局部性和非渐进性的灾疫演变成为渐进层累性、全球化和日常生活化的气候灾疫，并推动狂暴的、非预测性的和层出不穷的地质灾害和灾疫的暴发。从生存论观，日益全球化、日常生活化和渐进层累化的当代灾疫，虽然以突变的方式暴发，却以边际效应递增的方式扩散灾难后果，当这种以边际效应递增方式扩散的灾难后果得不到及时的和整体上的控制、抑制、化解时，它就会自发地演化为一种现实的推动力量，推动地球环境加速死境化。

其次，从表面看，地球生命环境遭受破坏的直接原因，是其生境碎片化和生境丧失，其整体推动力是气候失律。但究其最终实质，所有这一切都与人类作为直接相关。"生境丧失和破碎化在过去是岛屿化的主要原因，但是，就像上次冰期高峰之后生活于山顶上的北温带哺乳动物发生的故事一样，**人类活动导致的气候变化正成为物种岛屿化的一个主要根源（引者加粗）**"，地球生命环境"生境丧失和破碎化以及气候变化……部分原因是气候变化和生境变化，**但是更重要的原因是在人类有意或无意帮助下扩散的机会大大增加了（引者加粗）**"。[①] 由此可见，当代环境危机的核心问题、瓶颈问题，是人的问题，是人类问题。环境治理的实质道路，是人

---

① ［芬兰］Ilkka Hanski：《萎缩的世界：生境丧失的生态学后果》，张大勇、陈小勇译，高等教育出版社 2006 年版，第 213 页。

类自我存在及生存方式的重建道路。

究其实质，重建人类存在方式，就是重新恢复人类与自然、人类与地球生命之间的本原性存在关系。这种本原性存在关系就是人与自然、人与地球生命之间的亲缘性存在，它具体敞开为两个维度：首先，人类作为一类存在、一个物种，原本就存在于苍穹之下、地球之上和生物圈中，人类与自然、人类与地球生命的关系是个体与整体的关系，更是原生与继生、母与子的关系；其次，虽然自然是整体、是原生、是母体，人类是个体、是继生、是子，但它们之间的存在仍然是平等共在互存。基于这一双重存在规定，重建人类存在方式的实质性努力，就是人类应从如上两个方面达成共识，并以其共识为导向，重新向自然学习，学会尊重自然，学会遵循自然法则，按自然本性的要求而重建人类的存在安全："人类是自然界的产物。和所有生物一样，人类必须适应并保证自身的生存。正因为人类在自然界中，那就要被引导着去尊重自然。"[1] 尤其是在世界风险和全球生态危机充斥的当代进程中，"既然人类的雄心与人类的扩张到了这种要改变大自然这个世界范围的高级范畴的地步，人类就必须重新学会遵循自然规律。这种不容否定的必须性强迫人类并将越来越强迫人类接受，同时纠正着从发展与进步这些人类智慧中所产生的种种偏差，不过要使进步的偏差小一些"[2]。

向自然学习，尊重自然规律，遵循自然法则，这是人类恢复与自然、地球生命之间的本原性存在关系的前提，亦是人类与自然、地球生命共互存在方式得以重新恢复的实质体现。基于对人类与自然、地球生命共互存在的本原性关系的恢复，重建人类生存的道路，就是开辟人与物、人类与地球生命以及个体与整体、当代与后代的共互生存道路。因而，探索人类与自然、地球生命共互生存的道路，以及探索人与物、个体与整体、当代与后代共互生存的道路，既是限度生存的道路，也是相互克制的道路，更

---

① ［法］克洛德·阿莱格尔：《城市生态，乡村生态》，陆亚东译，商务印书馆 2003 年版，第 162 页。

② ［法］克洛德·阿莱格尔：《城市生态，乡村生态》，陆亚东译，商务印书馆 2003 年版，第 136—137 页。

是自我节制和简朴生活的道路。并且这条道路必须是广阔的，是世界主义和人人主义的。具体地讲，这条实践理性道路的开辟与重建，必须在全球、国家、个人三维视野统摄下展开，因为无论对人类存在来讲，还是对国家社会或每个个体生命存在来讲，"现世通往生存之路也就是来世获得拯救之途"①。

二、恢复气候的共识与要略

环境治理的实质性努力是恢复气候。这一努力必然指向灾疫治理、地球生命环境治理，指向对人类存在方式的改变，并最终实现（自然和社会两个维度的）生境重建。

1. 恢复气候的实质语境

讨论如何恢复气候，需首先解决两个前提问题：

第一，恢复气候的实质所指是什么？

第二，什么语境下恢复气候才可成立？

恢复气候的实质问题　思考恢复气候的实质问题，最好先对此概念做一个界定，然后再对其概念予以必需的语义解释。

所谓恢复气候，就是通过社会整体动员，从各个领域、各个层面展开环境生态治理，以促进气候恢复其变换运动的周期性节律。

如上定位蕴含了恢复气候的实质内容。首先，恢复气候，就是使失律的气候重获变换运动的周期性节律（即周期性变换运动的时空韵律）。其次，恢复气候，只能通过治理来实现。由于气候是一种无实体形态和无边际规范的运动状态，故其治理只能通过对与之相关的其他环境的治理而实现，所以，凡是与变换运动的气候相关的一切环境因素，都属于恢复气候的范畴，这就是恢复气候何以要从各个领域、各个层面展开的根本理由。

① ［美］E. F. 舒马赫：《富足年代：一个基督教观点》，见［美］赫尔曼·E. 戴利、肯尼思·N. 汤森编：《珍惜地球——经济学、生态学、伦理学》，马杰等译，商务印书馆 2001 年版，第 196 页。

再次，气候作为周期性变换运动的天气过程，它既是一种宇观环境，更是一块"世界公地"，是全球化的公共资源。气候的这一自身性质规定决定了恢复气候不仅需要全球行动，更需要全民参与，这是恢复气候必须进行"社会整体动员"的实质要求。

恢复气候的语境要求 恢复气候只有在特定的语境下才成立。要真实理解和定位恢复气候的语境要求，需要了解气候变换运动的基本方式。

其一，气候作为一种天气过程，始终是变化的。变化是气候的本质规定，也是气候的内在朝向，更是它作为一种天气过程的**常态**。

其二，气候作为一种天气过程，其变化不息的运动是有规律的，这种规律性可以在不同尺度上得到呈现，也可以在不同尺度上得到描述。比如地球物理学用"第四纪气候""全新世气候""冰河期气候""小冰河期气候"等术语来对气候变化的周期性规律进行宇观尺度的描述。再比如天文学将一年划分为四季，并总结出标识一年气候变化的 24 节气，这是对气候规律的宏观尺度的把握和描述。

其三，变化不息的气候有两种不同的运动方式：一是按自身节律而变化不息，这种有规律地变化不息的运动方式，可称之为"气候变换"；二是气候丧失自身节律而变化不息，这种丧失自身运动规律的变化不息的方式，可称之为"气候失律"。气候变换和气候失律，构成了气候变化的两种基本方式。

其四，有规律的气候变换方式，是气候运动的合自然状态；与此相反的气候失律方式，则是气候运动的反自然状态。这种反自然状态的气候运动方式，并不是由气候自身所造成，而是只有当气候之外的多种外力推动形成巨大的合力时，才会导致气候丧失变换运动的周期性规律，而敞开为无节制性、无秩序化、无方向性的运动方式。由于气候失律的运动状态是暴虐的、无方向的和无规律的，所以气候失律既可能使气候朝着"变暖"的方向运行，也可能使气候朝着"变冷"的方向运行，更可能使气候朝着

"变暖"或"变冷"无序交替的方向敞开。①

其五，气候变换运动的最终推动力是自然力本身，即太阳辐射、地球轨道运动、大气环流、地面性质、生物活动诸因素按照自身本性的方式整合所形成的力量，推动气候周期性变换运动。气候的周期性变换运动是一种合自然状态的变换运动，它不需要治理；并且，面对这种合自然状态的气候变换运动，谈论恢复气候毫无意义。气候变换运动在一般情况下遵循自身时空韵律，但在特殊的情况下也会出现异常的变化。比如历史上出现的"冰河期"气候或"小冰期"气候，就是最好的例子。但这类异常的气候变冷或气候变热，仍然是合自然状态的气候变换运动，因为它是宇宙和地球相向展开而生成的宇观运动，与地面性质的变化和地球生命活动没有多少关联性。

与此不同，气候失律这种天气变换的运动过程，不仅与太阳辐射、大气环流直接关联，而且更与地面性质的异常改变和地球生命活动的死境化状况息息相关。而且地面性质的异常改变和地球生命活动的死境化状况的形成，更多地源于人类的作为。换言之，只有当太阳辐射、大气环流、地面性质和生物活动以异化自身本性的方式整合逆生态运行的气候，才是失律的气候。气候失律，才是恢复气候的真实语境，离开气候失律这一语境，恢复气候就毫无意义。所以，气候失律呼唤着气候恢复，恢复气候就是使失律的气候恢复其周期性变换运动节律。

2. 恢复气候的必须要求

恢复气候的可能性源于气候失律由人力造成，即人类为了自己的存在和更好地生存而强行介入自然界、破坏气候，那么，人类也可以为了自己的存在和更好地生存而改变自己的生存方式和行为方式，恢复气候。但是，恢复气候的可能性并不表明恢复气候是必要的和必须的。恢复气候的必要和必须全在于人类的存在和生存适不适应这种气候，或者说气候是否危及到人类的存在和更好地生存，如果失律的气候对人类的存在和更好地

---

① 唐代兴：《气候伦理研究的依据与视野：根治灾疫之难的全球伦理行动方案》，《自然辩证法研究》2013 年第 4 期。

生存并没有产生根本性的危害，恢复气候就没有动力，因而也就不需要；反之，只有当气候的逆生态运动不断地危及到人的存在，并从根本上影响到人类更好地谋求生存的状态，恢复气候才变得必要和必须。从根本讲，不断恶化的逆生态气候，已经构成对人类存在和生存的威胁，并导致了人类基本生存条件的丧失，全面恢复气候成为必须，这可以从如下几个方面来审视。

气候失律动摇着人类存在安全的根基　从根本论，气候失律是由人类介入自然并通过改变自然状貌和向自然排放废气、污水、温室气体等层层累积而形成的。温室气体的形成和不断聚集，主要由两个因素促成：一是大气中二氧化碳等温室气体浓度持续增加，二是地球吸收二氧化碳等温室气体的能力降低。二氧化碳浓度的持续增加，这是排放过量；二氧化碳吸收能力降低，这是地球自净化能力减弱。从自然生境角度看，在自然界中，二氧化碳是在排放与吸收相互生成的动态过程中保有自身、维持自身的。二氧化碳的自我排放与吸收的动态过程，就是碳循环。碳循环就是碳排放与碳吸收达到动态平衡。二氧化碳浓度增加，一方面是碳排放量超过了自然界植物吸收二氧化碳的量，另一方面是地球的二氧化碳吸收能力降低，这两个方面一旦形成合力，二氧化碳浓度必然持续增加。

造成大气中二氧化碳浓度持续增加的主要推动力是人类活动。环境史学家罗尔夫·彼得·西弗利（Rolf Peter Sieferle）指出，能源不是来自于矿物，而是来自先前的有机物和生命，具体地讲是"地下森林"（Underground forest）。碳的燃烧所释放出的物质来自当前的碳循环，之后它们在植物的生长中被吸收。但是，化石燃料的燃烧所释放出的却是3亿年前碳森林死亡时被束缚和储存于地下的物质。这些地下物质一旦被释放出去，就无法再次被束缚于植物的生长过程中，并会在大气中结合成二氧化碳等化合物。由于工业化进程的加速积累，到20世纪90年代时，二氧化碳、甲烷和氧化亚氮等温室气体在大气中以指数级增加，与此同时，从20世纪50年代开始，人类大量生产含氯氟烃产品。这些气体由自然累积和人力生产而大量生成，造成了地球大气的变暖，这些推动地球大气变暖的气体被称为"温室气体"。[1]

温室气体以二氧化碳为主，温室效应的形成，主要源于大气中的二氧化碳浓度的不断增加。地球物理学研究揭示了二氧化碳浓度与大气变动的关系。1957 年吉尔伯特·普拉斯（Gilbert Plass）在国际地球物理学会上发表了他利用大气模型表达气候变化的理论成果，这一成果揭示了气候变化与二氧化碳含量变化之间存在关系。其后，查尔斯·基林（Charles Keeling）在国际地球物理学会上发表了他多年测量的结果，揭示大气中二氧化碳的年度变化：大气的年度变化节奏直接受到二氧化碳浓度的影响，大气中二氧化碳浓度呈持续上升的趋势。[2] 在冰期结束的 1870 年，二氧化碳浓度估计值为 290ppm（百万分率）；在基林数列的开端，二氧化碳浓度接近 315ppm；到了 1970 年，二氧化碳浓度上升到 325ppm；1980 年二氧化碳浓度上升 335ppm；1995 年上升到 360ppm；到了 2005 年，大气中的二氧化碳浓度达到 380ppm（0.038%）。[3]

推动二氧化碳浓度持续地层累性增加的最终因素，是人类活动，人类对化石燃料的大量开采与无节制地运用，是造成大气中二氧化碳浓度不断增加的根本原因。全面开采化石燃料，乃是为不断满足工业化、城市化、现代化进程的需要。

客观地看，人类的工业化、城市化、现代化进程是以交通工具的革新为标志的，具体地讲，是以汽车、火车、飞机、轮船等的发展为标志。1825 年第一辆火车诞生，迅速联结起了城市与乡村、城市与城市，使城市与乡村、城市与城市之间的空间距离大大缩短，与此同时也加速了工业化、城市化、现代化的进程，推动排放污染的层累性加速。

煤是地球上含量最多而且分布最广的化石燃料，它被工业界人士称为

---

[1]　Donella H. Meadows and Jorgen Randers，*Limits to Growth*：*The 30-Year Update*，Claremont：Chelsea Green Publishing Co，2004.

[2]　James Rodger Fleming，*Historical Perspectives in Climate Change*，New York：Oxford University Press，1988，diag. 9-5.

[3]　［德］沃尔夫刚·贝林格：《气候的文明史：从冰川时代到全球变暖》，史军译，社会科学文献出版社 2012 年版，第 215—216 页。

"埋藏着的阳光"。工业文明的太阳最初由它释放出来的光芒创造生成。欧洲和美国早期的机械化工业，主要以煤为动力能源。"19世纪中叶起，四通八达的轨道形成了一个名副其实的网络，在此之前依赖私人资金运转的铁路公司国有化。这个网络很快延伸出了国家的边界，从比利时直通意大利。铁路建设的高峰期在1870—1910年之间，并处于政府的监管之下。铁路系统的建设和运营最初依赖于燃煤蒸汽机。英国在1800年的煤炭消耗量接近1100万吨，而1830年的数量翻了一倍。铁路时代极大地加速了煤炭的消耗。到1870年时，每年的煤炭消耗量达到1亿吨。"[1] 后来居上的美国更是如此，19世纪末，美国开发煤炭作为主要的动力能源。1900年，煤炭为全美提供了71％的能源能量，而木材所提供的能量却降到21％；1940年，美国的大城市所消耗的能源能量，85％—92％由煤炭提供。据美国能源信息署（EIA）发布的数据，2008年，美国煤炭消耗量达到为11.2亿吨，为历史最高水平，到2016年其消耗量降至7.28亿吨。

　　煤是地球上含量最多而且分布最广的化石燃料，也是最易于开发且成本最低的化石燃料，但更是危害最大的化石燃料。煤炭的开采和燃烧所造成的危害有三：一是向大气排放大量的二氧化碳等温室气体，造成大气污染、空气质量下降，并且燃烧所释放出来的煤烟染黑了天空，形成霾气候；二是燃烧所释放出来的煤烟和煤气，可杀死植物，严重地破坏了植物和动物的多样性，破坏了地球生境；三是对煤炭持续不断的采掘和大量的燃烧，释放出大量废气和有毒物质，导致人类呼吸道等疾病的普遍暴发。芭芭拉·弗里兹（Barbara Freese）在《煤炭：一部人类的历史》中写道："就像一个善良的精灵，煤炭实现了我们很多愿望，使发达国家中的很多人富裕起来，富裕程度超过了工业化之前最不着边际的梦想。然而，也像一个妖怪一样，煤炭有不可预测性和危险性。尽管我们一直都心知肚明，但是我们才刚刚意识到黑暗面的影响有多么深远。"[2] 这深远的影响是通

---

[1]　［德］沃尔夫刚·贝林格：《气候的文明史：从冰川时代到全球变暖》，史军译，社会科学文献出版社2012年版，第205页。

[2]　Barbara Freese, *Coal: A Human History*, New York: Penguin Books, 2003, p.13.

过层累的方式而展开的，而且这种影响的最为深远的方面就是采掘与燃烧化石燃料释放出来的二氧化碳对大气的污染，对气候的周期性变换运动方式的破坏。仅 2002 年，全球燃烧化石燃料所排放出来的二氧化碳共达210 亿吨，其中，煤排放二氧化碳达 41%，石油 39%，天然气 20%。[1]

　　人类采掘和使用化石能源造成大气污染、气候失律，除了煤炭外，还有石油和天然气。石油是继煤炭之后被人类运用的第二种化石燃料。石油在古代就已经被发现和运用，但真正全面开采还是 19 世纪中叶：1859 年，美国实业家埃德温·德雷克（Edwin Drake，1819—1880）在宾夕法尼亚州的泰特斯维尔钻出第一口油井，由此引发石油开采狂热，促成石油在工业中的广泛运用。石油广泛运用于工业和生活，促进现代社会迅速实现了如下方面的革新：其一，石油的大量采掘和广泛运用，推动人类于 19 世纪 90 年代发明了将石油提炼成汽油的方法，为石油广泛运用于所有领域开辟了道路。其二，石油促进了机械技术的广泛革新，尤其是动力机械技术的革新，尼古拉斯·奥托（Nikolaus Otto，1832—1891）发明了内燃机，为石油需求提供了一个永久性的基础。很快，内燃机替代了蒸汽机，石油的工业用途更加广泛。其三，19 世纪 80 年代末，戈特利布·戴姆勒（Gottlieb Daimler，1834—1900）和卡尔·本茨（Carl Benz，1844—1929）发明了汽车。1908 年，亨利·福特公司开始批量生产 T 型汽车。随后，传送带发明出来，1925 年，T 型汽车年生产量达到 9109 辆。其四，石油促进汽车的发明和汽车产业的形成，汽车产业以石油为动力，推动城市加速发展，形成城市化运动，工业文明获得了城市化方向，使城市成为"有机城市"。"有机城市"的基本标志，就是汽车城市化，或者说城市汽车化，但它以石油为动力能源，由此使城市化本身既成为污染的源泉，也是温室气体排放的源泉，更成为极端气候比如霾气候的生成和扩散的源泉。

　　由于如上四个方面的推广，石油于 20 世纪 50 年代成为最主要的化石

---

　　① ［美］Anthony N. Penna：《人类的足迹：一部地球环境的历史》，张新、王兆润译，电子工业出版社 2013 年版，第 189 页。

燃料而超越煤炭。石油一旦成为第一大化石燃料，整个工业化进程就发生了质变。其一，石化工业大发展。其二，为解决装载石油的油轮的负载能力提升问题，推动了造船业的繁荣。其三，石油化工厂所生产的用于家庭生活和生产过程的人工材料，亦因为石油化工业的发展同样得到拓展性发展。其四，塑料制品在20世纪50年代取代了传统的纸张、木料、玻璃、金属等包装材料，形成一个无所不在的新产业，也形成一种无处不污染的全新社会方式。其五，石化工业拓展的另一种形式，就是供暖油的生产。其六，汽车、坦克与飞机在第一次世界大战中被首次运用于战争，石油在军事领域获得了重要地位。石油需求量更大，石油几乎遍及了从军事到生产再到生活的每个领域。第七，20世纪50年代，航空旅游业繁荣起来，尤其是70年代大众旅游业兴起，"造成了乘客数量、目的地和单架飞机载客能力的快速增加。然而，每个乘客所消耗的能源却不成比例地增加了，因为一架载客300人的飞机的耗油量和几万辆大众甲壳虫汽车一样多"[1]。

　　化石能源一旦成为整个社会生产和生活的起搏器，就意味着二氧化碳排放量远远超出大气层的需要，也远远超出地球的自净化能力。"在1860—1985年之间，每年的消耗量增长了60倍。但最大的需求飞跃发生在20世纪后半叶。"[2] 环境科学家耶恩·西格勒施密特（Jorn Siegler-schmidt）认为，"20世纪50年代是人类与环境关系的'划时代开端'。在几十年间，看起来似乎可以逃脱经济与生态的古老束缚。廉价的能源造成了城市的无计划发展，工业在新地区的扩张、消费品的全国性供应和汽车在乡村的普及。基督教徒菲普斯特认为，这'在环境上，是从工业社会向消费社会进行历史性跨越的开端'。吞噬能量的商品开始进入千家万户：电炉、洗衣机、电冰箱、烤箱、冰柜、微波炉、洗碗机、吸尘器、熨斗、电动牙刷、头盔式烘发器、电视机、录音机、录像机、电脑、打印机和扫描仪等——每个家庭都变成了一个电器公园。地下室、车库与工具房

----

　　① ［德］沃尔夫刚·贝林格：《气候的文明史：从冰川时代到全球变暖》，史军译，社会科学文献出版社2012年版，第208页。

　　② ［德］沃尔夫刚·贝林格：《气候的文明史：从冰川时代到全球变暖》，史军译，社会科学文献出版社2012年版，第208页。

(Hobby rooms) 中也装满了电气设备：钻机、电动锯、绿篱修剪器，等等。每个房间都有暖气片和许多电灯：在 20 世纪初，人们对所有这些都一无所知。在 20 世纪 50 年代前，即使技术已经存在，但对大多数人来说仍然是陌生的。在 1973—1974 年的第一次油价危机前，在机器和家电使用中还没有节能的观念。只是在石油输出国组织使油价上升后，人们才开始讨论低能耗的机器、替代性能源、热量保存，等等。"[1]

二氧化碳属碳的高价氧化物，它在室温下加压即可液化，并具有可溶性，故能与众多的物质发生合成反应。正是这种性质，使二氧化碳成为大气的基本组成部分，也成为自然世界自生境化的重要材料。

二氧化碳促进大气和自然世界的生境化，是以其在大气中的浓度不超过 0.03％ 为前提的。保持二氧化碳促进大气和自然世界的生境化的浓度，既需要对排进自然界的二氧化碳的量进行限制，也需要自然界净化吸收二氧化碳功能的正常发挥，自然世界提供了二氧化碳排放限制和净化吸收达到动态平衡的机制。只有当自然界本身的这一机制遭受破坏时，二氧化碳浓度才会增加而导致大气变暖。"在自然界中，绿色植物的光合作用吸收大气中的二氧化碳的能力是惊人的，这些植物通过吸收二氧化碳，利用太阳能，形成富含能量的有机物，生成并释放氧气。植物吸收的二氧化碳以化合物形态固定下来，少数埋存到地下，经过很长时间形成了当前的煤炭等化石燃料。此外，雨水和海洋的溶解作用，岩石和碱性物质的化学吸收作用，都能够减少大气中的二氧化碳。自然界，尤其是绿色植物吸收二氧化碳的能力和容量是巨大的，并在相当长时期内保持稳定。但是，由于工业革命以来，人类大量砍伐森林、污染环境导致水体功能退化，使得自然界吸收二氧化碳的能力下降。"[2] 概论之，自然界吸收二氧化碳能力的日趋降低，主要缘于如下因素：（1）海洋的富氧化，海洋生物多样性减少，以及海洋沙漠化的形成和扩散，导致海洋吸收二氧化碳等温室气体的能力

---

① ［德］沃尔夫刚·贝林格：《气候的文明史：从冰川时代到全球变暖》，史军译，社会科学文献出版社 2012 年版，第 208—209 页。

② 绿色煤公司编：《挑战全球气候变化：二氧化碳捕食与封存》，中国水利水电出版社 2008 年版，第 9 页。

大大削弱；（2）热带雨林的破坏和原始森林覆盖率的大大减少，导致森林吸收和储存二氧化碳的能力大为降低；（3）由于无节制地砍伐森林和树木，大地植被减少，裸露的大地丧失吸收二氧化碳的能力；（4）城市化进程，加之海陆空交通立体化和铁路、公路的现代化，导致对土地的全面侵蚀，生物多样性锐减，使生物世界吸收二氧化碳的能力弱化；（5）水体功能的退化，具体地讲，地下水体和地面水体对地球生命圈、人类生活的滋养功能退化，同时也自我弱化了吸收二氧化碳的能力。

由此不难看出，大气中二氧化碳等温室气体浓度持续地层累性增加和自然界吸收净化二氧化碳的能力不断弱化甚至丧失，表明人类赖以存在的自然土壤丧失，得以存在的地球根基发生了根本性的动摇，自然和地球生命圈的自存在、自生境能力削弱，甚至在某些方面已经丧失其自生境能力，其结果是必然导致气候失律，气候失律加速动摇了地球生命和人类安全存在的根基。

气候失律严重地威胁到人类的生存安全　气候失律造成气候的暴虐，并以野性暴虐的方式制造出各种意想不到的气候灾难。

气候失律所制造的最狂暴的气候灾难，就是由厄尔尼诺暖流和南方涛动组成的厄尔尼诺-南方涛动（ENSO）。厄尔尼诺暖流是南美洲南部高原干旱与北部高原暴雨交替，从而推动南美洲西海岸向北吹的风使冷水上升出现的涌流现象。当厄尔尼诺现象发生时，这些上升涌流的冷水就被更大密度的表层所阻拦，造成沿海岸边的地球灾难和生物灾难。厄尔尼诺现象本身是一种海洋运动的局部现象，但由于它对陆地环境和生物造成的巨大破坏性和毁灭性远远超出了局部（即太平洋）区域，而在全球范围内产生影响。气候学家吉尔伯特·沃克（Sir Gilbert Walker）通过仔细研究太平洋资料发现：当处于太平洋东部的塔西提岛和法属波利尼西亚的平均大气气压上升时，其西部的大气气压就会降低；塔西提岛的平均气压下降时，其东部的大气气压就会上升。沃克将这一巨大的海洋波动现象称为南方涛动（Southern Oscillation）。"这种平衡运动说明了被气象学称为'机体'的功能，也就是'由能源的不同分布和对流层中高处和低处垂直及水平运动的结合所引起的大气环流.'"① 挪威气象学家和地球物理学家雅各布·皮耶克尼斯（Jacob Bjerknes）将厄尔尼诺现象和南方涛动现象结合起来研究，发现这原本是一个更为复杂的海洋波动系统，皮耶克尼斯将这个复杂的整体的动态生成性的海洋波动系统简称为"厄尔尼诺-南方涛动"（ENSO。EN，即厄尔尼诺的缩写；SO，即南方涛动的缩写）。厄尔尼诺-南方涛动实际上是具有更强烈震荡的厄尔尼诺海洋波动现象，这种现象每隔 3—7 年出现一次，并伴随出现南太平洋洋流与大气条件的更为广泛的变化，这种变化又在事实上推动了厄尔尼诺-南方涛动现象向非周期的复杂性方向变化。

厄尔尼诺现象的发生，总有一定的时间间隔。厄尔尼诺现象的出现频率，至今是一个未及破解的谜，但有两个方面却越来越清晰。一是整个 20 世纪厄尔尼诺现象出现的频率一直呈上升趋势。"在过去的 20 年里并未发生什么，但有两次激烈的活动相继发生：分别在 1982 至 1983 年和 1997 至 1998 年。珊瑚岩心试样使人们认为直至 1890 年，那些比平均现象更为激烈的活动在之后的 12 年都有明显发生，如今这个频率已提高了三倍。"② 二是科学家们越来越意识到，要破解厄尔尼诺现象出现的频率这个谜团，必须考虑人类活动这个因素。换言之，人类活动无限度地介入自然界推动了厄尔尼诺现象出现的频率持续上升。

气候失律所造成的最普遍的并且日益日常生活化的气候灾难，就是交错伴随酷热和高寒的飓风、暴雨、干旱、洪涝、冰雹、酸雨、霾。比如，2007 年，中国华南地区发生严重洪涝灾害，但与此相对应的是重庆地区发生百年不遇的旱灾。北方降水大大减少，而雷电天气却急剧增加。2008 年，中国南方遭受百年不遇的冰冻灾害，土耳其、希腊等国遭受罕见的雪灾，缅甸遭受强热带风暴袭击，致使 10 余万人丧生，美国却屡次遭受森林大火和冰雹袭击。

---

① ［法］帕斯卡尔·阿科特：《气候的历史：从宇宙大爆炸到气候灾难》，李孝琴等译，学林出版社 2011 年版，第 203—204 页。

② ［法］帕斯卡尔·阿科特：《气候的历史：从宇宙大爆炸到气候灾难》，李孝琴等译，学林出版社 2011 年版，第 206 页。

2010 年全球十大灾难中，有三件是气候灾害。一是 7 月巴基斯坦发生了百年不遇的洪灾，将五分之一的国土浸泡在洪水中，洪水夺去了 2000 多人的生命，600 万人流离失所，更雪上加霜的是登革热和霍乱在灾后蔓延。洪灾所导致的损失近百亿美元，并且洪水冲走了人们赖以生存的一切资源，300 万年轻女性和 600 万儿童苦苦挣扎于饥饿和即将面临的寒冬之中。二是中国西南五省于 3 月遭遇特大旱灾，受灾人口达 6130.6 万，1807.1 万人饮水困难，农作物受灾面积 503.4 万公顷，绝收面积 111.5 万公顷，直接经济损失达 236.6 亿元。三是 6 月 30 日"亚历克斯"飓风登陆墨西哥东北部，随后又发生暴雨侵袭，导致许多地区遭受洪灾，同时 10 年来首个双 4 级飓风横扫大西洋，墨西哥 100 万人受灾。

2012 年，寒潮、降温、台风、强对流，包括高温、高寒等极端气候在中国境内持续出现，并首尾相连发生十大气候灾害：一是云南少雨，造成连续 4 年干旱；二是 4 月 6 次大暴雨侵袭华南江南，多地重复遭受洪涝灾害；三是 5 月 10 日强对流天气引发甘肃岷县特大冰雹、山洪和泥石流；四是夏季南方多地高温突破历史极限，酷热难耐；五是 7 月 21 日特大暴雨侵袭华北，给京津冀地区造成重大影响；六是 6 个台风一个月内接连登陆，创历史同期之最；七是汛期长江流域强降水过程不断，三峡水库出现建库以来最大洪峰；八是出现的北上台风，长江以北首次出现强台风登陆；九是 11 月初寒潮暴雪光临华北，北京、河北、内蒙古等地拉响红色警报；十是 11 月上中旬暴雪横扫东北。与此同时，2012 年整个世界也不平静。首先看美国，3 月份以后出现高温干旱，这是极罕见的极端气候现象；飓风灾害十分严重，10 月底"桑迪"飓风登陆重创美国，造成 113 人死亡，导致纽约及新泽西二州复原费用需 700 多亿美元。其次看年初百年不遇的寒流和暴雪，横扫欧亚，致使六百多人丧生。三是世界范围内大气中二氧化碳浓度再度升高，气候变暖步伐加速，北极海冰面积进一步缩小。四是俄罗斯南部 7 月遭遇强暴雨袭击，导致 171 人死亡。五是美国夏季遭受半个世纪以来最严重高温和干旱。六是整个 3 月期间，地球遭受多次太阳风暴袭击，通讯和卫星信号接收受到影响。七是日本轮番遭受暴雨暴雪袭击，灾害损失惨重。八是强降雨袭击尼日利亚，使之遭受近半个世纪以来最大的洪灾。九是 5 月下旬亚马逊河流域遭遇 50 年不遇的洪水。十是 12 月超强台风"宝霞"横扫菲律宾，造成重大人员伤亡。

2013 年，气候灾难更是触目惊心：南方的酷热、干旱和北方的洪灾，形成对应之势。尤其是南方持续月余的 40℃以上的高温热浪，横扫湖北、河南、安徽、上海、江苏、浙江、江西、重庆、贵州、湖南、福建等十余省市近百座城市。2015 年的气候恶变程度更大，仅上半年，洪涝、风雹、干旱、台风、低温冷冻、雪灾、山体崩塌、滑坡、泥石流不断，尤其是南方暴雨洪涝灾害频发，风雹灾害范围扩大。极端高温、酷热席卷全国，就连成都这样的好气候地区，其酷热气温也突破了 40℃，并且持续的时间长，这是成都气候史上从未有过的，这也反映了气候失律的普遍恶变程度。

气候失律所导致的最具有渗透性的气候灾难就是霾。1943 年 7 月 8 日，洛杉矶出现第一场有记录的霾污染，其后治理耗时七十余年，至今还在继续。[①] 1952 年，伦敦的烟雾让整个城市交通瘫痪，14000 余人丧生，伦敦政府和英国政府为此付出五十多年的努力，才重新获得清洁空气。2011 年，霾污染天气首次进入我国公众视野，成为中国"十大气候事件"。2013 年初，霾污染扩散至中国京津等地 143 万平方公里天空，震惊整个国家。进入 2014 年，霾污染与时俱进，也如跨越式经济发展那样跨越式嗜掠，即从南到北、从东到西形成霾气候，扩散污染全国 25 省市，并且几乎每座城市都没有幸免，整个国家霾污染天气持续展开，形成霾气候。霾气候是气候失律的极端形式，它一旦嗜掠整个国家，就意味着整个国家的人民丧失了最低生存条件。因为人得以安全存在和健康生存的最低环境条件有二：清洁的空气和水。当水体被破坏和空气被污染，人的最低生存条件则被迫丧失。正因为如此，我国国域内不断扩散的霾污染才被韩国媒体称之为是"人类历史上最严重的污染"。

---

① ［美］奇普·雅各布斯、威廉·凯莉：《洛杉矶雾霾启示录》，曹军骥译，上海科学技术出版社 2014 年版，第 3—24 页。

气候失律造成层出不穷的气候灾难，形形色色的气候灾害，又引发后患无穷的地质灾难，山体滑坡、泥石流、地沉、地陷。同时，气候失律又为各种流行疾病、瘟疫提供了温床，气候灾害和由此引发的地质灾害，以及各种疾病的加速传播，催生出许多意想不到的流行性疫病，导致日常生活化的疫灾。气候失律是导致疫病暴发的宏观因素，这早就被中国古人所认识。《礼记·月令》曰"孟春行秋令，则民病大疫""季春行夏令，则民多疾疫"，意即气候一旦丧失周期性变换运动的时空韵律，传染病就会大暴发、大流行。《黄帝内经·素问·六元正纪大论》云："初之气，地气迁，气乃大温，草乃早荣，民乃厉，温病乃作。"① 气候失律的具体表达，就是节令失律。节令失律则引发气温上升，气温上升导致草木早荣，乃致民厉、温病（即疫病）兴起。东汉末年张仲景在《伤寒论》中亦对气候律动与疫病暴发之间的内在生成关系有深刻的直观把握和论述："《阴阳大论》云：春气温和，夏气暑热，秋气清凉，冬气冰冽，此则四时正气之序也。冬时严寒，万类深藏，君子固密，则不伤于寒，触冒之者，乃名伤寒耳。其伤于四时之气，皆能为病，以伤寒为毒者，以其最成杀厉之气也……凡时行者，春时应暖而复大寒，夏时应热而反大凉，秋时应凉而反大热，冬时应寒而反大温，此非其时，而有其气，是以一岁之中，长幼之病，多相似者，此则时行之气也……夫欲候知四时正气为病，及时行疫气之法，皆当按斗占之……从春分以后，至秋分节前，天有暴寒者，皆为时行寒疫也。"② 在临床医学异常发达的今天，人们对气候失律与疾病流行之间的生成关系的把握更准确："公共卫生专家认为，每年因全球气候变暖引起的中暑、沙门氏菌和其他食品污染，以及庄稼收获减少造成的营养不良等共致使 15 万人丧生。"③ 人类是地球生态系统的一部分。地球生病自然导致人类健康出现问题。A. J. 麦克迈克尔（A. J. McMichael）指出：

---

① 李今庸主编：《李今庸黄帝内经选读》，中国医药出版社 2015 年版，第 307 页。
② ［汉］张仲景：《仲景全书之伤寒论·金匮要略方论》，中医古籍出版社 2010 年版，第 21—22 页。
③ ［澳］大卫·希尔曼、约瑟夫·韦恩·史密斯：《气候变化的挑战与民主的失灵》，武锡申、李楠译，社会科学文献出版社 2009 年版，第 31 页。

"居民的健康主要是生态环境的产物：是人类社会和更广泛的环境——它的各种生态系统和其他生命支持服务——相互作用的产物。"① 人类的疾病暴发和瘟疫的流行，是人类存在于其中的各种生态系统和其他生命不支持服务所形成的异化状态，从整体上讲是气候失律的逆生态运动不支持人类的健康存在，这种状况不仅继续存在，而且将变得更加严重。"气候变化估计将增加未来的疟疾流行，主要是因为蚊子这个带菌者的活动范围将大幅增加。由于气候变化，疟疾可能在此后的一个世纪增加5％。"②

气候失律将人类社会推向不确定性的危机状态 从整体观，气候失律给人类造成的如上灾难，已从整体上形成全球化和日常化之势，它严重地威胁到了人类的生存安全，尤其是霾气候这一气候失律的极端现象的出现和日常化，宣告人的基本生存条件丧失，因为清洁的空气是人的生存须臾不可缺少的条件，这不仅在于人须臾不离空气，更在于大气污染、霾气候将引起日照不足，引发其他所有方面比如水、土壤、粮食、水果等的污染。空气、阳光、水、土壤，这是人类得以存在和生存的最基本的四个条件，均因为霾气候而丧失了，国家社会的生存处于危机之中。

德国社会学家乌尔里希·贝克指出："在自反性现代性中，一切都变得不确定，除了气候变化！令人惊讶的是，系统怀疑的过程产生了（社会建构的）'确定性'，即人类正面临毁灭，除非进行一些根本性的改变。预防第一的原则（这也是 IPCC 的报告以及尼古拉斯·斯特恩 2006 年为英国政府所撰报告认可的），就是要'证明'正在发生的气候变化由人为因素造成，以及气候变化正在全球范围内产生对于社会而言并不平等分布的灾难性后果。"③ 气候失律造成了整个社会的不确定因素的剧增，世界和社会的确定性内聚力量不断消解，一步步弱化。因为"现代资本主义的胜

---

① A. J. McMichael, *Human Frontiers，Environments and Disease：Past Patterns，Uncertain Futures*，Cambridge：Cambridge University Press，2001，pp. ⅩⅣ—ⅩⅤ.

② ［美］斯科特·巴雷特：《关于建立新的气候变化条约体系的建议》，见曹荣湘主编：《全球大变暖：气候经济、政治与伦理》，社会科学文献出版社 2010 年版，第 66 页。

③ ［德］乌尔里希·贝克：《"直到最后一吨化石燃料化为灰烬"：气候变化、全球不平等与绿色政治的困境》，见［美］赫尔曼·E. 戴利、肯尼思·N. 汤森编：《珍惜地球——经济学、生态学、伦理学》，马杰等译，商务印书馆 2001 年版，第 139—140 页。

利，产生了看不见的也不必须的全球气候变化危机，在全人类产生了自然和社会方面的分布并不平等的灾难后果"①。由气候失律推动所形成的自然和社会两个方面的灾难后果的不平等分布，加剧了世界的两极分化，强化了富国对穷国的剥夺，也强化了富人对穷人的剥削。所以气候失律导致了贫困的进一步加剧，使贫困世界化。贫困和对贫困的挣脱与反抗，又进一步促进了社会不确定性因素的增加，世界的非秩序化格局形成，军备竞赛加剧、武力炫耀赤裸化、局部战争不断，仇恨与反抗、贪婪与残暴、掠夺与抢劫……层层累积，以生物武器和核武器为工具的世界大战一步步逼进，人类自我毁灭的命运早就为气候失律所书写，气候失律的加剧也在不断地唤醒人类的自救意识，寻求自我解救的正确道路，这条道路蕴含在气候失律之中，这就是终止盲目发展，治理地球环境和人类环境，降解污染，恢复气候，创造生境文明的存在方式和生存方式，包括生产方式和生活方式。

3. 恢复气候的全球道路

恢复气候的全球化责任 概括前面所述内容，降解污染、恢复气候既可能，更必须。但根本的问题是应该怎样来展开降解和恢复工作。

简单地讲，应该以全球整体动员的方式来展开降解污染和恢复气候的工作。

这里的"全球整体动员"有两层含义：一是指全世界每个国家必须行动起来恢复气候，这是不可推卸的国家责任；二是全人类所有公民都行动起来恢复气候，这是每个人的生存责任。概括地讲，恢复气候不是义务，而是每个国家的责任，是每个人的责任，是全人类的共同事业。恢复气候的全球道路，就是恢复气候的国家责任化和人人责任化。

恢复气候之所以需要每个国家共同行动，是因为气候是人类社会唯一的一块"世界公地"，是全球公共资源，是人们可以在当下任意使用却不

---

① 〔德〕乌尔里希·贝克：《"直到最后一吨化石燃料化为灰烬"：气候变化、全球不平等与绿色政治的困境》，见〔美〕赫尔曼·E. 戴利、肯尼思·N. 汤森编：《珍惜地球——经济学、生态学、伦理学》，马杰等译，商务印书馆 2001 年版，第 131—132 页。

付费的公共产品，但又是在事实上需要以层累方式支付巨大成本的公共产品。"由于我们比以前更加一体化、更加相互依赖了，因而，诸如大流行病、核恐怖主义和气候变化之类的生存风险威胁已变得十分严重。此类挑战的抬头告诉我们，没有一个国家和群体能够单独拿出解决方案。因为气候变化是一个全球性问题，跨越了物理和政治边界。"① 气候失律，就是气候这块"公地的悲剧"的真实发生。恢复气候，就是消解气候这块"公地的悲剧"，它要求全球每个国家必须真实地行动和平等地参与。

恢复气候之所以需要全世界人人行动，是因为我们每个人都存在于气候变换运动进程之中，气候的变换运动构成了每个人得以安全存在和更好生存的宇观环境，这一宇观环境是人人须臾不能离弃的；并且，气候周期性变换运动的韵律，构成了人人存在和社会存在的宏观法则和生存的共享规律；气候变换运动的每一种异常行为，都在事实上影响着地球上的每个人的存在和生存，都会打乱我们本有的生活秩序。正是因为如此，气候失律从根本上动摇了我们的存在根基，破坏了我们的生存秩序，扰乱了我们的生活方式。要恢复气候，必须人人行动，人人参与对气候的治理，这是人类重获存在安全和生存秩序的唯一自救方法。

在气候失律、霾污染扩散、灾疫横行的今天，无论从国家角度看，还是从个人角度讲，恢复气候都不是义务，而是责任。责任是人人必为之事，义务是人人应为之事。应为之事与个人爱好、意愿直接关联，也要有行动的条件要求，并且不受任何规范或强制，因为应为之事始终是义务，义务是可做可不做的事，做与不做，以及以怎样的方式做，全在个人自己的意愿，所以义务是个人爱好、兴趣、个性自由张扬的体现。所以，义务乃可履行之事，不履行亦可。相反，必为之事是人人不能逃避的，如果逃避就要受到规训或惩罚，所以必为之事与个人爱好、意愿没有关系，也没有任何附加的条件要求，它对每个人来讲都是必须，假如有人要逃避此必须的责任，定要接受（制度、法律、道德）规范和强制。概括地讲，责任

---

① ［英］戴维·赫尔德主编：《气候变化的治理：科学、经济学、政治学与伦理学》，谢来辉等译，社会科学文献出版社 2012 年版，第 7 页。

是必须担当之事，不担当不行，对于不愿担当责任者，社会可以强制其担当。恢复气候之所以是每个国家、每个人的责任而不是义务，其理由有二：第一，当代气候失律是人为造成的，每个国家、每个人都为气候失律做出了"贡献"（虽然这个"贡献"有差异，比如发达国家对导致气候失律的"贡献"要远远大于发展中国家或贫穷国家），因而每个国家、每个人都必须为气候失律担当其**必负**之责任；第二，气候失律所造成的生态学后果，每个国家和每个人都不能幸免，它从根本上危及到每个国家、每个人的安全存在和可持续生存，为了解决安全存在和可持续生存问题，要求每个国家、每个人都行动起来，共同恢复气候。

恢复气候的利益现实与理想追求　恢复气候是基于气候失律，对它展开治理，只能走恢复的道路，因为气候作为一种宇观环境，它本身就具有周期性变换运动的能力，这种能力在本质上是内在的，虽然它的功能展开是外在的。对任何事物来讲，其内在能力的重新获得都不能靠外部力量的强加，只能由外部力量引导、激励其内部力量的自我恢复或增强。所以，治理失律的气候的正确做法是恢复气候，使之重新获得周期性变换运动的生境能力。这一对症施治行动本身蕴含两种东西，即实际的利益与超脱的理想。

首先，恢复气候始终是围绕利益而展开的，这表现在三个方面：（1）恢复气候是个体利益与整体利益的较量，或者说是国家利益与人类利益、个人利益与群体利益、群体或个人利益与国家利益的重新分配；（2）恢复气候也是现实利益与未来利益、眼前利益与长远利益的重新分配；（3）恢复气候更是当代人的利益与后代人的利益的重新分配。

基于这三个方面的要求，恢复气候必须围绕利益而展开，并且，应以公正为准则，将重新分配利益作为治理的核心问题。具体地讲，恢复气候必须遵循公正原理，必须立法，必须有法律的保障，必须在法律和道德的双重框架下终止气候"公地的悲剧"继续发生，避免任何不公正的行为，使任何"搭便车"行为都能受到阻止，并杜绝任何形式的"搭便车"行为的发生。

"公地的悲剧"理论是加勒特·哈丁（Garret Hardin）提出来的，他把环境比作公共土地，任何人都无须付费而在公共土地上"放牧牛羊"。因而，每个人都可以为了自己利益的最大化而每天使自己的羊群增加一只或几只羊。这样一来，有限的公共土地很快就被私人的羊群挤满，并且这块有限的公共土地很快就会被挤满的羊群弄得贫瘠不堪，最后，这块公共土地沦为一块为人所弃的废地。这就是"公地的自由使用权给所有人带来的只是毁灭"①。气候是地球生命和人类存在的宇观环境，是全球公地，气候失律就是这块全球公地的悲剧。终止气候公地悲剧的继续发生，即是制止所有国家、每个企业以不付费的方式继续排放二氧化碳以及其他废气、污染物，这是恢复气候的首要任务。在此基础上，全面推行污染排放的限度制度、污染排放的付费制度和对污染排放的"搭便车"行为的惩罚制度。

污染排放的限度制度，是指恢复气候应该明确全球污染排放的**量化**限度，这种限度必须与大气容纳和地球净化污染的能力相适应，即全球排放必须限制在地球和大气对污染的吸收净化能力的范围内，排放到大气层的污染物必须能为大气本身所吸纳、化合。

污染排放的付费制度，是指恢复气候必须首先制定出一个全球污染排放的总量标准，然后按照平等公正的原则将此污染排放的总量分配到每个国家，任何国家在其分配的排放总量之外的污染，都必须支付费用，并且其所支付的费用标准必须全球统一。

对污染排放的"搭便车"行为的惩罚制度，是指在污染排放上，不允许任何国家有"搭便车"行为的发生，不给任何国家制造"搭便车"行为的漏洞，一旦发现有国家在污染排放上存在"搭便车"的行为，就应该予以经济、政治、外交等方面的综合性重罚，使所有国家放弃在污染排放方面的"搭便车"的动机。因为气候"公地的悲剧"，最真实地发生于"搭便车"行为的全球化，每一个国家，以及"每一个经济个体都想成为一名

---

① ［美］彼得·S.温茨：《现代环境伦理》，朱丹琼、宋玉波译，上海人民出版社 2007 年版，第 32—33 页。

搭便车者（Free rider）。这将是一个从公共物品中受益但却不对其生产与维护做出贡献的人。然而，当每个人都试图成为一个免费搭便车者时，没有人能够成功。公益被贬损，因此没有人能享受它。为避免此种情形，人们必须同意为他们对公共物品的使用付出代价。当他们为其对公有物造成的危害单独进行赔付时，他们出于自身的利益有将危害最少化的动机。在经济学的术语中，这样的支付方式就是将**外部性内在化**（Internalize externalities）。对公共物品的危害对于个体的经济估算就不再是外在的了，因为他们不得不为此支付成本"①。

为全面制止和杜绝"搭便车"行为，恢复气候应在理清利益关系、确立利益法则的基础上明晰恢复气候的全球共识理想。恢复气候是现实的，但同时也是理想的，它必须以全球理想为导向和指南。恢复气候的"第四个方面，或许也是气候的公益政治的最重要方面，是理想主义。即使我们通过公开、公平、制度化的代际公正以及证明人民存在自身利益以尽我们所能来构建公众的支持之后，但是我们仍然有许多工作要做。在有关自身利益的工作完成之后，我们活着就必须要有理想。我们需要一种既关注人民的钱袋，也关注人民理想的气候政治，它必须与良好社会的理想和谐一致。在我看来，最重要的理想是社会正义。我们不仅需要为了后代而保护我们的世界——我们也需要给他们移交一个更公平的世界。我们需要向人民表明，对气候变化采取行动何以能消除不平等，并有助于建立一个更强大和更具有凝聚力的社会。这包括我之前谈论的各种要素：能源开支、不断消减成本、确保新工作和机会等方面的公平，但它也是一个更大的事情。我说过我们正处于一种过渡性经济，我们确实如此。正是在这过渡时期，我们拥有将我们的社会建设得更好的伟大能力，核心的挑战是将气候变化纳入到我们所做的一切当中来。因此，它是我们的经济政策、能源政

---

① ［美］彼得·S. 温茨：《现代环境伦理》，朱丹琼、宋玉波译，上海人民出版社 2007 年版，第 36 页。

策和我们实现社会正义途径的一个内在部分"①。

恢复气候的全球引导方式　气候失律既是一个全球性事实，更是一个全球性问题，所以恢复气候只能走全球化道路。要卓有成效地开辟这条道路，必须创建一种普遍平等且极富激励力量的全球处理方式，这就是"权责对等"和"代际公正"的整合引导方式。

"权责对等"是指权利与责任的对应，享受一份权利，就要为其所配享的权利担当相对等的责任。权责对等是基本的伦理要求，是普遍的道德规范，它亦构成恢复气候的一般规范。落实在恢复气候上，权责对等具有两个层面的指涉功能。在全球层面，权责对等有三个方面的要求：第一，每个国家，只要愿意享受清洁空气和有周期性变换运动韵律的气候，就必须担当起治理失律气候的责任；第二，任何国家，在过去实际享受了多少排放污染的权利，就必须为此担当起多少恢复气候的责任；第三，不管是发达国家还是发展中国家，只要排放污染，就必须治理污染，并且排放与治理必须权责对等。在国家层面，权责对等也有三个方面的要求：第一，每个地方、每个区域，只要愿意享受清洁的空气和有周期性变换运动节律的气候，就必须担当起治理失律气候的责任；第二，每个企业、每个社会群体，在过去实际享受了多少排放污染的权利，就必须为此担当起多少恢复气候的责任；第三，不管是企业、组织、家庭，还是公民个人，只要排放污染，就必须治理污染，并且排放与治理必须权责对等。

"代际公正"是指当代与后代在气候权利的配享上应该平等，即当代人享受的气候权利不应该比后代人多；并且，当代人享受一份气候权利，就应该为后代人能同样享受与其相对等的气候权利担当恢复气候的责任。因为，无论从民族国家还是从企业组织、个人角度看，每个国家、每个企业、每个人都不是单纯地为自己而存在，更不是单纯地为自己的当下而活，民族国家的发展是为了本民族国家的永续存在；企业组织的当下努

---

① ［英］埃德·米利班德：《气候变化的政治》，见［英］戴维·赫尔德主编：《气候变化的治理：科学、经济学、政治学与伦理学》，谢来辉等译，社会科学文献出版社 2012 年版，第 253—254 页。

力，同样是为了未来的百年；个人的努力同样是因为生命的延展与永存，其现实方式就是为儿女、为子孙后代不停歇地劳作与创造。

权责对等与代际公正的整合，构成恢复气候的全球处理方式。权责对等与代际公正的整合，就是以权责对等为恢复气候的行为规范和价值导向，以代际公正为恢复气候的人类目标。所以权责对等必须以代际公正为指南，代际公正必须以权责对等为动力。

第三章 恢复气候的人类生境方向

治理气候灾疫的基本途径是恢复气候，恢复气候的具体方式是减排和化污。

一、排放与污染层累气候失律

1. 生育本性与幸福向往

气候失律的最终之因是人类活动过度介入自然界。

人类活动过度介入自然界的直接动力机制有两种：一是人的生育本性，二是人对物质幸福的无限度向往。

首先看生育。生育创造人口数量，形成人口增长。马西姆·利维-巴茨（Massimo Livi-Bacci）在《繁衍：世界人口简史》中认为，旧石器时代人口仅 100 万，新石器时代 1000 万，青铜时代 1 亿；到了公元之初，世界人口达到 2.5 亿左右；公元 1000 年时，世界人口约 3 亿左右；到 16 世纪，世界人口达到 6 亿左右；进入 18 世纪中叶，世界人口突破 7.7 亿。以后世界人口加速增长。[①]

表 3-1　19 世纪以来主要年份的世界总人口数　　　　单位：亿人

年份	1830	1900	1930	1945	1960	1975	1978	1981	1987	1999	2005	2007	2011
人口数	10	16	20	23	30	40	42.6	44	50	60	64.77	66	70

---

① 但也有考古学家考证，在 100 万前，世界人口只有 1—2 万人；到新石器时期，世界人口仅 300 万左右；还有"人口学史学家估算距今约 12000 年前，全世界有 500 万居民"（参见［法］帕斯卡尔·阿科特：《气候的历史：从宇宙大爆炸到气候灾难》，李孝琴等译，学林出版社 2011 年版，第 91 页）。

相关研究表明，在旧石器时代，世界总人口数翻一番所需时间达 3 万年之久；纪元之初，世界总人口数翻一番缩短到了 1000 年；到了 16 世纪中期，世界总人口数翻一番则缩短至 500 年。自 1830 年世界总人口数达到第一个 10 亿开始，尔后人口每增加 10 亿，所需时间分别缩短为 100 年、30 年、15 年、12 年。

法国著名历史学家帕斯卡尔·阿科特（Pascal Acot）指出，"人口的激增显示了人类和自然新关系的成效：生产食物比采摘、收藏、捕猎和钓鱼更具有生产力"①。地球是一个有限的星球，地球的有限性最终呈现为它本身以封闭循环的方式追求动态平衡：地球有限度的空间容积只能容纳有限的生命数量的存在。地球表面的有限空间与地球物种生命数量之间保持一种动态平衡的关系，自然与生命之间所构成的动态平衡关系就是**原生态**关系。一旦地球物种生命数量增长，尤其是具有创造能力的人类物种数量快速增长，就会打破这种原生态的动态平衡关系而重构起一种人与自然间的新关系，这种新关系就是**逆生态**关系。由人口增长而缔造起来的这种人与自然的逆生态关系，既表现为人与土地的逆生化关系，更表现为人与气候的逆生化关系。

客观地看，人与土地的关系是种植的关系，是人向自然谋求生殖的关系。人的生殖是建立在自然基础上的，既以大地为土壤，也以大地为源泉；人向自然谋求生殖，必然带来人与自然的紧张关系，并最终造成人、生命、自然三者所共在的整个世界逆生态化。有关问题，人口学家托马斯·罗伯特·马尔萨斯（Thomas Robert Malthus）早就予以了揭示，并指出人类与自然之间的动态平衡关系从原生态状态向逆生态状态方向演变的根本原因。地球所提供的生命世界，尤其是人类赖以存在的土地以及其他资源都是有限的，并且也是相对固定的，哪怕是那些能够再生的资源，其再生能力也是在一个绝对的概率框架内保持相对的固定性，由此导致它为地球生命和人类提供的食物只能呈算术级数增加，但是，人口的增长并不

---

① ［法］帕斯卡尔·阿科特：《气候的历史：从宇宙大爆炸到气候灾难》，李孝琴等译，学林出版社 2011 年版，第 91 页。

按算术级数增加，而是按几何原理方式展开。这样一来，人类生存始终处于土地生产食物的有限能力与两性激情支持人口增长的无限能力之间的冲突之中；并且，有限的土地生产能力与无限的人口生育能力之间较量的结果表明，人类只能通过对人口生育施加强硬的和经常性的节制，才能使二者达向平衡。

　　然而，生育是物种生命的本性，这一本性在人类物种身上更不例外。节制生育违背生命本性和物种本性，所以节制生育就变得不那样容易。并且，在没有自然力参与的情况下，即使人类能够自我节制生育，也不能限制人口的增长。因为，在物质生活条件不断改善和医疗卫生条件不断提高的人类发展进程中，人口增长具有不可逆性。正是这种不可逆性决定了节制人口并不能解决土地的有限生产能力问题。一方面，当土地的有限生产能力被不断地挖掘出来、越来越不能满足人类的需要时，人类必然启动他自身的潜能和力量来开发食物资源渠道，即征服环境和改造自然、掠夺地球资源。所以，人口越是增长，地球承受人类征服、改造和掠夺的压力就越大。另一方面，人类无论怎样发挥自身潜力去改造土地、掠夺地球资源和征服自然，土地、地球、自然本身始终是有限的。受制于这种有限性，人类生产食物和其他资源的能力始终不会满足自身的需要。土地生产能力的有限性与人口生育能力的无限性之间的冲突与对立，必然导致穷困的产生。穷困并不能通过救济制度来消灭，因为救济制度的最终物质源泉是土地，是地球资源，是自然生态。当土地、地球、自然最终不能承受以几何级数增长的庞大人口时，它必然以违反自身本性的方式律动，由此土地、地球、自然就会陷入无序的逆生化状态。所以人口的快速增长，不仅导致了资源掠夺，形成了地球资源压力，使有限的地球资源与暴增的人口之间的生态平衡被强行打破，而且也导致了地球环境压力，因为人口增长速度越快、人口越密集的地区，其地球承载力就越处于超负荷恶化状态，其自然世界的自净化能力就越被不断削弱。由此两个方面形成环境因无法承受压力而遭受破坏，自然环境生境丧失承载力和自净化力，必然导致灾疫暴发的频率更高、烈度更强。以中国为例，自 20 世纪末至今，国民生活长期遭受气候失律和气候灾疫的困扰，并且，由气候失律造成的气候灾疫暴发的频率越来越高，范围越来越广，破坏力越来越强。什么原因呢？这是因为单一经济增长模式以及以资源掠夺性摄取和高浪费为表征的粗放型经济生产方式，持续地层累性形成对土地、地球、自然无法负载的压力。从更深层看，形成这种粗放型的经济发展模式的最强劲的动因，在于解决温饱和实现小康。解决温饱和实现小康的根本阻碍和最大困难，恰恰是庞大的人口基数和不可逆化的人口增长。

表 3-2 20 世纪下半叶以来中国主要年份的总人口数 单位：万人

年份	1953	1964	1982	1990	2000	2001	2002	2003	2004
人口数	54943	69458	100818	113368	126583	127627	128453	129227	129988

数据来源：根据《中国人口统计年鉴（2005）》数据整理。

上面这组数据最能证明前面的结论：从 1953 年到 2000 年，仅 47 年时间，中国人口净增近 7.5 亿，而且这种增长速度并未真正放慢。国家统计局发布的《国民经济和社会发展统计公报》中的中国人口数据如下：

表 3-3 中国 2001—2014 年人口增长表（国家统计局公布的数据）

时间	出生人口（万）	死亡人口（万）	净增人口（万）	总人口（亿）
2001	1702	818	844	12.7627
2002	1647	821	826	12.8453
2003	1599	825	744	12.9227
2004	1593	832	761	12.9988
2005	1617	849	768	13.0756
2006	1584	892	692	13.1448
2007	1594	913	681	13.2129
2008	1608	935	673	13.2802
2009	1615	943	672	13.3474
2010	1574	957	617	13.4091
2011	1604	960	644	13.4735

续表

2012	1635	966	669	13.5404
2013	1640	972	663	13.6067
2014	1687	977	710	13.6777

这组数据让我们看到了中国境内的气候失律导致的连绵不断的气候灾疫与不断膨胀的人口数量之间的隐秘关联：人口的增长加大了地球的压力，由此造成气候灾疫的频率增高、强度和烈度不断加剧。

其次，看物质幸福向往。人口增长推动人类过度地介入自然界，造成气候失律并引发灾疫失律，这是不得已而为之。因为人类虽然来源于生物界，却总是勇往直前地摆脱生物而成为人。人的根本标志就是拥有以自我意识、目的性生活和创造性设计能力为基本内容的精神力量。人的精神力量决定了人类不再被动存在和本能化生存，他必须以主体的姿态面对存在，并以创造者的身份和意志来谱写自己的生存。这集中表现在他向往幸福，并为此而自由追求、自由创造、自由享受幸福的方式方法。幸福之于人类，当然体现为精神和情感，但首先需要物质为其奠定基础，并且精神和情感最终需要物质为保证和表达方式。所以，向往、追求、创造物质幸福构成了人类的使命，亦成为人类踏上介入自然世界的道路的原动力量，人类因为对幸福的向往而主动介入自然世界的道路一旦开启并获得意识的自觉时，将同样体现其不可逆性。因为，人类越是尝到物质幸福的甜头，就越是向往和追求更高水准的物质幸福，这如同抽鸦片一样，物质幸福的生活对每个人、每个群体以及每个国家，都是一种瘾。上瘾则不可主动、自觉地戒除。这就形成了另一种不可逆性，即人类的物质幸福向往和追求不停止，必然推动土地、地球、自然的生态遭受更为惨烈的破坏，其逆生态状况必将更加恶化而形成地球的毁灭之势。

2. 排放与污染的双重指向

人的生育本性的释放，既推进人口增长的不可逆性，又激励人类向往幸福并无止境地追求物质财富的丰裕。正是这两个方面造就了人与自然之关系的逆生态化。这种逆生态化最终表现为当代气候失律、灾疫失律和整个"人、社会、生命、自然"共互生存环境的死境化,这种逆生态化的生成是渐进的、层累的,并且这种渐进性和层累性生成是通过排放和污染来实现的。所以,在人类不改变自己存在姿态和生存行为方式的情况下,衡量和判断人、社会、生命、自然四者从整体上所呈现出来的这种逆生态化状况的基本指标有两项:一项指标是排放温室气体,另一项指标是排放污染物。

先看温室气体。大气中的温室气体主要有二氧化碳、甲烷和一氧化二氮等。"史前史气候资料表明,大气中二氧化碳的含量与地球温度有着密切的联系。这一联系反映在最近的气候变化中。1000—1750年,大气中的二氧化碳占总量的0.028%(280ppm),这一比例自1500年以前最后一个冰河世纪结束后就相对稳定。从1750年以来,大气中的二氧化碳含量上升了1/3,占到380ppm。"[1] 2006年,大气中二氧化碳的当量为430ppm,[2] 并且浓度还在继续加速增长。冒纳罗亚山天文台(Mauna Loa Observatory)发现大气中碳含量每年增长1.5ppm,这种增长速度还在不断加快,因为地表温度不断升高导致森林、海洋、土壤这些碳的主要存储地本身发生了许多改变,它们对二氧化碳的吸收能力在逐年衰退。[3]

在大气层的众多温室气体中,二氧化碳最为重要,它对大气变化的影响巨大,而且是导致气候失律的主要因素。在整个大气中,二氧化碳浓度不断增加,是急剧增长的人口和不断提升的幸福向往指数推动人类在改造自然、掠夺地球资源的过程中不断排放累积的结果。1750年,人类开启了从农业社会向工业社会迈进的历程:在农业社会,人口相对稀少,人类为谋求生存而向自然界摄取的资源,主要是地面资源,所排放出来的二氧化碳等温室气体,刚好是大气运行所需要的,即所排放出来的温室气体恰

---

① [英]迈克尔·S.诺斯科特:《气候伦理》,左高山等译,社会科学文献出版社2010年版,第29页。

② [英]迈克尔·S.诺斯科特:《气候伦理》,左高山等译,社会科学文献出版社2010年版,第33页。

③ J. B. Miller, P. P. Tans, J. W. C. White, "Global Air Sampling Network Reveals Decreasing NH Terrestrial Carbon Uptake", *Geophysical Research Abstracts*, Vol. 8, No. 8 (2006).

好能为大气层和地球表面植物所净化，从而达到一种动态平衡的稳定态。大气中二氧化碳浓度增加源于迅速增加的人口和不断加速的工业化、城市化、现代化进程。迅速增长的人口和不断加速的工业化、城市化、现代化进程，从三个方面向大气层排放二氧化碳等温室气体，从而导致大气中二氧化碳等温室气体浓度持续增加。一是工业化、城市化、现代化进程，从生活燃料和生产动力能源两个方面大量使用木材，导致原始森林急速消失，森林覆盖率迅速减少。森林是大气碳循环中最主要的储存"库"，每平方米的森林可以同化 1—2kg 二氧化碳。在工业化、城市化、现代化进程中，由于生产和生活需要大量的木材，因而无限度地砍伐森林，其结果是把原来的二氧化碳的储存"库"变成了向大气排放二氧化碳的"源"。19 世纪末，全球有热带雨林 50 万英亩，占全球土地面积的 14％。到 20 世纪末，一半的热带雨林消失了，并且仍以每分钟大约 80 英亩的速度消失。与热带雨林消失相伴随的是每小时大约有 3 个物种消亡。[①] 据 FAO（世界粮农组织）1982 年估计，20 世纪 70 年代末期全球每年约采伐木材 24 亿立方米，其中约有一半作为燃料烧掉，由此造成的二氧化碳质量分数增加量每年可达 0.4×10^{-6} 左右。二是工业化、城市化、现代化进程大量开采和使用矿物质作为生产动力能源和生活燃料。IPCC 先后发布的五个报告不断地证明：造成全球气候变暖的主要原因是人类大量使用石化能源，过度排放二氧化碳。三是技术化生存使日常生活变成一个巨大的二氧化碳等温室气体的排放场源，这个排放场源主要由两个方面构成：首先是制冷和制热技术日常生活化和家庭化，即电器家庭化、家庭电暖化和生活空调化；其次是机械动力社会化和日常生活化，比如，大众航空业和航空旅游业快速发展，汽车家庭化和人人交通机械工具化。

　　人类活动所推动形成的如上三个方面的温室气体排放，并没有限度与止境，因为各种温室气体排放都以物质幸福为目的和动力，换言之，近代以来工业化和城市化进程不断加速，是因为要不断实现更高水平的物质生

---

　　①　[美] Anthony N. Penna：《人类的足迹：一部地球环境的历史》，张新、王兆润译，电子工业出版社 2013 年版，第 219 页。

活的现代化，这是一个没有止境、没有终点的人类目标，在以这一目标为原动力的鼓动下，整个人类生活世界在事实上变成了制造和排放二氧化碳等温室气体的工作场所。因为物质生活幸福向往，必然加速物质生活现代化步伐，城市化和工业化必然因此而不断展开，由此形成无论生产领域还是生活领域都成为二氧化碳等温室气体的排放源，大气中的二氧化碳浓度必因其排放而增加，气候失律成为必然。

然后看污染。讨论污染，不可避免要涉及三个典型案例：

一是1986年4月26日乌克兰境内的切尔诺贝利核电站因意外爆炸而发生核泄漏，导致31人死亡，在其后的15年内，方圆30公里以内的11.5万多民众被迫疏散，9.3万人死亡，13.4万人遭受各种程度的辐射疾病折磨，27万人致癌。其核泄漏所造成的核辐射危害至今未消除。

二是1952年12月伦敦持续四天的霾，在四天时间内，致使6000余人因呼吸困难而死亡，两个月之内，又有8000余人陆续丧生。伦敦霾污染造成的死亡人数占全国人口数的比例，如果乘以2010年以后中国的人口基数，则将近25万人。造成伦敦霾的直接原因，是由发电站、普通家庭使用煤炭燃料和汽车排放所造成的污染。

三是2013年1月发生在中国上空的霾污染，持续20多天，其散布面积达143万平方公里。央视《新闻1+1》2013年1月30日报道：8亿以上人口受到强霾污染影响，非典专家钟南山指出，霾对人的健康的危害性，比非典厉害得多。

霾污染于2013年进驻中国上空，开始定居中国，成为了中国人生活中的常客。前环境保护部副部长吴晓青就北方霾污染盛行接受《人民日报》记者专访时指出，按照新发布的《环境空气质量标准》评价，全国330多个地级及以上城市中有2/3以上的城市达不到二级标准要求。然而，我国环保部规定的 $35\mu g/m$ 的二级标准，却是世界卫生组织制定的PM2.5的人体安全值标准的3.5倍，世界卫生组织规定PM2.5的人体安全值是 $10\mu g/m$ 以下，由此可见我国的大中城市几乎都处于霾污染中。

霾，是悬浮在大气中的微小尘粒、烟粒或盐粒的集合体，它包括数百种大气颗粒物，其中，有害人体健康的主要是直径小于 10 微米的气溶胶粒子，它能直接进入人体并粘附在呼吸道和肺叶中，导致多种呼吸道疾病，并且在事实上成为"肺癌致命的头号杀手"。另一方面，人体的健康需要阳光，因为太阳光中的紫外线既是促成人体合成维生素 D 的唯一物质，也是自然界杀灭细菌、病毒等大气微生物的主要武器，霾气候大大减少了日照，形成厚重的屏障阻碍紫外线辐射地面，由此引发传染性疾病增多，尤其是小儿佝偻病高发。更重要的是，人作为情感的动物，其生活始终需要阳光，因为阳光调节人的情绪、情感甚至认知、思维、理解、判断、决策的方式，霾气候却遮蔽太阳辐射，影响人的生活情绪和心理健康状态，并潜在地影响人的思维、认知、思想的形成以及判断、决策。最致命的是，霾气候影响区域性气候的形成，导致气候灾害频发，并催生城市光化学烟雾的污染与扩散。

霾气候是人力制造大气污染的必然结果。

要理解如上判断，必须承认一个客观事实，即在人的世界里，人力无论怎样强大，在自然世界面前依然是很渺小的，尤其是面对宇观环境的气候和运作气候的大气环流时，任何形式的人力都微不足道。然而，人力所制造的污染何以能够影响大气环流，导致气候变换运动丧失其时空韵律呢？如下图所示，由地球和宇宙星系所构成的自然世界，其空间对人类或其他物种生命来讲是无限的，但这个看似无限的空间仍然是有限度的。自然空间的限度性源于它自身的容量极限，这种容量极限的表达形式，就是大气环流。大气环流的基本功能，就是对大气的自我清洁，它展开为废弃物和温室气体的排放与净化之间相生相克所达成的动态平衡运动，这一相生相克的动态平衡运动的最后呈现形式，就是气候变换的周期性运动和降雨的时令性。

由于自然空间客观地存在容量极限，人力排放的污染物超过了自然净化（地球表面净化和大气净化）的功能范围时，它就遵循层累原理而积淀起来，集聚成一个个厚厚的污染团，当污染源头排放没有减弱或者源头排放力度更强时，这些原本各不相属的污染团就会扩展而连接成整体性的污

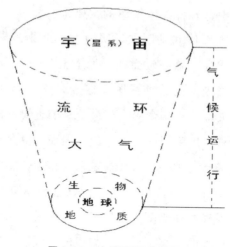

图 3-1　宇观环境直观图

染层，由此霾污染集聚，霾气候也由此形成。

　　霾污染源于人力排放的无限度，霾污染无限度扩散的根本原因是无序的和无限制的工业化和城市化建设。首先，没有任何限制的高密度城市规模扩张建设，不仅导致了无限的高排放，而且无限扩张的城市中像森林一直伫立起来的高楼，累积性增大了地面摩擦系数，导致了城市静风现象出现，而静风不仅成为霾天气形成的重要因素，而且也是霾气候恶化的动力因素。其次，没有任何限制的高密度城市规模扩张建设，制造了城市逆温层，即城市上方的高空比低空气温更高的逆温现象。根据热力学第二定律，热量总是以不可逆的方式由高向低方向流动。在正常气候条件下，空气中的污染物是从气温高的低空向气温低的高空扩散，逐渐循环排放到大气中。相反，在逆温状态下，低空中的气温却更低于高空中的气温，由此导致污染物不能及时或完全排放到大气层中去，更多地停留于低空中集结成块团状的霾层，这些块团状的霾一旦越积越厚越多，就连接成整体，形成霾气候。再次，以化石燃料为能源的工业化进程，必然引导城市生活的现代化，城市生活现代化的主要标志是城市交通发达、汽车家庭化、家庭电器化和调温技术家庭化。从而使整个城市和分布于城市每个角落的家庭成为污染源和温室气体的排放源，其源源不断地排放污染物和温室气体的直接结果，是造成城市悬浮颗粒物大量增加，导致整个城市上空霾化。

前面三个案例只是现代社会污染的一个侧面。在工业化、城市化和现代化不断加速的进程中，污染无处不在，如果进行归类。人类活动所造成的污染主要有四类：

首先是化学污染。化学污染源有两个方面：一是为不断提高物质生活水平而扩大生产和提高生产效益所制造出的各种化学产品，包括农业化学产品和工业化学产品，这些化学产品从生产和使用两个方面造成高污染，污染环境和空气；二是为提高身体享受而生产各种美容、护肤化学物品，以及各种加工食品里面的化学成分等，这些产品的生产和使用亦构成广泛的污染源或污染渠道，并导致了环境污染和生活污染在面上的扩张，形成了污染的立体化和深度化。"由于人造化学物对于我们的生活方式来说不可或缺，所以，几乎没有人造化学物的未来设想将挑战我们整个生活方式。我们利用它们制造人工纤维以做成我们的衣服，为农业生产氮肥、除草剂、杀虫剂；油漆与清漆，家用吸尘器与喷雾器；装修家庭和办公室用的地毯与家具装饰品；而且，长话短说，从家用塑料容器到医疗设备到汽车车身，塑料无处不在。"①

其次是核污染。核工业和核军事设施，构成人类污染中最大的威胁，1957年英国温斯凯尔核设备发生泄露，1979年美国三里岛核电站泄漏，1986年乌克兰切尔诺贝利核爆炸，2011年日本福岛核泄漏……这些核事故酿成的后果均表明核污染是污染中最大的威胁。在人们的唯经济增长意识世界中，尤其是在各国政府有意掩盖和刻意宣传下，核工业成为人类实现物质幸福的光明使者，因为在人看来，发展核工业是解决能源问题的根本途径和最好办法。但殊不知发展核工业，这是将国家、社会、人类驱赶上毁灭道路。放射性污染时刻威胁着人类的生存环境，核工业排放的放射性、化学物质和废热，对人的健康、对地球环境、对大气的破坏性影响始终是复合性的。

① ［美］彼得·S.温茨：《现代环境伦理》，朱丹琼、宋玉波译，上海人民出版社2007年版，第8页。

再次是生产污染。生产污染包括一般性生产污染和特殊性生产污染。前者是指生产活动带来各种意想不到的污染，但产品本身却不是污染物；特殊性生产污染是指制造各种有毒材料（比如建筑材料）、有毒产品（比如用过即扔的生活用品）和排放有毒的废气和废水，不仅其生产带来了意想不到的污染，而且产品本身就是污染物。后一种生产污染比前一种生活污染更严重、更普遍。相关数据显示，2013 年"全国污水的保守排放量为 584 亿立方米/年，现存生活和工业垃圾总量超过 120 亿吨，而这个数字还在以每年 1.3 亿吨的速度增加；每年有 4000 余万吨化肥和 40 余万吨农药被洒进农田，相当一部分却不能被农作物吸收，而是进入土壤、地下水，残留数十年而无法降解；约占总耕地面积的 1/5 的近 2000 万公顷耕地受镉、砷、铬、铅等重金属污染，每年因此减产粮食 1000 多万吨，污染粮食达 1200 万吨，造成至少 200 亿元的经济损失"[①]。

最后是各种生活污染，包括排放有毒气体和制造有毒垃圾，前者如汽车尾气等，后者如塑料袋等生活用品。其中，最不为人们所意识的最大污染之一是飞机污染。"一架载客 300 人的飞机的耗油量和几万辆大众甲壳虫汽车一样多"[②]，所排放出来的污染物也与几万辆大众甲壳虫汽车一样多。所以，快速发展的航空业成为城市霾的"罪魁祸首"。

通过生产和生活两个领域排放出来的有毒气体、温室气体、废水、垃圾，首先污染空气，增加大气中的二氧化碳浓度和有毒颗粒物浓度，最终推动气候发生根本性逆转，促使气候丧失自身变换运动的周期性韵律，并推动失律的气候朝极端方向恶化，形成霾气候。其次是弱化和消解大气层和地球表面性质（即土地、森林、草原、江河、海洋等）的自净化能力，导致整个地球生命链失律，生物群落发生灾变，生物多样性丧失，由此改变地球与宇宙之间的有序运动。地球与宇宙之间的有序律动，是通过大气、水和太阳能辐射三者协调运作来实现的。水和大气的互动循环，直接

---

① 金铭：《中国地下水污染危机》，《生态经济》2013 年第 5 期。

② ［德］沃尔夫刚·贝林格：《气候的文明史：从冰川时代到全球变暖》，史军译，社会科学文献出版社 2012 年版，第 208 页。

影响地球对太阳能辐射的接收或屏蔽，由此最终改变地球本身以及地球上生物圈中的生态链条。同时，空气和水一旦遭受污染，则必然导致土地污染。空气、水、土地三者的污染，不仅破坏了人类赖以生存的基本环境，促发各种流行性疾病的全球性传播，也层累性推动气候运动加速失律。

污染不仅以层累方式构成了气候失律的动因，也不仅以层累性扩散方式诱发各个层面的和各种形式的环境灾难，而且也导致层出不穷的经济灾难和贫困。国家环保总局和国家统计局于 2006 年 9 月 7 日联合发布了《中国绿色国民经济核算研究报告 2004》，这是中国第一份公开发布的环境污染的 GDP 核算研究报告，该报告对全国各地区 42 个行业的环境污染实物量、虚拟治理成本、环境退化成本进行了核算分析，其结论是：2004 年全国因环境污染造成的直接经济损失达 5118 亿元，占 2004 年 GDP 的 3.05%。该研究报告还对污染物排放量和治理成本进行了核算，指出在当时的治理技术水平框架下，要对 2004 年点源排放到环境中的污染物予以全部处理，需要一次性直接投入 10800 亿元，占 2004 年 GDP 的 6.8% 左右；并且，每年还需另外花费治理运行成本 2874 亿元，占当年 GDP 的 1.80%。该报告指出，由于各方面条件限制，没有核算其自然资源耗减和环境退化成本。仅将直接经济损失和如上三项治理成本相加，2004 年全国因点源排放造成环境污染的经济损失达 18792 亿元，占 2004 年 GDP 的 11.5%。而 2004 年全国 GDP 的实际增长率是 10.1%。如果扣除当年点源性污染损失及治理成本费用，2004 年全国倾全力发展经济得来的却是负增长。虽然人们不愿将环境污染造成的经济损失和治理成本计算进去，获得了一个不切实际的经济高增长的丰收年，但实际的环境成本和经济损失，并没有因为人们的不承认而消解，它以沉默的方式累积在那里，环境恶化、霾气候的形成，无不是如上经济发展所造成的环境污染的层层积累的结果。

《中国绿色国民经济核算研究报告 2004》这一实例分析还揭示了三个方面的内容：首先，片面经济发展导致的污染本身所造成的经济损失中，间接经济损失往往是直接经济损失的若干倍；其次，该报告只对该年污染造成的物理层面的经济损失予以了核算分析，却没有计算出该年污染对整个环境生态所造成的深远负面影响，更没有计算这些污染对人的生命健康、生活质量等方面的影响；再次，所有这些污染所造成的经济损失、环境生态破坏和气候逆生化，以及对人的存在安全和生命健康的威胁，都是人们片面追求经济增长和物质幸福指数的代价。

3. 减排与化污的整体思路

人的生育本性和对物质幸福的向往，构成排放温室气体和污染的动力机制；人类源源不断地排放出来的温室气体和污染物，以层累方式集聚超过临界点，就暴发为强大的力量推动气候失律。为此，恢复气候，必须减排和化污。减排和化污，构成恢复气候的二维途径。将减排和化污作为恢复气候的实施途径，首先需要达成一种共识，然后才可探讨其实施的路径与宏观策略。

气候失律问题进入人类的审视视野已半个多世纪，在西方发达国家，以恢复气候为核心任务的环保革命，也进行了半个多世纪，为当代人类全面恢复气候积累起了许多宝贵的经验。发达国家恢复气候的主要实施方式，就是减排。减排，这当然是抓住了恢复气候的关键环节，但是，气候失律本身不是由单纯的排放所造成的，它也与污染息息相关，所以恢复气候同样需要从减排与化污两个方面进行。从整体观，气候作为一种天气过程，其周期性变换运动的实质就是大气的吐故纳新。大气吐故纳新的过程就是大气中二氧化碳、甲烷、氮、硫化氢和氨等各种气体与大地、江海河流、地球生命以及其他固体物质之间通过太阳辐射作用相互排放与吸纳的过程，这一相互排放与吸纳的过程应该是动态平衡的。正是排放与吸纳之间所保持的这种动态平衡的过程，才使气候的变换运动获得周期性变换运动的时空韵律。大气中的各种物质与大地、江海河流、地球生命以及其他固体物质之间通过太阳辐射作用相互排放与吸纳的过程如果处于非平衡状态，就会形成气候变换运动丧失自身时空韵律。所以，气候变换运动丧失自身时空韵律，最为直接地来源于大气中物质的排放与吸纳之间丧失动态平衡。导致排放与吸纳之间丧失动态平衡的原因只有一个，那就是**排放大**

于吸纳。排放进大气中的温室气体量大于吸纳量，就导致气候变暖；排放入大气中的PM2.5和PM10等颗粒物量大于吸纳量，就形成霾气候。在大气运动中，形成排放大于吸纳这种状况大致缘于两种可能性：一是吸纳能力并不减弱而是保持原动态平衡的强劲状态，但由于地球生命世界向大气排放的量和排放速度超过原本的限度，就会导致排放大于吸纳；另一种情况是排放速度和排放量都保持原本的动态平衡的限度状态，但大气层和地面性质（即山脉河流、江海湖泊、动植物等）吸纳的能力减弱时，也会造成排放大于吸纳。但无论出现哪种情况，这种打破排放与吸纳之动态平衡的逆生态状况一旦出现，就会导致排放大于吸纳。排放大于吸纳一旦形成持续状态，就造成气候失律。以此来看气候失律，就不仅仅是二氧化碳等物质向大气中排放过量的问题，同时也涉及大气本身，当然更包括地球吸收二氧化碳等物质之不足的问题。所以，气候失律实际上是由排放无度与吸收不足——抑或污染过度与净化弱化——共同作用所造成。

正是基于这一双重现实，恢复气候无疑需要减排，并将减排作为其基本任务，但更需要化污，即吸纳净化污染，这应该成为恢复气候的根本任务。换言之，气候失律作为世界性的难题，对它展开全球化治理，不是减排所能够单独解决的，因为减排仅是恢复气候的一个方面，并且只是**治表**的方面，恢复气候的**治本**之方，是恢复地球和大气层的自净化能力。正是在这个意义上，化污成为比减排更难实施、更难做好的治理内容，但又是必须治理的基本内容：恢复气候的最终成功，不是减排的到位，而是化污能力的完全具备和自创生化。

无论从国际层面看还是在国家层面论，减排和化污都涉及根本利益。凡是涉及根本利益的任何行动都将是一种双边或多边行动。在双边或多边关系框架下的根本利益，客观地存在着两个方面的规定性：首先，双边或多边关系框架下的根本利益，一定是普遍的利益；其次，双边或多边关系框架下的根本利益，一定是本质性的利益。在涉及这样两方面规定的利益面前达成某种行动上的共识，必须通过协商协调才能实现。减排和化污所涉及的利益，就是这两个方面规定的根本利益，面对涉及这两个方面规定的根本利益的减排和化污，则必须协商、协调，并通过协商、协商而建立起普遍化的协作机制，形成协作减排和协作化污战略。

二、恢复气候的全球减排要略

恢复气候的首要任务是减排，减排就是减少二氧化碳等温室气体和其他污染物的排放，使之在大气中的浓度能达到促进气候恢复其周期性变换节律的动态平衡状态。

1. 协作减排的伦理导向

减排问题，一直是政府间气候委员会关心的头等大事，历届世界气候大会，也是围绕如何全面实施国际协调减排而展开，而且在不少国家取得了很大的成就。但从整体上看，面对越发严峻的气候失律所做的减排努力，最终没有达成整体的共识和能够全面付诸实施的减排行动方案，根本原因仍然是减排所涉及的根本利益没有得到最佳程度的解决，由此形成国际协作减排只能避重就轻地部分实施，而根本性的那部分内容只能始终停留于旷日持久的谈判桌上。这说明要在全球范围内真正地全面实施减排行动，需要解决减排所涉及的根本利益问题。要解决由减排而突显出来的根本利益纠纷，必须先寻求确立具有普遍指涉性的协作减排的伦理原理，即必须根据普遍平等的利益共互原理，整合发达国家的"排放总量"要求和发展中国家的"人均排放"要求，自然对发展中国家最为有利，设计以"权责对等-代际公正"为根本准则和基本导向的全球协作减排行动框架。为此，必然解决如下两个方面的根本性问题。

首先，全球减排所遭遇的根本性阻碍，是气候公正原则得不到全面的落实。全球气候公正之伦理原则得不到普遍落实的根本原因，仍然是认知没有达成普遍的共识，这源于两个原因。一是人们将减排看成是义务，而不是责任。因为既然将减排看成不是责任而是义务，那就是可为抑或不为之事。但实际上，减排对于任何一个国家来讲都是一种存在责任而不是义务。二是在这种错误的义务观支配下，每个国家都希望通过减排的方案设计实现自我利益的最大化。正是基于这种主观的想望和设计，发达国家和发展中国家对协作减排所设计的排放分配原则，就出现各执一端的分裂状态。历届世界气候大会在讨论到减排的根本问题时，都最终只获得形式的或者说文件意义上的共识，在实质上总是流产。对发达国家来讲，以国家为单位来设计"排放总量"的分配方案，无疑对发达国家最为有利；发展中国家以人口为依据来设计"人均排放"标准，自然对发展中国家最为有利。这两套二氧化碳排放量的分配方案，最终不能走向综合考量的根本阻碍因素，是自我利益最大化准则。打破自我利益最大化准则，寻求以减排为全球化的平等责任为认知出发点，以利益配享的权责对等和代际公正为根本诉求，才可构建起达成普遍共识的伦理导向系统和减排分配方案。

换言之，国际协作的减排分配方案的合理设计和有效的全面实施，是建立在一个具有普世性的伦理导向系统基础上的。要构建起能够共同实施的减排行动方案，必须首先构建起一套能够共同规范并共同激励的伦理导向系统，这个系统必以三大原理为导向和一个规范为准则。这三大原理即是利益共互原理、普遍平等原理和权责对等原理。在这三大伦理原理导向和激励下，制定一个全球社会必须共同遵守的道德规范总原则，这就是全面公正原则。在如上三大伦理原理中，利益共互原理是最高原理，它的实践必须接受普遍平等原理和权责对等原理的规范：普遍平等原理是对利益共互原理的实践认知规范，权责对等原理是对利益共互原理的实践操作规范。并且，权责对等原理直接指向对全面公正原则的构建。具体地讲，以利益共互原理、普遍平等原理和权责对等原理为实践导向规范和激励机制的公正原则，包括代内公正原则和代际公正原则，这两个原则实际上从两个维度揭示了协作减排怎样实现最大程度的平等与正义。在利益共互原理、普遍平等原理和权责对等的原理导向、规范和激励下，全球协作减排的代内分配公正，是指享受多少权利，必须为之担当多少责任；反之，担当多少责任，必须享受多少权利。同样，全球协作减排的代际分配公正，是指代与代之间享有多少权利，亦应该担当多少责任。

其次，以利益共互、普遍平等、权责对等为伦理原理和以全面公正为根本道德原则来设计全球协作减排的行动框架时，必须从两个维度入手来进行整体权衡，并设计出客观、公正、普适和具有全面激励功能的行动框架：

第一，必须确立温室气体排放的**历史担责**原则，这一原则是全球协作减排的前提原则，因为全球协作减排是针对现实而论的，即从当下开始必须全球协作减少温室气体排放，但对当下之前的历史进程中那些超量排放温室气体的国家，必须担当污染大气的责任。温室气体排放的历史担责原则，是恢复气候中"谁污染谁付费"的问责伦理原则和"谁受害谁得益"的补偿伦理原则的整合化实施原则：在过去的大气污染的历史进程中，谁向大气层排放了多少温室气体，谁就要为此而付出相应的费用来补偿遭受污染的受害者。

第二，在确定全球排放总量的前提下，应该根据完全平等和比例平等的双重原则，按照人口和人口空间分布密度相结合的方式来制定排放标准，分配排放指标。以人口为基准，这是贯穿普遍平等的原则，因为污染的受害者最终是人，排放的受益者也最终是人，人应该是制定排放标准和进行排放指标分配的主体。以此为基准，人与人之间必须平等，发达国家的人与发展中国家的人或贫穷国家的人，在享受大气资源和产品这一点上，必须平等。以（国家为单位）人口分布的空间密度为参照系，这是体现比例平等原则，因为大气不仅是全球化运行的，同时也体现了地域性，以普遍平等的人口排放作为指标，在同一时间内不同人口密度的空间所排放出来的二氧化碳量及其他污染物量是不同的，特定空间中的二氧化碳浓度及其他污染物浓度也是不同的，比如，城市与乡村，或者特大城市、大城市、中小城市，其各自上空的温室气体内容及其他污染物种类是有所不同的，并且，其各自上空的大气中的二氧化碳浓度及其他污染物浓度也大有区别。为使全球大气与局部空间的大气保持大体协调，也为使每个人的实际生存的大气污染度能够降低到平均状态，在完全平等的人口原则基础上考虑人口分布的空间密度问题，这应该是排放标准和排放指标分配的最为公正的设计。

2. 协作减排的实施重心

协作减排的实施范围 以利益共互、普遍平等、权责对等为基本原理，以全面公正——包括代内公正和代际公正——为根本原则，探索构建协作减排的实施体系，首先需要明确定位协作减排的实施范围。客观地看，协作减排的实施既涉及国际社会的全力合作，更涉及国家范围内地区与地区、部分与部分、家庭与社会的携手共进。前者要求在全球范围内，每个国家都应在减排问题上达成协作共识，因为大气是全球公共资源，气候失律动摇了全部地球生命的存在安全和全人类可持续生存的根基，恢复气候是每个国家的责任，国家与国家之间、发达国家与发展中国家之间必须在平等的框架下担负减排的气候责任，任何国家都没有任何借口和理由拒绝减排，任何国家都不能以任何借口或理由对减排提出不平等的特殊要求。后者揭示大气运动也具有区域性，气候的失律或恢复，仍然具有很强的国家色彩、国家特征和地域性要求。比如前面所讨论的霾气候，它在20世纪40年代开始嗜掠洛杉矶，在50年代袭击伦敦，60年之后霾又嗜掠中国，这种情况的出现都是因本国所为，而不涉及他国的作为。仅以中国论，则是其30多年经济发展对环境造成了巨大损害。这一沉重的代价表明大气虽然是世界公地，气候虽然是全球公共产品，但它也具有地域性特征，并呈现出地域性失律的状况。恢复气候，同样需要地域性努力，需要以国家为基本单位并根据本国的气候状况做出体现国家要求的减排要求。比如，仅以现实论，发达国家经过了50—60年的环保革命和减排治理，已经大见成效，其为追求经济增长而形成的环境生态破坏现象得到最大限度的扼制，但对处于发展进程中的发展中国家来讲，为追求经济的快速增长往往忽视环境生态问题，因而其环境生态破坏现象相当普遍，这种破坏环境生态的直接结果是排放无限度导致本土气候严重失律。比如我国，自2013年至今，霾气候嗜掠中国大部分地区这一极端气候状况，就是这方面的最好例证。

从整体论，气候失律的区域性主要体现在三个方面。在全球气候失律的大背景下，一是不同地域、不同国家以及国家范围内的不同区域中的人口基数大小、人口密度大小和人口增长速度不同，所体现出来的气候失律程度（包括密度、强度、广度）会有所不同；二是不同地域、不同国家以及国家范围内不同区域发展速度不同，尤其是其经济发展的速度不同，亦会导致气候失律的程度不同；三是不同地域、不同国家以及国家范围内不同区域在发展重心和发展方式方法的不同，也会形成气候失律的程度不同。

面对气候失律的全球性与地域性之双重特征，以国家为基本单位的减排，不仅涉及到区域与区域、地方与地方的通力合作问题，也涉及到社区与社区、家庭与家庭的协作问题，更涉及到个人减排能力的形成、提升以及与他人之间的能力合作问题。因为人类活动对气候产生的影响，最终是通过个体的行为而层累性生成的。法国科学历史学家帕斯卡尔·阿科特指出："在西欧国家，每户人家只占全国温室气体排放量的大约13％，他们的私人轿车排放量占14％，总共：27％。其余的，也就是说73％，应列入个体活动，农业以及第三产业。"[①] 由此不难看出，个体行为对气候的影响是最实在的，也是最重要的。为恢复气候而努力，绝不能忽视个体行为，必须调动每个人的个体能动性，使个人行动成为减排的重要方式。

实施协作减排，不仅客观地存在国家与国家、地区与地区、社区与家庭、个人与个人等空间范围问题，也客观地存在着产业范围问题，更客观地存在着生活范围问题。仅就产业范围论，在国际和国家两个维度上，协作减排广泛地涉及到每个产业领域，包括工业（包括核工业和军工业）、农牧业、商业、服务业、交通业、电信业、航空业、旅游业等，每个领域都须参与减排，并且各个领域之间都应该在利益共互、普遍平等、权责对等原理和全面公正原则指导下，展开能力合作，进行有效减排。客观论

---

① ［法］帕斯卡尔·阿科特：《气候的历史：从宇宙大爆炸到气候灾难》，李孝琴等译，学林出版社 2011 年版，第 252 页。

之，产业领域当然是二氧化碳等温室气体及其他污染物无限度排放的重要阵地①，但生活和消费领域排放出来的二氧化碳及其他污染物量却更为庞大②。协作减排运动必须突出生活和消费领域。在生活和消费领域展开人人自觉地减排，这才是减排实现社会整体动员的根本体现。

协作减排的重心领域　在如上视域范围内，无论国家层面还是国际层面，其减排的重心领域都只能是高排放、高耗能、高污染和低吸收领域。

所谓"高排放领域"，是指高排放量的领域。一般地讲，高排放量领域主要有两个：一是以煤炭为能源和燃料的领域，二是以石油、天然气等化石能源为能源和燃料的领域。比如 2005 年，在全球一次能源消费结构构成中，煤炭仅占 27.8%，但我国煤炭消费却占 68.9% 的比重。煤炭、石油、天然气是三大能源，但在这三大能源中，燃烧煤炭，其单位热量利用所排放出来二氧化碳，比石油、天然气要分别高约 36% 和 61%。所以以煤炭为燃料的领域，属于最高排放量的领域，其次才是石油、天然气。

---

①　关于工业排放，这方面的研究很多。在此只引两段文字，一段文字是关于全国工业部门 2010 年排放的情况；另一段文字是自 2002 年西部大开发以来，西部工业排放的增长情况。"按照传统的以部门终端能源消费量核算的部门直接碳排放量进行考察，2010 年工业部门能耗碳排放总量 $62.31 \times 10^8 tCO_2e$，占中国总能源消费造成碳排放量的 84.02%。"（杨顺顺：《中国工业部门碳排放转移评价及预测研究》，《中国工业经济》2015 年第 6 期。）"据国家环保部统计，2002 年至 2010 年，西部地区工业废气排放量占全国的比例从 22% 上升到 28%，工业固体废弃物产生量的比例从 26% 上升到 31%，工业 COD 排放量的比例从 21% 上升到 27%。"（石敏俊等：《中国工业水污染排放的空间格局及结构演变研究》，《中国人口·资源与环境》2017 年第 5 期。）

②　关于生活污染排放，这方面的研究也多，在此只选择 2004 年全国农村污染排放的统计情况，因为其后农村人口城市化加速度；城市生活污染以 2012 年以前的北京为例，因为 2012 年是个转折，即由"跨越式发展"转向环境治理。"全国农村生活能源所排放的 SO_2 达 530 万吨，$NOX 72$ 万吨，TSP 390 万吨。"（虞江萍：《我国农村生活能源中 SO_2、NOX 及 TSP 的排放量估算》，《地理研究》2008 年第 3 期。）"自 1998 年起城市生活污水排放量超过了工业废水排放量。"（韩振宇：《中国 2020 年城市生活污水排放量预测及淡水资源财富 GDP 指标的建立》，《环境科学研究》2005 年第 5 期。）"以北京市为例，2001 年北京工业废水排放量为 $2.1 \times 10^8 m^3$，而城市生活污水排放量达到 $6.9 \times 10^8 m^3$，是工业废水排放量的 3 倍多。"（中国环境年鉴编辑委员会编：《中国环境年鉴 2003》，中国环境年鉴社 2003 年版，第 760 页。）"2002—2011 年北京市碳排放量增加了 5037 万吨，2008 年由于奥运会的举办导致碳排放增长急剧减少，2011 年由于焦炭使用减少了 5 倍多，该年碳排放出现了负增长，除了这两年的特殊变化外，碳排放量都呈现逐年增加的态势。在促进碳排放的影响因素中，人均经济总量的增长导致碳排放增加 6517 万吨，其贡献率达到 129.3%。"（刘裕生、陈锦：《北京市碳排放量影响因素分析（2002—2011）》，《中国经济研究》2013 年第 4 期。）

但提炼与使用石油和天然气的领域，同样是高排放量的领域。所以必须以煤炭、石油、天然气等高排放量的能源开采和运用为减排的重心领域。

高耗能的领域，也总是高污染的领域，并且高耗能的领域也往往是低吸收的领域。所以，减排同样要以高耗能、高污染和低吸收的领域为重心。在我国，高能源消耗的部门是工业部门，其能源消耗量占去了全国能源消耗总量的近70％。工业部门的能源消耗主要是以煤炭为主，所以工业部门是二氧化碳等温室气体排放最高的领域。

3. 协作减排的宏观要略

《京都议定书》设计了三种减排机制：一是联合履约（JI），是指发达国家之间通过项目级的使用，在发达国家缔约方之间转让项目取得温室气体减排量；二是清洁发展机制（CDM），是指发达国家提供资金和技术的方式，与发展中国家开展项目级减排，并获取温室气体减排量；三是排放贸易（ET），这是指发达国家之间内部开展缔约方之间的温室气体减排贸易。要很好地落实《京都议定书》所设计的这三种减排机制，必须在全球和国家两个维度同时实施减排运动，并构建如下宏观的减排思路和方略：

其一，人口是高碳排放的基本方面。人口增长速度越快、人口数量越大，二氧化碳等温室气体及其他污染物的排放量就越大；反之，人口增长速度越慢，温室气体及其他污染物排放量就越小；人口基数越小，温室气体及其他污染物浓度将会越低。在现代社会，人口增加量与温室气体及其他污染物排放量之间，或者说人口基数与大气污染物和温室气体浓度之间，客观地存在着生成消长的变动关系。根据这一生成消长的变动关系，全球协作减排应该建立起世界预测人口基准。因为以人口为排放配额分配标准的碳排放交易机制，有可能潜在地激励人口增长。为解决这个问题，可以确立某个特定的时间限度（比如50或100年），以此构建起世界人口预测基准，使其排放配额固定于预计的人口规模。制定世界预测人口基准，"这将会扭转对于人口增长的刺激的设想，因为我们实际上给各国提供了一种使其人口保持在基准之下的激励。其中的原因很简单，各国只有使其人口规模低于该水平，它们才会有比假如其人口规模达到或者超过该水平时更高的人均额度"[①]。

并且，国家范围内的减排要获得全面的落实，也需要严肃地考察人口问题，制定人口减排实施战略。国家范围内的人口减排实施战略包括三个维度的内容。首先在宏观规划上，应构建国家的整体的预测人口基准，这一整体的人口基准的构建应充分考虑两个方面：一是应充分考虑物质生活水平、医疗卫生条件、社会福利和养老保障等宏观因素对人口增长的影响；二是应充分考虑人口基数，尤其是人口密度大且人口增长量大（而不是增长率）的发展中国家，更应该考虑此。其次，在国家的整体的预测人口基准的大框架下，构建地区间人口预测基准，严格控制人口增长。其三是确定国家人口排放总量，并在实施总量控制的大框架下，落实人均排放量战略，即每个地区的人口排放量不能超过其人均排放量。

其二，无论对国际社会中的各个国家来讲，还是对国家范围内的各个地区、各个社会组织来讲，减排都涉及利益，都会形成利益冲突和斗争，减排的协作总是要围绕利益共享、利益共赢和责任共担的问题而展开，这是协作减排的实质和共同要求。根据这一实质规定和共同要求，全球范围内的减排需要全球协作，需要每个国家都积极行动参与的根本前提，就是构建一种协作减排的激励-规范机制。创建这种能够全面促进全球持续不衰的协作减排的激励-规范机制，应该考虑与世贸组织及其他国际组织的整合，具体地讲，应该将减排纳入 WTO 运行机制，用 WTO 机制来带动、约束、促进全球减排。更应该完善和健全国际法，并加大国际法庭的权力范围和权力功能，将全球协作减排纳入国际法的规范保障范围。

其三，增加联合国的功能。联合国应统合各国际经济组织，建立国际碳税制度，包括国际碳税立法制度、国际碳税司法制度、国际碳税征收制度和国际碳税使用制度。无论从当前气候失律的治理来讲，还是对人类未来存在和可持续生存式发展来讲，创建可行的国际碳税制度，意义重大，大致有以下几点：

---

① ［法］帕斯卡尔·阿科特：《气候的历史：从宇宙大爆炸到气候灾难》，李孝琴等译，学林出版社 2011 年版，第 191 页。

第一，当代社会的整体趋势是全球生境化，这一趋势不可逆转也不可阻挡。顺应这一趋势，人类未来就是一个地球村，联合国才是最高的国家（其实欧盟已经预示了这种前景）。客观地看，标志国家存在并具有完整形态的根本要素有三：一是具有健全的政治制度，二是具有健全的法律制度，三是具有健全的经济制度。从政治、法律、经济三个维度入手来**重构**联合国，来提升和完善联合国的功能，这是当代社会向全球生境化方向发展的必然走向。创建国际碳税制度，恰恰是以此为切入点来创建统一、规范的国际经济制度，这是解决人类社会经济无序发展、各自为政的混乱局面，使其得到根治的根本方法，也是解决全球协作减排实现恢复气候过程中的利益冲突和矛盾的根本方法。

第二，创建国际碳税制度，实施国际碳税征收，可以全面地、有规范地促进具有成本效益的减排措施的有效实施。因为建立统一的碳税制度，实施碳税征收，可以通过碳排放价格，让市场自己找到问题并找出解决问题的答案与方法。

第三，创建国际碳税制度，在联合国专设国际碳税征收机构，由联合国强制征收碳税，可以加大联合国的权能。"如果能够对二氧化碳开征每磅半分钱的碳税，每年可以产生 3000 亿美元的收入，是今天全球援助资金的三倍，全球军备开支的四分之一；这笔钱是存在的，毫无疑问，但前提是能够回答下述一些问题：谁来控制这笔资金？我们如何最小化腐败和滥用资金的风险？需要对什么样的气候事件进行补偿？毕竟，大多数的暴风雨与气候变化无关。"[1] 由联合国的专设机构向各国征收碳税，可为联合国展开正常、高效的国际事务提供稳定的收入来源，增强联合国的独立功能，提升联合国的权威地位，使联合国能够摆脱个别强势国家或利益集团的掌控和羁绊，独立地行使领导国际社会走向全面和平和共同繁荣的道路的权力。

第四，创建国际碳税制度，由联合国专设机构向各国开征碳税，所征

---

① ［瑞典］克里斯蒂安·阿扎：《气候挑战解决方案》，杜珩、杜珂译，社会科学文献出版社2012年版，第150页。

收的碳税必须作专项使用：所征收的碳税，只能专项使用于气候失律导致的灾疫防治和替代性的低碳能源体系的开发，即所开征的碳税只能运用于有效促进恢复气候的所有活动和事业。

第五，创建国际碳税制度，向世界各国开征碳税，可以从三个方面设计实施：一是排放的历史成本的支付，需要通过碳税的方式来体现，即把碳的历史排放纳入碳税的缴纳范围，这是碳税征收公正的必须考量和必然体现；二是应确定当代二氧化碳排放量的碳税比率；三是应确立碳排放的底线，即在怎样的排放量上才开征碳税。只有同时考量并切实有效地解决如上三个问题，碳税征收才是平等和公正的，才体现普遍的道德。

其四，全球协作减排行动方案的全面实施，应该创建一种碳排放交易机制，"在此机制下，排污大户能够从其他低排放者那里购买配额。由于是富国排放了更多温室气体，该机制也会附带地对于创建一个更加公正的世界产生影响"，因为"一个全球排放贸易规划将意味着资源从富国转移至穷国。……气候变化的伦理就为将资源从高收入国家转移到低收入国家，提供了进一步的并且是独立的理由。这种交易体系的其他好处，还在于它将会给更贫穷国家提供激励架构。后者将会受到鼓励使其排放维持在低水平上，以便他们继续有东西——即他们未使用的碳排放配额——可用于交易"。[①] 在这一国际碳排放交易机制的规范下，创建规范的国际碳排放交易市场和国家碳排放交易市场，唯有从国际和国家两个层面同时努力，碳排放交易机制和交易市场才可得到完整健全的构建。

然而，创建国际社会和国家社会二维碳排放机制和交易市场，其目的都是为了全面促进减排，实现对气候的恢复，使全球气候重新获得变换运动的时空韵律。基于这一目标，创建与完善国际和国家两个维度的碳排放交易机制和交易市场，必须以明确碳排放总量并构建起总量控制机制为绝对前提。

---

① ［澳］彼得·辛格：《为一个公正和可持续的世界重塑价值》，见［英］戴维·赫尔德主编：《气候变化的治理：科学、经济学、政治学与伦理学》，谢来辉等译，社会科学文献出版社2012年版，第190页。

其五，为保证全球协作减排的全面实施，应建立起一种信托基金机制，使腐败政府的国家如何将或因"受害补偿"、或因排放配额交易得来的钱能用于环境治理。这种信托机制就是"受托人将负责把从碳贸易中得来的收益交给出售配额的国家的人民。如果它们断定环境不允许把有关基金以一种造福于人民的方式进行交付，有关资金就转变为该国的信托基金以待处置，直到该国政府被认定为组建完毕并且有良好的意愿足以改进其人民的福祉时，该笔资金才可进行转移"①。

三、恢复气候的全球化污要略

恢复气候，就是通过降低大气温室气体及其他污染物的浓度来恢复气候节律。但降低大气温室气体及其他污染物浓度，绝不是一个单纯的减少排放二氧化碳等温室气体和污染物的问题，并且减少二氧化碳等温室气体和污染物排放，还仅仅是一种治表的方式。从根本讲，降低大气中二氧化碳等温室气体和其他污染物浓度的治本之策，应该是重新恢复地球的自净化能力，以增强大气对二氧化碳等温室气体和其他污染物的吸收能力。

1. 恢复地球自净化能力

从自然方面努力，就是恢复地球的自净化能力，增强大气对温室气体及其他污染物的吸收能力，这是恢复气候的根本要略，实施这一根本要略需要从两个方面下功夫：

首先，恢复地球自净化能力的首要前提是全面恢复地球承载力。如前所述，近代以来所开启的工业化、城市化、现代化进程，不仅扫荡地表资源，也掏空了大地。这两个方面的人类行为最终导致了地球承载力的整体性弱化以及局部性丧失。地球承载力是指地质结构承载力和地球表面承载力。工业化、城市化、现代化进程所造成的地球承载力弱化或丧失，亦是

---

① ［澳］彼得·辛格：《为一个公正和可持续的世界重塑价值》，见［英］戴维·赫尔德主编：《气候变化的治理：科学、经济学、政治学与伦理学》，谢来辉等译，社会科学文献出版社2012年版，第190页。

从这两个方面展开。

客观地看，地质结构承载力是指以国家为基本单位的区域性地质结构能力，它表征为该区域地质结构容量。对任何区域来讲，其地质结构所承载的容量和重量都客观地存在既有的限度，因为天体运行和地球构造运动本身就设计好了它自身的容量和承载重量的限度，在这一限度范围内，此区域内的地壳获得较高的稳定性，生存于其上的生物才可获得存在的安全性。反之，当某一具体的区域因为外在力量的推动而造成它所承载的重量超过本身的限度时，该区域的地壳就会因此丧失自稳定性，生存于其上的生物也随之丧失其存在的安全，地震、海啸、山体崩滑、地裂、地沉等地质灾害现象会频繁发生。地震、海啸、山体崩滑、地裂、地沉等地质灾害一旦频繁发生，就会严重影响地球表面的稳定性，并因此使地球表面的承载力丧失自我限度，最终结果是削弱地球生命对二氧化碳等温室气体的吸纳能力。

其次，恢复地球的自净化能力，就是恢复地球表面生态系统的吸纳能力。"地球表面"由山脉、海洋、江河、草原、森林、湿地、荒野、耕地等构成。工业化、城市化、现代化进程加速了对山脉、海洋、江河、草原、森林、湿地、荒野、耕地的破坏，导致由山脉、海洋、江河、草原、森林、湿地、荒野、耕地等构成的地表生态系统对二氧化碳等温室气体的吸收能力和化解其他污染物的能力不断弱化，并且在某些方面、部分地区、个别领域出现了温室气体的吸收能力和化解其他污染物的能力的全面丧失。要全面恢复地表生态系统吸纳二氧化碳等温室气体的能力和化解其他污染物的能力，人类须从如下方面努力。

一是净化海洋，畅通江河、湖泊，使海洋、江河、湖泊彻底去污染化，恢复海洋、江河、湖泊对陆地、大气的生境功能。这就需要克制物欲，尽可能少打扰海洋，退田还海，退田还湖，去除江河大坝，重新疏通江河，还江河原生态。

二是扩大植被的覆盖率，恢复植被对废弃物、污染物的净化功能，抑制大地的沙漠化和土地的退化，恢复土地的有机功能。

三是维护湿地，保护荒野。湿地是野生动物的栖息地，保护湿地就是为野生动物提供栖息地；湿地更具有稳定地球生态系统的功能，保护湿地就是为生物多样性存在提供必须的环境功能；湿地的最大功能是其净化功能，它是地球上的天然净化器，它以自身的方式默默吸纳着来自各方面的污染物，净化自然环境，降低地球污染。"荒野是由仍未被人类活动触及的土地的组成的。"[1] 荒野是未开垦的自然，它构成地球生境和人类生境的有机内容。荒野的消失，意味地球和人类的生境防护功能的丧失，所以，一旦荒野消失，地球和大气的净化功能就会因此丧失。恢复气候，必不可少的努力就是：第一，凡是没有开发的地方，不能再开发，使之保持荒野状态；第二，尽可能地恢复更多的荒野。

四是应该终止或最大限度地控制对地面、地下资源的掠夺性开采，让大地以及地球上的水体休养生息。这是全面恢复地表生态系统对二氧化碳等温室气体的吸收能力和对地球污染物的净化能力的根本体现。

2. 提升人类的化污能力

地球的自生境能力，体现在它具有强大的生育功能：地球是所有生命的母亲。但地球的健康生育，需要海洋的滋养：海洋是生命的摇篮，因为生命的本源和灵魂是水。正是因为如此，海洋活动成为地球生态系统的重要调节机制，并构成地球生命圈能够生境化存在的关键区域，"任何人都不知道打扰生物圈的这一关键区域会导致什么样的危险"[2]。不打扰海洋的首要努力，就是停止对海洋的开发，恢复海洋的平静；其次是恢复海洋的自生境功能，提升海洋对地球和大气的净化能力。为此既需要调整资源开发和经济发展的基本国策，更需要人类从生产和生活两个领域杜绝污染源。

第一，要从根本上改变人类征服论、改造论的存在观和生存观，学会改变技术化生存模式，重新适应自然，重新适应气候。

---

① ［德］约翰·德赖泽克：《地球政治学：环境话语》，蔺雪春、郭晨星译，山东大学出版社2008年版，第5页。

② ［英］詹姆斯·拉伍洛克：《盖娅：地球生命的新视野》，肖显静等译，上海人民出版社2007年版，第113页。

人存在于自然世界之中，一切都源于自然的恩惠。从根本论，推动人类进化的根本力量是气候变换运动，即人类能够从动物进化为人，其根本的因素和关键的激励力量，是地理变迁和气候变化。[①]"板块漂移所形成的东非大裂谷在这方面起着特殊的作用。伟大的生物多样性在这个裂谷中形成，但与过去一样，它们由气候的不稳定性和持续性变化支配。这种外部紧张是人类进化的引擎，人类祖先大约在1000万年前东非高原的大面积变冷之后开始进化。"[②] 在艰难的进化进程中，人类祖先所表现出来的是竞斗、竞争，但在本质上却是适应。在异常酷烈的生存环境和高温的气候条件下，原本没有特别武装的人类先祖，必须学会适应，必须适应剧变的环境和酷热的气候，"于是广阔的视野就成为人类的一个特征——那些真正捕猎者的特征是拥有敏锐的嗅觉和听觉。人类早期所形成的一些其他特征也是这种生活方式的一部分：与更强大的食腐尸动物竞争需要它们具有长途奔跑的体力。在东非的炎热气候条件下，这使它们的体毛脱落。裸体和一种特殊的蒸发系统（以汗腺为基础），使它们能够在高温下体力消耗期间保持热平衡。"[③] 适应地理环境和气候，这是人类进化的源泉。适应地球环境和气候，其根本前提是向自然学习。向自然学习，就是以自然为师；向自然学习，必须尊重和敬畏自然，吸取自然的大智慧，遵循宇宙律令、自然法则、生命原理；向自然学习，就是通过学习自然而再造人性，即再造体现宇宙律令、自然法则、生命原理、人性要求的存在观、生存观、实践观，为恢复气候周期性变换运动的时空韵律而努力。

第二，要从生产和生活两个领域杜绝污染源，需要解决的一个根本问题，就是人口增长构成的对地球的生态压力，因为地球承载力是有限度的，人口增长突破地球承载力，就会出现两个难以从根本上解决的问题：

---

① Josef Klostermann, *Das Klima im Eiszeitalter*, Stuttgart：E. Schweizerbart´sche Verlagsbuchhandlung，1999，p. 192.

② ［德］沃尔夫刚·贝林格：《气候的文明史：从冰川时代到全球变暖》，史军译，社会科学文献出版社2012年版，第30页。

③ ［德］沃尔夫刚·贝林格：《气候的文明史：从冰川时代到全球变暖》，史军译，社会科学文献出版社2012年版，第30页。

一是非理性开发自然，疯狂掠夺地球资源；二是从生产和生活两个方面制造无限度的污染物和废弃物。所以，人口无序增长，这是污染的源头。有效控制人口的无序增长，寻求构建人口增长与地球承载力之间的临界点，将人口增长控制在地球承载力的临界范围内，使地球承载力始终充满生境张力，这是杜绝污染的源头治理方式，也是恢复气候的根本战略重心。

污染的另一个源头，恰恰是能源本身。今天人类所依赖的化石能源本身就是高排放、高污染的。如果说控制人口无序增长，解决人口增长与地球承载力之间的相融关系，这是从人的角度来杜绝污染源的话，那么，重建人类可持续生存的新能源体系，这是从物的角度来杜绝污染源头。所要努力重建的新能源体系，一定要以低排放、低耗能、低污染为取向。重建低碳化的新能源体系，既是增强对二氧化碳等温室气体的吸纳能力的有效方式，也是提升整个地球化解各种有毒气体和废弃物的基本措施。

第三，下功夫重建低碳化能源体系。重建低碳化新能源体系，其前提性工作有二：

一是调整能源结构，这是降解污染、减少排放的广泛社会方式。

调整能源结构，是相对已有能源体系论，是对高消耗、高污染、高排放的能源体系予以调整。在业已构成的高消耗、高污染、高排放能源体系中，首先需要调整的是火电能源。"在人类活动排放的二氧化碳中，火电厂是最大的集中排放源。在美国，火电厂排放的二氧化碳占总排放的1/3；在中国，火电厂排放的二氧化碳接近排放量的1/2。所以，控制火电厂二氧化碳的排放是人类减少二氧化碳进入大气层的最有效的措施"[1]。其次需要重点调整煤能源，因为"煤发电的只有30%—40%，其余的能量转化为成了热，散发到附近的江河、湖、海或是大气中"[2]。煤不仅是一种典型的高耗低效的能源，而且还是一种高碳排放和高污染的能源，煤燃烧有60%—70%的成份变成了温室气体（二氧化碳），而且还释放出大

---

① 绿色煤公司编：《挑战全球气候变化：二氧化碳捕食与封存》，中国水利水电出版社2008年版，第1—2页。

② ［瑞典］克里斯蒂安·阿扎：《气候挑战解决方案》，杜珩、杜珂译，社会科学文献出版社2012年版，第49页。

量的二氧化硫和烟尘。所以，大量使用煤能源，是造成大气污染的重要因素。再次需要重点调整的是核能和水电能。在人们的经济思维世界中，核能和水电能是好能源，但核能和水电能却是最危险的能源，因为它本身就构成更大的污染风险。在低碳能源的开发战略制定上，要尽可能控制核能和水电能的开发，将其重心转向对太阳能、风能、生物质能的开发。

二是全面改进现有能源使用方式，这可以从两个方面努力。首先应探索低耗能的生产方式，并运用它来代替密集型的能源生产方式，减少能源使用，提升能源效率。其次应探索低耗能的生活方式，以此来代替密集型的能源生活方式，减少能源使用，提升能源效率。比如改变规模扩张的城市建设模式，探索功能建设导向的城市建设方式和资源输出的城市发展方向。再比如，全面发展城市公共交通，减少个人使用小汽车，并同时配套小汽车出行征收单人公共资源占用税和堵塞税，即单人驾驶汽车出行，应该征收公共资源消耗税。这些措施就是构建低耗能生活方式的基本做法。

在此基础上展开对低碳化的新能源方式的探索和开发。探索和开发低碳化的新能源方式，是实施化解各种废弃物和各种污染物、降低二氧化碳等温室气体的重要社会方式。探索和开发低碳化的新能源方式，拥有巨大的空间，其最值得努力的方面有二：

一是发展生物质能源体系，提升可再生能源在整个能源体系中的比重，改变能源结构体系，减少单位能源供应的二氧化碳排放量，增强和提升整个自然环境和社会环境的化污能力。从发展角度讲，"生物质能源会在全球能源系统中扮演越来越重要的角色，可能会在未来50年内占到地球能源供应的1/5"[1]。因为在大自然里，"既有导致大量二氧化碳排放的生物质能源系统，也有零排放的生物质能源系统，甚至还有能一边生产能源一边清除大气层中二氧化碳的生物质能源系统"[2]。在这方面，瑞典是最成功的典范。瑞典实施低碳排放、低污染国家战略的成功，在于整个国

---

① ［瑞典］克里斯蒂安·阿扎：《气候挑战解决方案》，杜珩、杜珂译，社会科学文献出版社2012年版，第46页。

② ［瑞典］克里斯蒂安·阿扎：《气候挑战解决方案》，杜珩、杜珂译，社会科学文献出版社2012年版，第46页。

家的自然环境和社会环境的高吸纳能力。这种高吸纳能力的形成主要取决于其对生物质能源的大量供应与使用，它们不仅将生物质能源使用于区域供暖领域，而且也将生物质能源使用于工业生产领域。"2005年始，瑞典使用了40万兆焦耳（400PJ）的生物质能源和23万兆焦耳（230PJ）的核能（生物质能源主要用于供热，核能主要用于供电）。大多数生物质能源来自林业，树枝、树冠、黑液、碎木块、树皮、伐木时产生的余料等林产业剩余物，也有些来自稻草等农业副产品、各种能源作物，例如柳树，还有从小麦提取的乙醇，从油菜籽提取的柴油等。"①

二是充分利用太阳、风、水等天然能源，构建天然能源体系。

对太阳能的充分利用，可以从两个方面着手。一是利用太阳热能来发电，即"将太阳光线聚集到反射器并将其聚焦于一点，可以将水或石油加热到好几百度。产生的蒸汽可以推动与发电机相连接的涡轮机。这就是俗称太阳能热电厂"②。二是通过太阳光照而压缩空气贮存能量，即当生产或生活需要电能时，将压缩的空气释放出来带动涡轮机运转，就可产生出电能来。

另一种堪与太阳能比美的天然能源就是风能。风能源于风。所谓风，就是地表温度升降所引起的气流运动。这种气流运动蕴含巨大的能量，将这种能量转化为人类生活和工作的动力，就形成风能。

风能这种天然能源，既是一种零排放的能源，也是一种化解各种污染的能源。更重要的是，风还是一种可以无限利用的天然能源。风能的无限性来自于地球围绕太阳的公转与地球的自转：从严格意义上讲，风能是太阳能的一种变换型式。因为地球不停地公转和自转，始终被太阳能包裹着运行，这种为太阳能所包裹的公转和自转运动，导致空气之间产生温差，使巨大的气流流动起来，于是就形成风。并且，气流的速度决定着风速，风速越快，风能就越大。在地球围绕太阳公转和自转运动过程中所形成的

---

① ［瑞典］克里斯蒂安·阿扎：《气候挑战解决方案》，杜珩、杜珂译，社会科学文献出版社2012年版，第46页。

② ［瑞典］克里斯蒂安·阿扎：《气候挑战解决方案》，杜珩、杜珂译，社会科学文献出版社2012年版，第62—63页。

有些气流，其速度可高达每小时 300 英里，这种高速运动的气流所蕴含的能源动力更是强大。

从整体讲，风作为一种天然能源，具有巨大的开发潜力。斯坦福大学克里斯蒂娜·阿切尔（Christina Archer）和马克·贾克布森（Mark Jacob-son）认为，风能所能提供的能量是全球能源供应总量的 5 倍以上，只要发挥风 3％ 的潜能，就可代替全球电力生产。[①] 风一旦被作为能源开发利用，就获得迅速增长。从 1995 年到 2007 年，全球风能装机容量以年平均 20％ 的速度递增。开发利用风能最早的国家是德国，在 2008 年之前，德国开发利用风能一直居全球之首，2008 年美国跃居世界第一位，中国跃居第二位，西班牙第三位。到 2009 年底，世界所有安装的风轮机发电量达到 3400 亿千瓦时，总产值 500 亿欧元，为全球提供了 550000 个工作机会。

第三种待开发的天然能源是水能。对水能的开发有两种形式。一种形式是利用水资源发电，这是一种传统的水能开发方式，它多利用、拦截江河水发电。这种水能开发方式潜力有限，而且负面影响较大，如果过度开发江河水资源，会造成局部大气异常，推动气候失律，同时也可能造成地质结构畸变，导致地震、地沉等地质灾害发生。[②] 并且，在江河上筑坝截流修建水电站，会使江河本身成为污染源，因为"流水不腐，户枢不蠹"，江河一旦被筑坝截流，江河水就变成了死水，死水恰恰是滋生污染的场所。所以这种开发水能的传统方式，是需要终止的一种能源污染方式。另一种水能开发方式，就是开发海洋水能，即利用大海的波浪、洋流、不同盐度形成的梯度、潮汐与洋流，这些都因为太阳、风与地球的自转而生产能量。"海水蒸发为水蒸气进入大气层，又以降雨的形式落到山坡与沟谷中，重力作用又让江河奔流入海洋。在这个过程中，随着重力奔腾的水流

---

① ［瑞典］克里斯蒂安·阿扎：《气候挑战解决方案》，杜珩、杜珂译，社会科学文献出版社 2012 年版，第 46 页。

② 参见 ［美］威廉·R. 劳里：《大坝政治学——恢复美国河流》，石建斌译，中国环境科学出版社 2009 年版；同时参见 ［瑞典］克里斯蒂安·阿扎：《气候挑战解决方案》，杜珩、杜珂译，社会科学文献出版社 2012 年版，第 62 页。

带来大量的热能可以为我们所用。"① 海洋水能是一种待开发的能源，也是一个技术含量更高的天然能源，更是一种零排放的和具有高吸纳能力的天然能源。

对风能、海洋水能、太阳能等天然能源的整合开发，既为大大降低碳排放提供广阔的前景，更为整个自然界恢复自身的化污能力提供全新的平台和动力。因为"通过整合能效，诸如使用生物质能、风能、太阳能，以及在化石燃料与生物质燃烧时引入碳捕获措施，我们可以将大气层中的二氧化碳浓度降低到前面提到的可能浓度（甚至低于350ppm）。而做到这一点甚至可以不用扩大核电的规模。在不远的将来，具有商业可行性并相对低廉的技术将大有可为——提高效率、生物质供热、甘蔗中提取的乙醇、风能、太阳热与天然气都很可能将超越煤炭成为提供电能的主流。"②

第四，探索和创建低碳化的技术体系。无论是调整现有能源结构，还是开发太阳能、风能、海洋水能等新能源体系，都需要新技术。探索和创建低碳化的新技术体系，亦构成全球化污的基础性工程。这需要从两个方面努力：一是应该围绕开发生物质能源体系和太阳能、风能、海洋水能等天然能源体系而发展低碳化的新技术体系；二是应围绕碳的捕获与储存而发展碳捕获与碳储存技术，其根本目的是减少燃烧化石燃料导致的二氧化碳排放和其他污染。"碳捕获可以显著地降低温室气体排放，又不会引发环境风险。更重要的是，这项技术有利于让应对气候挑战中最可能受损害的利益团体——煤炭工业与煤电企业，参与到减排中来，不再是问题的一部分，而是解决方案的一部分。这也会让气候政策不那么有争议性，更容易实现，从而实现有实质意义的进展。"③

第五，全面提高各种生产技术和生活技术，降低能源强度，提高对二

① ［瑞典］克里斯蒂安·阿扎：《气候挑战解决方案》，杜珩、杜珂译，社会科学文献出版社2012年版，第55页。

② ［瑞典］克里斯蒂安·阿扎：《气候挑战解决方案》，杜珩、杜珂译，社会科学文献出版社2012年版，第64页。

③ ［瑞典］克里斯蒂安·阿扎：《气候挑战解决方案》，杜珩、杜珂译，社会科学文献出版社2012年版，第59页。

氧化碳及其他污染物的吸收能力。能源强度既指单位 GDP 产出的能源消耗量和污染度，也可指单位生活消费的能源消耗量和污染度。提高生产技术，降低能源强度，应从两个方面着手：一是对产品进行深加工与精加工，二是提升能源利用率。在由国家能源局、国家发展和改革委员会培训中心和美国自然资源保护委员会（NRDC）以及中美能效联盟共同主办的"2009 能效机制建设国际论坛"上，时任国家能源局能源节约和科技装备司巡视员陈世海对我国能源利用情况做了总体介绍，他指出，目前我国总体能源利用效率仅达到 33％左右，比发达国家低约 10 个百分点。其中，钢铁、电力、建材、化工、有色、石化、轻工、纺织等八个行业生产的主要产品，其单位能耗平均比国际先进水平要高 40％以上；我国的单位建筑面积采暖能耗，比气候条件相近的发达国家高 2—3 倍；机动车油耗水平要比日本高 20％，比欧洲高 25％。由此可以看出，全面提高各种生产技术、降低能源强度的空间巨大。因为，生产技术越低，单位产出的能耗量就越大，其污染度就越高。更重要的是，生产技术直接决定着生活技术和生活消费的污染程度，越是低技术生产出来的产品，其耗能就越大，产品及其运行所造成的污染也越大。比如汽车，其所排放出来的污染废气与耗油量的大小成比例关系，并且，汽车的排污技术高低与它直接排放出来的有毒污染物的多少成对应关系。家用电器亦如此。全面提高各种生产技术和生活技术，降低能源强度，不仅是提高能源利用率的基本方式，也成为降低二氧化碳排放和净化各种污染的重要方式。

提高能源效率，是任何领域都能做得到的事，管理本身就可能提高能源效率。比如城市交通管理能做到小堵车或不堵车，这是提高能源效率的最普遍的方式。"一项由雷诺汽车公司提供的研究数据显示，一辆 40 吨的拥有 440 马力的卡车可以根据交通状况的不同进行调节：在相同的行驶距离下产生的油耗可相差 10 倍。一个能够达到 75 千米/时的顺畅交通，其燃油消耗为 34 升/100 千米；而在交通繁忙时（几乎每 400 米一停），燃油的平均消耗上升至 160 升/100 千米，最后当遇到大塞车或者几乎每 100 米一停时，燃油消耗上升至 360 升/100 千米。总之，从 920 克/千米至

9.7千克/千米的二氧化碳排放量，证明了流畅的交通的重要性是不可否认的。"① 提高能源效率，一是可以直接减少二氧化碳排放量，降低各种环境污染；二是可以大大缩减成本，节约资金。比如"1994—2004年间，化学巨头杜邦公司在增产30%的基础上将气候污染物的排放降低了70%，仅此一项，杜邦公司就节约了20亿美元。美国国际商用机器公司、英国电信、加拿大铝业、诺斯克加拿大以及拜耳在20世纪90年代早期，通过减排60%，也节约了20亿美元。从1990年至2001年，英国石油公司减少了10%的排放，却减少了6.5亿美元的能源开支。"②

第六，展开社会整体动员，放弃高碳化的生产方式、消费方式和生活方式，重建低碳化的生产方式、消费方式和生活方式。

其首要任务是重建低碳化生存的价值体系、认知体系和行动方式，引导人们构建气候适应的生存态度和生活方式，改变浪费和铺张的生活习惯。"尽管气候变化并非我们刻意追求的目的，但是，我们仍然继续使用以化石燃料为基础的能源，同时我们的饮食结构仍继续严重依靠肉类制品，即使我们知道它们导致的排放会远远超过我们所公平分摊的大气份额。……我们知道气候变化的后果，再加上我们明知后者是一种公共资源，由此意味着我们该受责罚的行为正在侵犯发展中国家人民的基本人权。我们占用了超过我们应有的份额，而这对其他人来说意味着可怕的后果。"③

改变浪费和铺张的生活习惯，需要向自然学习，需要通过学习自然而学会在更为广阔的视野中适应自然。比如，抵御寒冷的能力，首先涉及适应的问题。从南方人对低气温的承受力角度看，北方的供暖时间完全可以缩短。比如，南方人可以在零度的气候水准上自然生活，那么，北方的供

---

① 〔法〕让-雅克·科纳特：《汽车的未来》，传神译，中国环境科学出版社2012年版，第30页。

② 〔瑞典〕克里斯蒂安·阿扎：《气候挑战解决方案》，杜珩、杜珂译，社会科学文献出版社2012年版，第48页。

③ 〔澳〕彼得·辛格：《为一个公正和可持续的世界重塑价值》，见〔英〕戴维·赫尔德主编：《气候变化的治理：科学、经济学、政治学与伦理学》，谢来辉等译，社会科学文献出版社2012年版，第192页。

暖时间向后推迟半个月或一个月，是完全可行的，而且，停止供暖的时间亦可以提前至少半个月，这应该没有什么问题，所需要改变的只是生活习惯而已。改变生活习惯，不是能不能的问题，而是愿不愿意的问题。一旦改变了这一生活习惯，不仅大大节约了能源，而且大大降低了污染和碳排放。又比如，根据人的体温所形成的气候适应力，人在 28℃—30℃的气温下完全可以正常生活，现在的空调生活方式是违背自然本性和宇宙规律的一种技术化生存方式，这种生存方式是在弱化人适应自然和气候的生存能力。基于增强人的身体力的需要，国家完全可以气候立法的方式规定，无论是办公或者家庭，夏天空调制冷温度至少应调整至 28℃以上，即 28℃以下的气温状况不能开空调。为保证如上制度实施，根据"谁享受谁付费"的原则，可在行政事业机关实行**办公空调开放个人收费**制度。其实，28℃以下不开空调的制度实施之于每个人来讲，同样是可以做到的，所需要的只是改变生活习惯。改变了空调化的生存习惯，也就改变了技术化生存的生活方式，使我们的生活低碳化。

第七，应该从制度、法律、政策、道德、经济等方面展开综合建设，全面推动利用厚生的可持续生存和简朴生活的方式，这需要从消费行为入手。

首先是进行社会整体动员，重建简朴生活的道德导向系统和法律保障系统，构建**过度消费就是犯罪**的生存理念。圣·安布罗斯（St. Ambrose）认为，"过度花费等于偷盗"。托马斯·阿奎那（Thomas Aquinas）在思考十戒律第八条"你不应该偷盗"时援引此语，并化出新意：过分的财富积累就是偷盗。如果富人把原本属于大众的东西据为己有，而不许别人使用，那么他就从别人那里偷走了属于大众的财富，所以是有罪的。"富国把属于大众的大气层用来过度排放温室气体，也是一种偷窃行为，因为这直接妨碍了易受干旱和洪灾侵袭的区域，使它们难以维持生计。"① 并且，"富人在过度排放温室气体时，不仅造成当地和全球性的污染，而且造成了其他道德上的伤害，这表明富人不仅在国内，也在国际上对穷人造成了

① ［英］迈克尔·S. 诺斯科特：《气候伦理》，左高山等译，社会科学文献出版社 2010 年版，第 80 页。

道德上的伤害"，所以，"一旦超过一定的排放量，富人就应该对其给穷人造成的伤害负有道德上的责任。一旦富人知道他们造成的伤害仍在继续，他们就不应该寻找借口放任排放这一行为，也不应该拒绝对穷人正在承受的伤害做出补偿"①。

其次应将节约和简朴生活作为国家准则，引导整个社会养成厉行节约、简朴生活的风尚。国家完全可以环境教育和政策推行的方式，展开全民生活节约。

再次应将消费纳入碳税体制之中，推行累进制的能源消费税和累进制的奢侈产品消费税。在这方面，瑞典已为我们提供了榜样。1991 年 1 月，瑞典制定了二氧化碳排放价格，即通过征收碳税，使煤和石油的使用更加昂贵，使用生物质能源更加经济。瑞典征收二氧化碳税，是全世界最早的也是最成功的气候政策，它推动"生物质能源的使用显著上升，而石油与煤则绝迹于区域供暖。同时区域供暖的网络极大地延伸，从而使更多的家庭与商业建筑不再使用石油取暖。既没要求人们改变生活方式，也没有从道德上追究企业的社会责任，上述改变自然而然地发生了。区域供暖的经理们从来没有梦想成为环境保护主义者或活动家；也从来没有试图撰写任何关于环境问题的书籍，却引领了向新能源体系过渡的潮流"②。

推行累进制能源消费税和奢侈产品消费税，是降解污染和排放的有效方式，也是气候消费的公正方式，谁在温室气体和污染排放方面消费得多，谁就应该付费，以此来补偿少消费和无能力消费的人们，这是道德的，而且也是应该倡导的。比如，你习惯于开汽车上下班或做其他事，你向大气中排放了温室气体和其他各种污染物，你必须为此付费，这笔费用应用于改善环境生态，比如发展免费城市公共汽车交通体系，为坐公交车或步行的人提供免费服务，使他们因不开车而得到应该得到的补偿，这是公正的，也是道德的。

---

① ［英］迈克尔·S. 诺斯科特：《气候伦理》，左高山等译，社会科学文献出版社 2010 年版，第 80 页。

② ［瑞典］克里斯蒂安·阿扎：《气候挑战解决方案》，杜珩、杜珂译，社会科学文献出版社 2012 年版，第 46 页。

第二篇

治理大气环境的社会路径

第四章 恢复气候的生境政治引导

在现有的普遍利益和权力结构下，一个恢复气候的运转框架不太可能以自上而下的方式一次性全部建成。这个方法将国际气候政治重新阐释为一个持续性的政治进程，力图在国家之间建立信任，并逐步从几种规制要素中构建出恢复气候的蓝图。虽然不需要预先创立一个全面的、具有法律约束力的协定，但是它仍然致力于为气候活动建造一个全方位的国际框架。

——罗伯特·福克纳、汉尼斯·斯蒂芬《后哥本哈根时代的国际气候政策——转向"支撑板块"模式》

在当代进程中，气候失律导致气候灾疫频发，并危及人类存在安全和可持续生存，为此，恢复气候成为必然，也以此孕育了全新的气候政治学并使之诞生。气候政治学研究就是为恢复气候提供政治引导智慧和方法。气候政治学须获得全球视野和世界胸襟，解决在恢复气候问题上所出现的认知冲突、伦理冲突、利益冲突、责任冲突，为全面恢复气候搭建全球政治共识桥梁，并以原则政治原则、生境政治原则、责任政治原则为根本准则和价值导向，探讨气候权力规范，构建社会公正和气候资源平等分配的全球框架，为从根本上解决"气候何以得到恢复"和"人类何以实现自救"铺平广阔的政治道路。

一、恢复气候的生境政治问题

1. 气候失律的政治学实质

气候失律将导致社会政治解体　在今天，气候失律成为一个世界性问题。作为问题，它源于"气候的影响并不决定事物发展的方向，但'它却取消了先前生存方式的延续性'"①。这方面的例子不可胜数。德国史学家沃尔夫刚·贝林格（Wolfgang Behringer）认为，在人类历史进程中，气候动荡总是造成社会对统治者的合法性的质疑。因而，"掌管公共机构的国王或牧师必须在其文化参数中回应自然条件的恶化。如果危机处理手段不充分，那么宗教和政治危机就会伴随着社会和经济危机而出现，最终导致政权倒塌或文明崩溃"②。古史学家们研究发现，古埃及文明衰落的最终原因是气候，因为气候失律，使尼罗河停止泛滥，导致公元前 1768 年开始大饥荒，法老和他所统治的王朝的合法性遭受质疑，正是这种广泛的社会质疑最终导致了法老统治的崩溃。③ 印度学研究表明，古印度河流域文明在三千多年前终结，仍然要归因于气候的持续突变所引发的巨大环境灾难。考古学家们提供了这方面的证据：大约公元前 1700 年，因气候突变，印度河流域突然干涸，农作物大面积歉收，城市缺少食物供应，其灾难性后果就是人口随着城市的消失而消失，印度河流域文明随之被遗忘。④ 大约公元前 1500 年左右，来自于南亚的游牧民族才在一次印欧人的移民潮中涌进该地区定居。⑤

在中国人的常识里，经历 640 多年的商朝（公元前 1766—前 1122年），其灭亡是因为政治的腐败，但实际上却是为气候所断送。在商朝最后几十年里，这个拥有广袤土地的帝国上空出现了巨大的气候动荡："干雾"遮住太阳，反常的寒流嗜掠，在正常情况下，七月的黄河流域是非常热的，但却出现霜冻，整个黄河流域夜间冰冻，庄稼歉收，饥荒四起，连

---

① ［德］沃尔夫刚·贝林格：《气候的文明史：从冰川时代到全球变暖》，史军译，社会科学文献出版社 2012 年版，第 59 页。

② ［德］沃尔夫刚·贝林格：《气候的文明史：从冰川时代到全球变暖》，史军译，社会科学文献出版社 2012 年版，第 61 页。

③ Barbara Bell, "Climate and the History of Egypt: The Middle Kingdom", *American Journal of Archeology*, Vol. 79 (1975), pp. 23—69.

④ G. Singh, "The Indus Valley Culture", *Archeology and Physical Anthropology in Oceania*, Vol. 6 (1971), pp. 177—189.

⑤ Hermann Kulke and Dieter Rothermund, *Geschichte Indiens*, Munich: C. H. Beck, 1998, pp. 9—13、25—44.

续干旱七年之后，尾随而来的却是暴雨和洪灾。正是这些因素导致了强大商朝的覆灭。气候变化形成的巨大社会动荡，一直持续到周朝的初年。[①]大汉朝的衰落与消亡，虽然有其他很多因素，但其中最重要的因素却是气候的巨变与恶化。"中国汉朝的衰落与罗马帝国的衰落是同时发生的。皇室冲突和遗产争夺无疑对此起到一定的作用，宗教引发的民变也是原因之一。与罗马军营皇帝们的时代一样，军队接管了政治。220 年，大汉帝国被军阀们瓜分了（'三国时代'）。严寒、干旱、歉收与饥荒加剧了帝国的衰落。长江不止一次全面结冰，大江大河在干旱的年份中多次干涸。309 年，人们不打湿脚就有可能走过黄河或长江的河床。自然生活的艰辛，以及政府的无能，激发了骚乱和起义。"[②] 中世纪，古老的玛雅文明突然崩溃，其崩溃之谜引发出许多的说法。但史学家们研究却发现，战争、人口过剩等因素虽然很重要，但真正导致玛雅文明崩溃的根本原因是人类活动，这就是玛雅人对境内地球资源的过度开发和对境内环境的无限度破坏。考古学家理查德森·吉尔（Richardson Gill）指出，在过去七千年间最缺水的时间是公元 800—1000 年，在这个时期，玛雅社会先后经历了四次极端干旱，即公元 760 年左右持续干旱多年、公元 800 年左右持续干旱 9 年、公元 860 年左右持续干旱 3 年、公元 910 年持续干旱 6 年。"干旱掠夺了文明的存在基础，危机中的饥荒使人口暴跌，战争与暴乱只是最后一击。"[③] 导致玛雅文明灭亡的主要原因是环境恶变。[④] "玛雅人所生活的美洲，是广大的热带雨林地区，其水源丰沛。玛雅人进入农耕时代，实行的是刀耕火种的农业模式。在热带雨林气候条件下，这种农业模式需要烧尽植物和被砍伐植株变成肥料来促进谷物、玉米、南瓜、豆子和葫芦的丰

---

① ［德］沃尔夫刚·贝林格：《气候的文明史：从冰川时代到全球变暖》，史军译，社会科学文献出版社 2012 年版，第 66 页。

② ［德］沃尔夫刚·贝林格：《气候的文明史：从冰川时代到全球变暖》，史军译，社会科学文献出版社 2012 年版，第 75 页。

③ Richardson B. Gill, *The Great Maya Droughts*: *Water*, *Life and Death*, Albuquerque: University of New Mexico Press, 2001.

④ Kenneth J. Hsu, *Climate and Peoples*: *A Theory of History*, Zurich: Orell Fussli Publishing, 2000, pp. 88—97.

产。谷物高产，推动人口快速增长，快速增长的人口反过来又需要更高产的粮食。如此循环，变成一种直接的砍伐森林的运动，不断地拓砍更多森林。另一方面，农业激进发展造成的土地质量退化对该地区的生态系统构成了更多压力。满足每平方公里 25 人需要的农业系统不能供养每平方公里 250 人。玛雅人在热带地区毁林造田，修建市镇、宗教以及公用建筑，最终导致这片区域环境崩溃。"① 但玛雅人砍伐森林的行为可追溯到3000—4000 年前，将森林变成开阔的耕地，发生在公元 1 年到公元 1000年之间。由此可以看出，地球环境的退化，是一个异常缓慢的历史进程，并且由诸多因素造成。

气候失律的政治学实质　乌尔里希·贝克在《世界风险社会》中指出，自冷战结束以来，人类进入了风险社会，全球生态危机形成。客观地看，形成世界风险社会和全球生态危机的核心问题是气候问题，气候失律正一步步演变成为时代的主导性话语，"气候变化的主导话语，在世界政治领域具有实质性的垄断地位，但却是指向未来的。不过，从社会学的视角来看，气候变化在'当下'已经发生了，并且正在转变政治、经济、科技、法律、军事和文化等方面的视野，而且速度非常之快。也就是说，风险是一个涉及当前-未来预期的问题。与此同时，气候变化已经从'低级政治'向'超级政治'转变：气候变化议题的潜力如此之大，以至于能够重塑社会和政治的视野。没有一个政党敢于宣称自己忽视气候变化"②。气候失律改变着一切，尤其改变着政治，因为气候失律激活了政治的敏感性，激励政治敏锐地获得两个方面的发现。一是气候失律制造出人类存在的窘迫和生存的艰难转向，先前的存在姿态和生存方式，包括生产与消费方式都将不得不发生根本性改变，而且这种改变不是朝着物质更加丰裕的方向，而是需要朝着更为简朴和节俭的方向改变，这对已奢侈成性的人类

---

① Charles L. Redman, *Human Intpact on Ancient Environments*, Tucson: University of Arizona press1999, p. 142

② ［德］乌尔里希·贝克：《"直到最后一吨化石燃料化为灰烬"：气候变化、全球不平等与绿色政治的困境》，见［英］戴维·赫尔德主编：《气候变化的治理：科学、经济学、政治学与伦理学》，谢来辉等译，社会科学文献出版社 2012 年版，第 136—137 页。

来讲异常难，所以，气候失律成为一个世界性难题。二是气候失律本身就是一个问题，而且这个问题伴随着气候失律的持续强化变得异常复杂，这种复杂性所体现出来的方方面面最后都联结到政治，政治构成了气候失律所产生的问题网络的"网结"。这是因为气候失律从根本上动摇了人类存在安全和国家可持续生存及发展，人类要存在，国家要可持续生存，必须面对气候。一旦面对气候，不仅涉及气候失律所产生的物理效应问题，解决它的经济成本和收益问题，以及由此产生的无穷无尽的争议问题，这些问题使气候政策的制定和实施变得异常困难，更重要也是更根本的问题，是气候失律还涉及权力、社会公正和分配正义。气候权力、社会公正、分配正义，此三者构成恢复气候的政治学实质。恢复气候的政治学之所以涉及气候权力、社会公正和分配正义等问题，是由如下因素所制约和推动的。

首先，一方面，大气层是一个公共资源场，没有任何人、任何公司、任何国家可以拥有它或垄断它；另一方面，在自然状态下，任何人、任何公司、任何国家都可以任意地向大气层排放二氧化碳和各种污染物，更可以任意地破坏气候；并且，任何人、任何公司在其本国范围内排放的污染，并不完全地停留于该国境内，它总是要流动而成为全球之物。由于这三个方面的原因，使大气本身成为一种稀缺资源，一旦遭受破坏，它就沦为无。并且，也由于这三个方面的原因，大气最容易遭受破坏，气候失律就是大气遭受全面破坏的表征。

在当今世界，大气遭受破坏而导致气候失律，其直接推动力是工业化、城市化、现代化竞争，这种竞争的实质是各种权力和各方权力的角逐。在各种权力和各方权力的角逐中，发达国家始终是赢家，最发达的国家牟取到最大的利益。反之，越不发达的和越贫困的国家，就越遭受利益和资源的剥夺，并接受同等的甚至更为严重的污染。具体地讲，在工业化、城市化、现代化进程中，经济越发达的国家，所排放的二氧化碳等废气和各种污染物就越多，其造成的权利侵害就越普遍、越严重。所以，大气破坏、气候失律造成了全球性权利侵犯、资源掠夺和利益损害。并且，大气破坏、气候失律越严重，整个人类社会就越缺乏公正，越丧失道德。

其次，气候失律带来的不仅是自然的变化，更是人类社会的变化。因为气候失律进一步增加了资源的稀缺度，并由此引发稀缺资源的争夺与战争。从这个角度看，气候失律造成了市场波动，因为气候失律使生产范围改变、生产方式改变、消费内容改变、消费方式改变。气候失律更带动生产成本、生活成本、消费成本不断增加。更为重要的是，气候失律造成了许多区域丧失了居住条件，推动全球性移民潮流的兴起。"气候变化并不仅意味着海平面上升、降雨区的地理或物理转移以及迅速推进的沙漠化。这些重要的关切应该'补充'以所谓的'社会含义'，比如围绕稀缺资源的斗争、市场波动、战争以及移民。"① 比如，2008 年汶川灾后重建，集全国之力并以最快速度、最短时间建设起新环境、新基础设施、新生新活条件，但也有一些地方又在其后几年中遭受气候灾害（比如都江堰、绵阳、北川等地）②，面临再重建。重建后的被汶川大地震波及的地区继续遭受气候灾害以及由此引发的系列地质害灾这一生存境况表明：不适宜人居住的地区，强行居住带来的只是年复一年的灾难。这些灾难加大了国家安全和社会安全的成本，并从而使原本匮乏的资源更加稀缺，与此同时也带来了严重的分配不公正，因为更多的物质、资源、社会财富将不断地以救灾和重建的方式流向这里，从而影响了整个社会的资源、财富分配，削弱了整个社会分配的公正程度。

2. 气候政治学的对象范围

气候失律制造了地球危机和人类危机，这种危机集中表现为人类存在安全根基的动摇和可持续生存所需的环境的死境化。为了存在安全和可持续生存，人类必须自救。其自救的根本指向就是治理灾疫、恢复气候。在

---

① ［德］乌尔里希·贝克：《"直到最后一吨化石燃料化为灰烬"：气候变化、全球不平等与绿色政治的困境》，见［英］戴维·赫尔德主编：《气候变化的治理：科学、经济学、政治学与伦理学》，谢来辉等译，社会科学文献出版社 2012 年版，第 136 页。

② 参考汪万里、邱瑞贤：《映秀两年内遭遇两次大劫 拟建永久大坝保卫新城》，《广州日报》2010 年 8 月 20 日；《山洪泥石流重创汶川地震灾区 305 万人受灾》见 http://news.sina.com.cn/c/2010-08-15/085817967008s.shtml；《四川绵竹金花镇遭遇泥石流 550 人连夜紧急撤离》，见 http://news.163.com/10/0820/09/6EH6N85O0001124J.html。

第一篇中，我们探讨了恢复气候的语境要求和现实可能性，揭示了导致气候失律的两种情况：一种情况是偶然失律，另一种情况是持续失律。推动气候偶然失律的主要原因是天体运行，具体地讲是太阳辐射与地球轨道运动的周期性发生偏差所导致；导致气候持续失律的主要原因，是地面性质的改变和生物活动的失律，更具体地讲，是由人类活动过度介入自然界，改变地表结构和气候过程并向大气层排放各种温室气体和污染物所造成。前一种失律的气候要获得时空韵律的恢复，人类无能为力，只能由天体运行本身来解决。所以，面对这种情况的气候失律，谈论恢复气候毫无意义。只有由于人类活动过度介入自然界和气候所导致的气候失律，才具有通过人力而治理恢复的可能性和现实性。本书所讨论的"恢复气候"的主题，就是在这一语境范围内展开的。在这一语境范围内，人类活动导致气候失律，气候失律呼唤恢复气候，恢复气候必然要求政治予以回应，并全面改变自己而引导治理。由此，气候政治学研究的对象范围明朗了。

首先，恢复气候的目的就是恢复气候的时空韵律。然而，恢复气候时空韵律却是一个异常复杂的问题，这种复杂性主要来源于两方面客观事实的制约：（1）气候的恢复不能靠天体运行本身来弥合，它需要人类改变自身活动才能够实现，因而，恢复气候涉及到**利害**问题，而利害问题之于人类来讲，是一个异常复杂多变的、没有固定位态的问题；（2）气候是一种全球公共资源，任何人、任何社会组织、任何国家都不能拥有它，但任何人、任何社会组织、任何国家都可以无限度和无节制地运用它。前一个事实要求恢复气候必须进行利害权衡，必须选择或重建一种普适的利害权衡规则系统和方法体系；后一个事实要求恢复气候必须构建行为的共守边界和予取的应有限度。要解决这两个方面的问题，科学无能为力，经济学以及社会学也做不到，伦理学更是如此，虽然伦理学可以为其提供原理、规范和方法论。唯有政治才能担当此重任。所以，气候失律使政治登上了恢复气候的舞台而形成气候政治学。气候政治学就是恢复气候的**权衡**科学。恢复气候成为气候政治学研究的基本对象。

其次，在当代社会，由于气候失律的根本之因是人类活动过度介入自然，恢复气候就不仅仅是治理和恢复气候相关环境生态的问题，比如治理大气层、恢复地面性质等，而且必须治理人类活动，即只有通过对人类活动的全面治理，才可能实现恢复气候。治理人类活动，当然是限制人类介入自然界和气候的范围、降低人类介入自然界和气候的频率，但更要改变人类介入自然界和气候的方式。这两个方面的治理行动所形成的最终所指，是要改变人类的活动方式、活动范围，具体地讲，是必须改变人类的存在姿态、生存方式、生产方式、消费方式和生活方式。所以，恢复气候本质上是人类全面改变自己或者说重建自己的过程。改变人类自己、重建人类自己，构成气候政治学研究的深度对象。

再次，气候政治学应通过对与气候相关的环境治理和人类自我改变两个方面展开整合研究，为全球协作恢复气候提供政治层面的行动操作方案和实施的思想、智慧与方法。以此观之，气候政治学是全球恢复气候的引导科学。"气候变化是至今为止最大的问题。其中一个重要的原因在于，解决气候变化问题需要通过一个全球性协议。我们也许可以在当地解决其他问题，但因为大气是一种共享资源，为阻止其恶化，我们需要一种所有成员参与的全球协议。我们所需要的方案不仅需要在科学上是可靠的，也需要能够被所有主要国家所接受。气候变化代表一种典型的全球挑战，一种只能在对正确拯救行为达成全球一致后方可解决的挑战。"① 气候政治学对恢复气候的引导功能，集中体现在两个面：第一，为全球达成恢复气候的共识提供共享的政治思想基础和认知智慧；第二，通过研究如何恢复气候，而为国际社会和国家社会恢复气候提供可供参考的政治层面的行动方案，包括治理实施的路径、手段、工具和方法。

由于如上三个方面的规定性，气候政治学完全超出了传统政治学的地域论特征和国家利益主义的范畴，获得了全球化特征和世界主义诉求。

气候政治学的全球化特征主要体现在三个方面。首先，气候政治学所关注的环境是气候环境，气候环境是地球生命和人类得以安全存在并展开

---

① ［英］戴维·赫尔德主编：《气候变化的治理：科学、经济学、政治学与伦理学》，谢来辉等译，社会科学文献出版社 2012 年版，第 9—10 页。

有序生存的宇观环境，但它的首要构成要素仍然是地球环境，所以，气候政治学是研究地球生命和人类安全存在的地球政治学，也可以看成是一种大地政治学。其次，气候政治学所关注的气候环境还包括大气环境、宇宙环境，从这个角度看，气候政治学又是一种大气政治学或宇宙政治学。其三，从整体论，气候政治学所关注的环境是地球环境、大气环境和宇宙环境整合所形成的宇观环境，所以气候政治学是一种**宇观**政治学。

　　气候政治学的世界主义诉求呈现出两个方面的价值导向：第一，气候政治学所探讨的气候政治是生命主义的，因为气候失律危及到地球生命的存在，包括危及到地球生命的多样性存在和物种的可持续存在问题；第二，气候政治学所探讨的气候政治更是人类主义的，因为气候失律从根本上危及到人类的存在安全和人类的可持续生存。

　　由于其全球化特征和世界主义诉求，全球和人类从两个维度构成了气候政治学研究的边界，这一双重边界规定要求气候政治学必须具备全球视野和人类视野，必须在全球视野和人类视野下展开恢复气候研究。

　　由于其全球化特征和世界主义诉求，气候政治学既体现政治世界主义的现实主义要求，更体现政治世界主义的理想主义方向：气候政治学具有政治世界主义色彩，其现实要求就是一切政治利益必须让位于气候利益，一切制度隔阂，一切政治纷争，一切矛盾冲突甚至军事斗争，都须通过恢复气候而谋求化解，而达向真诚的全球合作。因为在气候失律的当代境遇中，"世界的每一个群体、每一种文化、每一个民族、每一种宗教和每一个地区，都生活在同一个未来的当下，而且这种未来对所有人都构成威胁。换句话说，如果我们要生存，就必须包容那些曾被排除出去的人们。气候变化的政治必然是包容性和全球性的，它是世界主义的'现实政治'（Realpolitik）。"① 气候政治学作为政治世界主义，其理想方向必是全面恢复气候，重建地球生境和大气生境，使人类重获其存在安全的根基和可持

---

① ［德］乌尔里希·贝克：《"直到最后一吨化石燃料化为灰烬"：气候变化、全球不平等与绿色政治的困境》，见［英］戴维·赫尔德主编：《气候变化的治理：科学、经济学、政治学与伦理学》，谢来辉等译，社会科学文献出版社 2012 年版，第 150 页。

续生存的土壤。

3. 气候政治学的根本问题

气候政治学研究涉及表面对象和深度对象两个维度：气候政治学研究的表面对象是恢复气候，气候政治学研究的深度对象是人类自救。由此形成气候政治学研究的核心问题有二：（1）气候政治学必须解决失律的气候何以得到治理的问题；（2）气候政治学必须解决人类何以能够实现自救的问题。

气候政治学必须架设达成全球气候共识的坚实认知桥梁　失律的气候何以得治的问题，并不只是一个寻求并构建治理的行动方案和实施方法的问题，虽然对这个问题的解决非常重要，但根本前提却是关于恢复气候的人类认知重建，即认知的重建才构成恢复气候行动方案及实施方法构建的绝对前提和基础。

解决失律的气候何以得到治理的问题，之所以需要首先解决认知重建问题，在于气候失律不仅在事实上改变了世界的一切存在和使存在的一切发生改变，而且由此引发出如下方面的多元冲突：

一是气候失律造成了人类的知识冲突。这是因为在人类的知识经验中，气候始终属于纯粹的自然，它的运行独立于人类活动之外，人类活动也无法干涉它。因而，气候失律是纯粹自然的事，恢复气候几乎不可能。当提出恢复气候，并要构建恢复气候的政治学，这就使人类经历几千年所构建起来的知识体系暴露出明显的局限，即人类原有的知识体系已经无法为人们提供恢复气候的知识基础。然而，新的关于如何恢复气候的知识体系尚未获得整体性建立，关于重新认知气候、恢复气候失律的零星的知识，很难在生存认知和知识构建方面起到应有的导向作用；相反，那种激励和引导人们滑向地球死境方向的原有知识体系与之发生了不可调和的冲突。这些冲突加剧了人们认知气候和恢复气候的两难性和怀疑论取向。

二是气候失律造成了人类生活的伦理冲突。在当代，气候失律的最终原因是人类活动。人类活动过度介入自然界的内在根源，是以人为中心的伦理观念和道德体系，这种征服主义的伦理观念和道德体系，构成了如上知识冲突的根源。恢复气候所需要的伦理观念和道德体系，必须是突破人类中心主义的认知模式和价值导向，要构建起"生命-人本"主义的伦理认知范式和道德规范体系，这种新型的伦理观念和道德体系，将彻底地抛弃物质幸福目的论、片面的自然征服论和单一的经济发展观，而构建生境幸福目的论、"人、生命、自然"和"人、社会、环境"共互生存的生境伦理和道德体系。这种需要创建的生境伦理和道德体系，将与人类的征服主义伦理观和道德体系形成不可调和的冲突，这种冲突需要借助政治的方式来求得最终的解决。

三是气候失律造成了人类生存的责任冲突。通常，"责任"这个概念只运用于人类范围，它以人为担责的主体，并最终以人为施责的对象，因而责任意味着人与人之间的要求，但恢复气候却拓展了责任的适用范围，它不仅指涉人，也将施及自然、地球、大气以及地球生命：恢复气候首先要求人类为气候的周期性变换运动担当责任，具体地讲，就是为大气生境化和地球生境化担当责任。并且，唯有当人类为恢复气候担当起全部的责任时，才可为人类自己担当起存在安全和可持续生存的责任。然而，传统的唯人本责任观与恢复气候所需的"生命-人本"责任观之间，同样形成了不可调和的矛盾与冲突。因为这种来源于责任的矛盾和冲突，最终表现为人类利益和自然利益、气候利益的矛盾和冲突，即要维护自然利益和气候利益，必须相应地节制人类的自我利益欲求，并要求人类必须放弃无限度地向大自然索取利益，只能是有限度地谋取自然资源、地球资源和气候资源。这一要求不是指向个别国家、个别群体、个别人，而是要指向整体、全人类、每个国家，无论发达国家或发展中国家，都必须这样做，这就形成了限制性。然而，并不是整个人类、每个国家、所有群体和每个人都能接受这种限制性，因为利益而放弃责任，以及为了利益而无视责任，构成了恢复气候的责任冲突，化解这种冲突的最终方式，只能通过搭建一种平等的国际政治平台，才能够在协商中达成。

四是气候失律造成了人类的利益冲突。恢复气候所面对的最大难题，就是利益难题，它主要展开为两个方面。首先是利益补偿所带来的冲突，即在造成气候失律的历史进程中，发达国家排放了太多的二氧化碳及其他温室气体和污染物质，使发展中国家遭受太多的气候灾难，一旦要实施恢复气候，必然要涉及历史性的补偿问题，这个问题一旦被推向前台，它就构成发达国家、发展中国家之间的尖锐矛盾冲突。其次是利益分配所带来的矛盾冲突，即面对不断持续强化扩张的极端气候，要谋求真正的和全面的治理，必然要涉及到温室气体排放权的分配问题，温室气体排放权的分配实际上是利益分配，这种利益分配必然涉及公正问题，即遵循什么原则、依据什么标准、按照什么方式来进行气候利益分配的问题，将政治推向恢复气候的中心舞台，以谋求达成一种普遍认同的政治共识。回顾自1972年斯德哥尔摩召开世界环境会议以来，到2016年马拉喀什召开的第二十二届世界气候大会，恢复气候的国际共识最终没有完全达成，究其实质仍然是这两个方面的利益冲突至今没有找到使大多数国家都能认同的最佳解决途径。

如上四个方面的冲突，构成恢复气候的实质性障碍。只有对这些实际性障碍进行排除，恢复气候的行动方案和实施途径、方法才可得到构建。排除这些阻碍恢复气候的实质性障碍，即知识冲突、伦理冲突、责任冲突和利益冲突的根本前提，是消解传统的认知观和价值观，重建全球化和世界主义的存在观和生存观、认知观和价值观、行动观和利益观，这一工作只能靠政治协商、政治磨合来实现。并且，重建全球化和世界主义的存在观和生存观、认知观和价值观、行动观和利益观，构成了恢复气候的奠基任务，亦成为气候政治学所必须解决的首要根本问题。

气候政治学必须开辟人类自救的广阔道路　气候政治学所要努力解决的第二个根本问题，是人类如何通过恢复气候而实现自救。在气候失律面前，开辟人类自救的政治学道路，必须借助恢复气候来实现。

借助恢复气候而开辟人类自救的政治学道路，首先指恢复气候只是人类自救的手段和途径，人类自救才是恢复气候的真实目的。从恢复气候到人类实现自救，这其中的标志就是降解污染，重建地球生境。

借助恢复气候而开辟人类自救的政治学道路，必须确立一个质朴的认知：人类活动对环境生态——包括地球环境生态、大气环境生态——的影响并无界限，但人类活动对环境生态的影响亦有限度，前者揭示人类介入自然界没有阻碍，人类的能力构成它介入自然界的最终边界；后者揭示人类为其在自然界中安全地存在和谋求可持续生存，必须要克制自己的欲望，节制自己的能力，以理性作为介入自然界的尺度，而不是以能力作为介入自然界的边界。然而，人类到底是选择无界限地介入自然界还是有限度地介入自然界，最终并不取决于个人，而是取决于人类整体，更具体地讲，取决于每个国家持有的存在姿态、生存取向和实际的行动方式。

要使每个国家在介入自然界的问题上持有共同的存在姿态、生存取向和实际的行动方式，需要解决如下五个方面的基本问题：

其一是环境生态与政治的关系问题。客观地看，环境生态问题实质上是人类与自然的关系问题。人类与自然的关系原本是一种血缘性的亲生命关系，这种亲生命关系所体现出来的是一种自然伦理。但随着人类能力的形成和不断提升，人类与自然的关系产生了实质性的变化，这种变化使人类与自然的关系摆脱了单纯的自然伦理而获得了政治的、经济的、美学的、历史的以及社会学等方面的含义。由此，人类与自然的关系变成了异常复杂的关系，在这种复杂的关系构成中，最重要的是政治关系，因为人类与自然之间的空间关系或时间（即历史）关系，最终都由政治来决定。客观地讲，环境生态本质上是政治的，所以，环境生态问题当然要通过伦理的方式来解决，但伦理要成为解决环境生态问题的实际方式，仍然必须借助政治才能实现。政治是解决环境生态问题的根本方式，即通过对政治方式的全面启动，伦理方式、经济方式、美学方式等其他一切方式，才可真正成为解决环境生态问题的实际方式发挥作用。

其二是人类的惰性问题。从根本讲，在存在及其敞开的生存进程中，人类总是将其本性和能力转化为习惯，并以习惯的方式来展开生存。以习惯为存在敞开的根本方式，构成人类存在和延续的传统，也构成人类谋求生存发展的惰性力量。恢复气候，重建环境生境，本质上是与人类习惯性存在的惰性力量做斗争。这种斗争必然涉及政治，并且也必然要借助政治的力量才可完成。

其三是恢复气候与政治作为在时间上的差异性问题。在气候失律的当代境遇中，要真正解决环境生境问题，必须借助政治方式。但政治方式需要政府和人的运作，由于人类的惰性和利己冲动，政府和人运作政治方式来治理环境，既可能与既定的政治目标和政治方式相一致，也可能与既定的政治目标和政治方式相违背。"对这些巨大惰性的担忧从一开始就给我们提出了两个问题。一方面是生态上和政治上的时间性不同：什么样的政治家愿意做出对生态来说很关键但并不得人心的决定？因为不论是他还是他的选举者都将看不到结果。在生态上，时间的脚步是按世纪来计算的，而在政治上却是一次选举的任期。另一方面，我们都知道某些环境的恶化在社会科学上是无法逆转的：生态系统的健康有一个不可逆转点。"① 气候环境的治理是长远的事，其效益始终在未来，受益在后代；政府和政治家所需要的信任和拥戴却必须在当下兑现，或者更明确地讲，政府和政治家所努力做的一切，都希望能够使自己在当下受益，这具体表现为"政绩"，因为它可以换算成为实实在在的选票。这就是恢复气候与政治作为在成效上所形成的时间上的差异。这种差异源于更深刻的人类惰性和利己冲动。人类惰性和利己冲动可能会导致运作政府的政治家们墨守成规，因为恢复气候、实现环境生态变革本身就存在风险，就是当下利益的付出或者要对当下的利益谋求予以限制，因为恢复气候、维护环境生态而形成的变革风险和利己冲动所形成的这种阻碍，将影响政绩，影响选民的信任，更影响自我利益。如何解决恢复气候的未来效益与政治作为的当下兑现之间的时间差异性，使政治作为指向恢复气候的实际努力，这就要气候政治学研究为其提供解决认知的根本智慧和方法。

其四是如何更为理性地面对人类介入自然界所形成的不可逆转的现实和未来的各种可能性问题。我们为了更好地生存而挺进自然，改变地球环境生态，造成气候失律，所实现的是不断增长的物质财富和更高的物质生

---

① ［法］帕斯卡尔·阿科特：《气候的历史：从宇宙大爆炸到气候灾难》，李孝琴等译，学林出版社 2011 年版，第 272 页。

活水平。这种努力形成两种不可逆转的结果。一种是不可逆转的人类结果，就是追求无止境的经济发展和更富裕的物质生活的欲望、雄心和能力，无可逆转地被刺激、被强化、被提升，并由此形成一种无可逆转的生态惰性，即面对千疮百孔的地球环境和日益恶化的气候状况，人们（包括个人、社会组织、政府）总是难以放弃持有的任何东西，难以改变对无止境的经济发展和更富裕的物质生活的欲望和能力，难以用今天的成就和现有的财富与力量去维护、修复、缓解被征服的自然、被破坏的地球生态和失律的气候。由此形成另一种不可逆转的存在状况，这就是地球环境生态出现死境化朝向，气候更加无序而暴虐地运行，并且这一死境化态势在人的无止境的物质幸福论雄心和生态惰性推动下，同样成为一种不可逆转的存在事实。这两种不可逆转的存在事实一旦全面发生，必然形成一种合力，将我们推向存在的悬崖。"如果我们所有的生态惰性（包括气候的和地球的）以及所有生态系统平衡破坏中的不可逆转点结合起来，会得到一个理论上的合力，也就是说，是我们面前的一个我们再也无法回头的时刻。我们从这个假设中看不出一点灾变说的痕迹：哎！它是非常合乎情理的。更糟的是：如果我们将这个推理更深入一些，我们根本没有证据说明这个不可逆转点还没有被超越，因此，明确地，不可避免地已经太晚了。在目前的科技水平下，我们没有任何方法来了解这一点。"[1] 历史学家帕斯卡尔·阿科特的悲观恰恰是气候政治学的起点。气候政治学必须解决的问题就是如何寻求到一种超越人类生态惰性和利己冲动的政治智慧，来化解这两种在目前看来不可逆转的存在状况，并通过恢复气候的行动全面化解存在悬崖，重获存在安全的地球根基和可持续生存的气候土壤。

其五是人类的超利益眼光和政治的魄力问题。为了扭转横亘在人类面前这两个看来不可逆转的存在事实，气候治政学必须担当起一项最为实在的工作，那就是如何更卓有成效地开发政治智慧并调动一切政治力量，唤醒人类自我卓越的天赋激情，培育人类自觉放弃更多的舒适和享受的超利

---

[1] ［法］帕斯卡尔·阿科特：《气候的历史：从宇宙大爆炸到气候灾难》，李孝琴等译，学林出版社 2011 年版，第 272 页。

益羁绊的眼光。这种超利益羁绊的眼光要成为人类的共有眼光，需要政治家和政府为了更好的未来而耕耘现在的魄力。这种魄力就是为自己的过去担当责任，并将这种责任与再造人性、重塑人类的行动融为一体，落实在当下恢复气候的行动与过程中，以促进每个人在日益恶劣的地球环境生态面前，在不断持续强化的气候失律和气候灾难面前，学会去掌握永续存在的命运。"无论如何，对社会主义生态系统灾难性的具体经验的总结，和同样糟糕的资本主义的总结显示出了这两种体制的一个共同的特点：显而易见，各地都缺少个人对于他们的社会和生态命运的掌握。在水俣（Minamata），在博帕尔（Bhopal），在切尔诺贝利（Chernobyl），在三里岛（Three Miles Island），在西伯利亚（Siberia），在亚马逊古陆（Amazonie）和其他地球上的任何地方，那些真正的财富创造者（工人、生产工程师、农场主、饲养员、渔夫，还有那些遭到危险的或者被破坏地区的其他居民）不管是法律上还是实际上，从来没有办法参与到这些可能导致灾难的过程中。世界各地的纯粹而冷酷的自由主义或者是暗中的和盲目的官僚主义者曾经而且现在仍然要对全球变暖负责，对生态系统运行机制的破坏负责，对世界之美的毁坏负责，对生物圈里灵巧的居民的脆弱的幸福负责。不同时改变人类之间的破坏性的关系而试图改变人类与生物圈的破坏性关系的想法只会是一个幻想：等待我们建立的是一个人类解放的生态学。"①这种真正解决人类自救问题的生态学，就是气候生态学或者说宇观环境生态学。这种真正解决人类自救的生态学要获得真正的建立，需要气候政治学为其提供启航的智慧与方法。

4. 气候政治学的实践原则

气候政治学的实践指向　气候失律将权力、公正、分配这三大基本的社会问题突显出来，使它们成为恢复气候的主题，并构成气候政治学研究的实践指向。"气候变化迫使我们认识到，建立有效制衡的唯一途径是公平和平等。只有在我们自己的决定中考虑到别人——穷人之时，我们才能

① ［法］帕斯卡尔·阿科特：《气候的历史：从宇宙大爆炸到气候灾难》，李孝琴等译，学林出版社 2011 年版，第 273—274 页。

保护自己并有效避免气候变化的影响。因此，世界主义的现实政治是倾听的政治和全球正义的政治。"① 面对持续恶化的气候失律而展开恢复气候的实践行动，所要解决的根本问题有二：一是要解决气候失律所带来的涉及各方面的不平等，二是为解决此一不平等而必须构建一种世界主义的平等政治框架。气候政治学的实践指向，就是为很好地解决这两个问题而提供实践的原则、路径与方法。

无论是在国家层面，还是在全球层面，任何形式的风险都伴随着不平等。尤其是气候失律所带来的全球化风险，更是造成全球化的不平等，而且还是立体辐射的不平等，因为气候失律既是过去不平等的现实延续，也是现实不平等的整体呈现，更是未来不平等的潜在蕴含。并且，气候失律所造成的不平等，既是气候灾难的不平等降临，也是存在安全和可持续生存风险的不平等生成，更是经济、政治、物质生活水平和污染损害等方面的不平等分配。进一步看，气候失律所制造的不平等，蕴含一种风险与权力的关系：气候失律制造出更大的风险，也制造出更大的与气候相关的权力。气候与权力的关系，实质地表现为三个方面：一是破坏气候、导致气候失律，是权力释放的结果；二是破坏气候、导致气候失律，也产生了一种权力，即破坏气候、导致气候失律的力量就是一种权力的滋生和膨胀；三是气候失律产生恢复气候的可能性的同时，也产生了恢复气候的主导权力。具体地讲，西方社会的工业化进程是一个向大气排放二氧化碳等温室气体的进程，正是这一进程的持续展开导致了气候失律，气候失律标志着西方工业社会优越于农业社会、西方发达国家优越于发展中国家的权力，正是这种权力推进了工业化进程，才排放出二氧化碳等温室气体和温室气体，才制造出了气候失律。气候失律一旦生成，它又制造出了另一种权力，即西方发达国家损害和侵犯发展中国家的健康存在和可持续生存的权力。与此同时，当气候失律不可逆转地危及到整个人类存在安全和可持续

① ［德］乌尔里希·贝克：《"直到最后一吨化石燃料化为灰烬"：气候变化、全球不平等与绿色政治的困境》，见［英］戴维·赫尔德主编：《气候变化的治理：科学、经济学、政治学与伦理学》，谢来辉等译，社会科学文献出版社 2012 年版，第 150—151 页。

生存时，恢复气候必然提上国际议事日程，这样一来，污染大气、制造气候失律的罪魁祸首们——发达国家——又成为恢复气候的主导话语国家，他们又拥有了有关于如何恢复气候——如何实施全球减排——的主导话语权，这种主导话语权表现为历届世界气候大会最终没有拿出达成共识的全球协作减排方案来，也表现为美国这个超级大国可以在全球减排的谈判桌上说"不"并拒绝签字。

气候失律所制造出来的这三个维度的气候权力，本质上是一种不平等权力。如何使这种不平等权力最终接受普世价值的规训而成为一种全球平等权力，这是气候政治学指向实践所必须解决的前提性问题。

在恢复气候的实践平台上，要从根本上解决气候权力的不平等状况，必须构建一种普遍平等的公正框架，其前提是必须超越利益团体和国家主义，因为气候是全球公共资源，治理失律的气候是任何利益团体、任何国家所不能单独做到的，"每个人都在寻找已经失去的某种程度的安全。但是，试图通过一己之力去处理全球风险的民族国家，就像一个身处漆黑夜晚的醉鬼试图在一盏路灯的光照下找到自己的钱包"[①]。与此同时，这种普遍平等的公正框架又必须充分尊重国家主权，但这种国家主权必须是全球化视野的，必须体现国家与国家以及国家与国际社会之间的相互依存性、共生互生性：在普遍平等的公正框架下，每个国家的主权都应该是相互依存的、共生互生的国家主权。气候政治学就是为全球化的气候治理构建起这样一种普遍平等的并充分体现和释放国家主权的公正框架，使恢复气候的减排与化污行动获得平等的公正引导、规范和激励。

客观地看，恢复气候的实质是进行全球利益的重新分配，但要通过减排和化污来实现。国家与国家，以及国家范围内地区与地区、行业与行业之间的减排量和化污标准的制定与分配，构成了全球（以及国家范围内）利益重新分配的具体呈现形态。恢复气候的全球协作如何可能，恢复气候

---

① [德]乌尔里希·贝克：《"直到最后一吨化石燃料化为灰烬"：气候变化、全球不平等与绿色政治的困境》，见[英]戴维·赫尔德主编：《气候变化的治理：科学、经济学、政治学与伦理学》，谢来辉等译，社会科学文献出版社2012年版，第146页。

的全球协作能否持续到底，取决于减排量和化污标准的制定和分配。按照普遍平等的价值导向和全球公正的行动框架，分配的平等和公正必须依赖于制定共同遵守的原则。要求制定共守的恢复气候的原则，这是伦理学的责任，保证共守的伦理原则能够贯彻于恢复气候的行动之中并构成对恢复气候行为的指导和规范的根本力量，需要政治的运作。政治运作要能够做到此，则需要气候政治学为之提供运作的智慧和方法。

气候政治学的实践原则 气候政治学导向恢复气候实践的基本原则有三，即原则政治原则、生境政治原则、责任政治原则。

原则政治原则是全球实施减排化污、恢复气候的首要政治原则。原则政治（Politics by principle）"是指政治的恰当原则是一般性（Generalization）原则或普遍性（Generality）原则。而只有当政治行为适用于所有人，而不受某种具有支配地位的联盟或某个有效的利益群体成员资格的限制之时，这个标准才得以实现"[1]。因为"原则政治对国家的代表和机构构成了制约，使之行为不带有歧视性，平等地对待所有人和所有群体，并杜绝本质上具有选择性行为的发生。在这样的限制下，政治或许能发挥很大作用，或许发挥的作用甚小，并以不同的方式发挥已经具有的影响力"[2]。从本质讲，气候政治只能是原则的政治，而不是利益的政治。因为"气候风险社会的不公的第一法则就是：'污染总与贫穷相伴'（Pollution follows the poor）。那些对加剧气候变化贡献很少的国家和人民，将是受气候灾难最严重的国家和人民。因此，气候变化新的社会学叙事，必须扩展不平等问题，超越 GNP 或人均收入等误导性和狭隘的领域。它也必须关注贫困、社会脆弱性、腐败、耻辱、危险的累积以及对尊严的否定，等等——这些决定态度、行为和群体团结的要素，在世界风险社会中

---

① ［美］詹姆斯·M. 布坎南、罗杰·D. 康格尔顿：《原则政治，而非利益政治》，张定淮、何志平译，社会科学文献出版社 2004 年版，第 1 页。

② ［美］詹姆斯·M. 布坎南、罗杰·D. 康格尔顿：《原则政治，而非利益政治》，张定淮、何志平译，社会科学文献出版社 2004 年版，第 3 页。

的重要性日趋增加"①。原则政治并不只是国家的政治或人本主义的政治，而是"生命-人本"主义的政治；原则政治必须是全球视域的政治，而非地域主义的政治；原则政治是普遍平等的政治——它既是人类平等的政治，也是人与自然平等的政治——而不是阶级的政治或国家主义的政治；原则政治必须是根据普遍平等的价值导向和全球公正的行动框架而不断变革的政治，而不是自恃完善和故步自封的政治，更不是国家主义的正义政治。

由于这几个方面的要求，原则政治必须重建三个维度的政治认知。第一，阶级只不过是不平等的历史形式之一，而不是平等的历史呈现。基于这一认知，气候政治必须追求人人主义，必须以普遍平等为国家导向。第二，民族国家仅是其中的历史框架之一，而不是历史框架本身。基于这一认识，气候政治必须超越民族国家而获得全球诉求和人类指向。第三，国家阶级社会的终结并不是"社会不平等的终结"，而是正好相反，即国家阶级社会的终结恰恰是不平等在国家和国际范围内的激化（或普遍化）。②在此三维认知基础上，原则政治实际上是指政治就是并且只能是贯彻普遍平等和全面公正的政治。只有当普遍平等和全面公正的原则贯穿于减排化污、恢复气候的全球行动中，它才真正构成恢复气候的根本规范原则和总体政治导向原则。

以原则政治为指导和规范，恢复气候的行动展开，必须符合生境政治要求，并遵循生境政治原则。生境政治原则是指气候政治必须以生境恢复和生境重建为最终目的和根本任务。所谓生境，就是地球环境、气候环境按其自身本性敞开运行并生生不息。生境政治原则要求恢复气候必须以实现气候生境化、地球生境化和人类生存生境化为根本行为规范。为此，恢

---

① ［德］乌尔里希·贝克：《"直到最后一吨化石燃料化为灰烬"：气候变化、全球不平等与绿色政治的困境》，见［英］戴维·赫尔德主编：《气候变化的治理：科学、经济学、政治学与伦理学》，谢来辉等译，社会科学文献出版社2012年版，第148页。

② ［德］乌尔里希·贝克：《"直到最后一吨化石燃料化为灰烬"：气候变化、全球不平等与绿色政治的困境》，见［英］戴维·赫尔德主编：《气候变化的治理：科学、经济学、政治学与伦理学》，谢来辉等译，社会科学文献出版社2012年版，第148页。

复气候的政治必须是全权责任的政治。全权责任的政治，是指全面担责的政治。全面担责的政治首先是指全面担当起恢复气候的责任，同时也指全面担当起重建地球生境和人类生境的政治责任，或者更准确地讲，责任的政治是指恢复气候必须通过全面恢复气候的行动而实现地球生境重建和人类生境重建。

二、恢复气候的国际制度伦理

当对气候政治学的基本问题予以简要讨论之后，必然要进入气候政治学的实质领域予以具体考察。就其自身言，气候政治学探讨涉及认知理论与实践操作两个维度。从实践操作角度论，气候政治学又在研究的对象范围上涉及两个方面，即国际气候政治学和国家气候政治学。前者缘于气候问题始终是一个全球问题，恢复气候必须通过国际社会共同努力；后者缘于全球化的气候问题始终要影响到每个国家的生存，而且不同地域、不同国家亦因其不同作为而遭受气候影响的广度和深度也会完全不同，恢复气候必须以国家为基本单位。由于这两个方面的自身规定性，使气候政治学获得了国际气候政治学和国家气候政治学之具体形态。然而，无论国际气候政治学探讨还是国家气候政治学探讨，都需要以伦理为引导，以制度的重建为重心任务。具体地讲，气候政治学的实践论探讨，必然要以恢复气候为主题，以生境化的利益共互原理、普遍平等原理、权责对等原理为导向，以全面公正原则为规范引导，重建恢复气候的国际制度和国家制度。本节着重讨论恢复气候的国际制度的重建，恢复气候的国家制度重建放在下一节讨论。

1. 恢复气候的制度框架障碍

恢复气候的认知及行动历程 全球气候失律必然引发全球恢复气候的努力。全球恢复气候的问题被提上国际议事日程始于 1972 年。这一年的 6 月 5 日，在瑞典斯德哥尔摩召开了由联合国组织的第一次世界环境会议，来自 133 个国家的 1300 多名代表出席了这次会议，并与世界各国政府首脑会聚一堂共同探讨如何应对当代环境灾变及其恶化问题。会议通过了《联合国人类环境会议宣言》（简称《人类环境宣言》），确定了扩大的国际《行动计划》，建立起联合国的常设环境秘书处（地址在肯尼亚首都内罗毕），并设立一项 1 亿美元的环境基金，以备今后五年环境保护工作展开所需。

1972 年的世界环境会议推动了全球气候关注，1979 年 2 月在瑞士日内瓦召开了以"气候与人类"为主题的第一届世界气候大会。大会通过了世界气候大会宣言，揭示了粮食、水源、能源、住房和健康等与气候变化的密切关系，推动建立了"世界气候计划"（WCP）和"世界气候研究计划"（WCRP）。1987 年 9 月 16 日，其会员国在加拿大蒙特利尔签署了世界环境保护公约，即《蒙特利尔议定书》（其全称为《蒙特利尔破坏臭氧层物质管制议定书》），该公约是联合国为了避免工业产品中的氟氯碳化物对地球臭氧层继续造成恶化及损害而制定的气候政策，它于 1989 年 1 月 1 日起生效。如上持续努力推动了世界气象组织（WMO）和联合国环境规划署（UNEP）达成共识，于 1988 年成立政府间气候变化专门委员会（IPCC）。政府间气候变化专门委员会对联合国和 WMO 的全体会员开放，其基本职能是以全面、客观、公开和透明为准则，对世界上有关全球气候变化的现有最好科学、技术和社会经济信息进行评估，以为决策者们提供有关气候变化成因、其潜在环境和社会经济影响以及可能的对策等客观信息。1990 年 10 月 29 日—11 月 7 日，以"全球气候变化及相应对策"为主题的第二届世界气候大会在日内瓦召开，出席此次会议的 137 个国家的环保部长通过了《部长宣言》。《部长宣言》指出，自工业革命以来，人类的大量生产活动致使温室气体不断积聚，气候加速变暖，并且不断加速变暖的气候将使人类的生存与发展受到严重威胁。该宣言指出，保护全球气候是各国的共同责任，呼吁采取紧急国际行动，控制二氧化碳的排放量，以阻止大气中的温室气体迅速增加。该宣言推动了全球气候关注和治理的进程。1992 年 6 月，地球首脑会议在巴西里约热内卢举行，并通过《联合国气候变化框架公约》（UNFCCC）。该公约为积极应对全球气候失律给人类经济和社会带来的不利影响，为在全球范围内全面控制温室气体排放，制定了基本的行动-约束框架。《联合国气候变化框架公约》规定：缔约方应在采取措施控制温室气体排放的同时，向发展中国家提供资金以支付发展中国家履行《联合国气候变化框架公约》所需增加的费用，并采取一切可行措施促进其相关技术转让。

里约热内卢会议是一个转折，它将全球性气候认知引向了全球性恢复气候的道路。在这条从认知理念走向行动治理的气候道路上，《联合国气候变化框架公约》于1994年3月21日正式生效，公约第一次缔约方会议（COP）于1995年在德国柏林召开。此次会议通过了《柏林授权书》等文件，同意立即开始谈判，其谈判主题是如何确定在规定的期限内促进发达国家限制和减少温室气体排放量。1996年瑞士日内瓦会议紧密锣鼓地围绕"柏林授权"所涉及的"议定书"起草问题进行讨论，但却未达成一致共识。1997年京都会议通过了《京都议定书》，最终达成共识，规定了工业发展国家2008年到2012的温室气体减排目标。1998年在阿根廷布宜诺斯艾利斯召开的世界气候大会上，全球减排商讨形成严重的利益分歧，这种分歧集中体现为发展中国家集团的分化，由此形成三个利益集团，一是形成易受气候变化影响但自身排放量很小的小岛国联盟（AOSIS），他们自愿承担减排目标；二是期待CDM的国家；三是坚持目前不承诺减排责任的77国集团。1999年德国波恩气候会议，通过了缔约方国家信息通报编制指南、温室气体清单技术审查指南、全球气候观测系统报告编写指南；同时，还就围绕新技术的开发与转让、发展中国家经济转型时期其国家能力建设等方面的重大问题进行了协商。2000年荷兰海牙会议，气候谈判的利益分歧进一步深化，形成欧盟、美国和以77国集团为主的发展中国家在气候利益分配方面的三足鼎立。以美国为首的少数发达国家反对京都会议通过的减排方案，欧盟却强调履行《京都议定书》，试图通过减排取得优势，以77国集团为基本阵营的发展中国家仍然坚持不承诺减排责任。

虽然在全球减排问题上利益分歧进一步深化，但全球恢复气候的决心不可动摇。2001年摩洛哥马拉喀什会议获得了艰难的谈判结果，通过了有关《京都议定书》的履约问题，为《京都议定书》附件1缔约方批准《京都议定书》并使其生效铺平了道路。2002年印度新德里会议所通过的《德里宣言》，进一步重申了《京都议定书》的要求，敦促工业化国家于2012年年底前应在1990年的基础上将温室气体的排放量减少5.2％。然而，这种要求并不产生强硬的约束力。2003年在意大利米兰召开的世界气候大会上，美国宣布退出《京都议定书》，俄罗斯仍然以强硬态度拒绝批准《京都议定书》，在《京都议定书》不能生效的情况下，为了抑制气候恶化，会议通过了约20条具有一定法律约束力的环保决议。

2004年阿根廷布宜诺斯艾利斯会议应该看成是世界恢复气候商讨史上承前启后的会议，因为此次气候大会主要讨论了四个方面的问题：一是气候变化带来的日益严重的影响，二是《联合国气候变化框架公约》生效以来取得的成就，三是《联合国气候变化框架公约》进一步履行所面临的未来挑战，四是温室气体减排政策及在《联合国气候变化框架公约》框架下的技术转让、资金机制、能力建设等问题。此次气候会议既可以看成是对开辟全球恢复气候道路的艰难历程及其成就的总结，也是对未来全球恢复气候实施方向的开启。正是在这样一个承前启后的基础上，2005年加拿大蒙特利尔会议促成了《京都议定书》正式生效，并在谈判中达成共识，制定了"蒙特利尔路线图"。

2006年肯尼亚内罗毕会议，达成了全球恢复气候的"内罗毕工作计划"，该计划中最重要的两个要点是：第一，帮助发展中国家提高应对气候变化的能力；第二，在管理"适应基金"的问题上达成一致，该基金专项用于支持发展中国家适应气候变化的行动。2007年印尼巴厘岛会议通过了全球恢复气候减排的"巴厘路线图"。2008年波兰波兹南会议上，围绕"温室气体长期减排目标"问题，八国集团领导人达成一致，并发表声明，寻求与《联合国气候变化框架公约》其他缔约国共同实现在"2050年将全球温室气体排放量减少一半"的长期目标。2009年丹麦哥本哈根会议，在艰难的马拉松式谈判中商讨《京都议定书》一期承诺到期后的后续方案，最终达成了并不具有法律约束力的《哥本哈根协议》。2010 年墨西哥坎昆气候会议通过了由《联合国气候变化框架公约》工作组和《京都议定书》工作组递交的两个决议，但却没有制定出完成减排第二承诺期的时间表。直到 2011 年南非德班会议，决定从 2013 年起实施《京都议定书》第二承诺期，启动绿色气候基金。在 2012 年卡塔尔多哈会议上，虽然从法律上确定了《京都议定书》第二承诺期，但第二承诺期的减排量却由各国自行制定，而且减排基金"难产"，发达国家拒绝给出提供气候资金的时间表。2013 年华沙会议，参会国家 190 多个，主要为 2015 年谈判起草巴黎协议文本奠定基础而推动各方展开实质性的谈判。但在此会议上，世界三大排放主体欧盟、美国等表现出不同程度的保守姿态，哪怕是一直高调呼吁提升 2020 年前减排雄心的重要性的欧盟，在面对提高减排目标这一切身利益问题时，同样踟蹰不前。2014 年利马大会，取得了积极的成果，各国在相关问题的认识上缩小了差距，同时，发展中国家所诉求的减排资金问题的解决获得了实质性的进展，即发达国家履行《哥本哈根协议》和《坎昆协议》要求，从 2013 年至 2020 年期间，每年向发展中国家提供 1000 亿美元的长期资金，专项用于帮助这些国家应对日益严峻的气候变化。2015 年巴黎会议，签订了《巴黎协定》，根据《巴黎协定》，各国应加强对气候变化威胁的全球应对，其努力目标是要将全球平均气温较工业化前水平升高控制在 2℃之内、将升温控制在 1.5℃之内，并在二十一世纪下半叶实现温室气体零排放。

全球恢复气候的利益障碍 客观地看，人类征服自然、改造环境、掠夺地球资源的实质，是人对人和国家对国家的征服。相对应的，人类对气候的检讨与治理，亦是对人与人和国家与国家之间关系的重塑。从这个角度切入来重新审视世界气候大会的历程，可以发现，全球气候失律造成对人类可持续生存的威胁，这是有共识的，并且企图通过治理来抑制、阻止气候失律的进一步恶化，同样能够获得共识，但在走向治理实践行动时，却产生了严重的认知分歧甚至行动对立。这种认知分歧和行动对立的形成，以及这种认知分歧和行动对立在二氧化碳等温室气体减排的谈判过程中不断深化的原因固然很多，但其根本原因却是利益和制度问题。

首先看利益。世界气候会议的实质就是利益谈判。气候谈判中涉及两个核心问题：减排量的分配和气候基金的供应。这两个问题无论对哪个国家来讲，都是实实在在的利益，即钞票、财富、购买力问题。要减排，必须抑制生产和消费；要提供气候基金，意味着节省开支。每个国家都不是世界银行，并且每个国家都不是慈善机构。因而，利益构建起了全球恢复气候的瓶颈。

过去，气候变化问题已经从科学研究和环境宣传领域，转到了治理层面的主流政治和经济政策讨论当中。然而，随着政治家和普通民众越来越了解气候变化给人类社会带来的威胁，争论变得愈加狂躁，而浮夸的程度也有所提高。然而对抗气候变化的步伐已减慢，这一点越来越清楚。这种局面多少暴露出了一个矛盾：我们对人为造成的气候变化所带来的威胁程度了解越清楚，我们行动起来阻止它的能力就越弱。[1]

民主国家发现自己很难将政策承诺转变成政策结果，而数量相对较少的一部分国家和非国家主体固守着自己的现有利益，从而阻碍、扼杀了许多限制温室气体排放、开拓可持续能源新路径的努力。大气是一种共享的资源，而各国并没有将自己的利益撒在一边，去追求全球的共同利益（Common global good）。现有的国际组织也没能给国际环境治理添把力，它们在此项事业面前显得越来越落伍、越来越不适应。集体行动失败了，其影响不可谓不深远。[2]

这种情况的出现，最终原因还是利益的羁绊，人们对气候失律带来的生存危害认知越深刻、越普遍，其利益考虑就越清晰、越明朗，因而就越

---

① ［英］戴维·赫尔德主编：《气候变化的治理：科学、经济学、政治学与伦理学》，谢来辉等译，社会科学文献出版社 2012 年版，第 1 页。

② ［英］戴维·赫尔德主编：《气候变化的治理：科学、经济学、政治学与伦理学》，谢来辉等译，社会科学文献出版社 2012 年版，第 1—2 页。

难付诸行动，因为每个国家审查全球气候失律的危害时，都在**悄然地**将考虑的重心转向利益得失的权衡。由于每个国家最终都从自己出发考虑自我利益最大化，所以在恢复气候、实施减排的问题上，人们陷入利益纠缠与羁绊之中，形成这种利益纠缠与羁绊的主要因素有五：

其一，国家是基本的主权单位，气候是一种全球共享的资源，是哈丁所讲的"公地"，每个国家都是一个现实的"牧羊者"，每个"牧羊者"都本能地希望并筹划着在气候这块"公地"上每天能多增加一只"羊"。

其二，政治家或政客们都隶属于具体的国家，只有具体的国家才为政治家或政客们提供政治舞台，没有超越国家的世界政治舞台。政治家或政客们必须对他所在的国家负责，必须服务于他所在的国家利益。由此形成在全球减排、恢复气候的谈判与决策面前，气候利益之于政治家或政客们来讲，它就是国民的选票。政治家或政客们要获得更多的本国国民的选票，不得不考虑在气候问题上给自己的国家争取到更多的利益，以赢得国内选民的信任。

其三，气候既是一种公共利益，也是一种强权、霸权。在全球恢复气候的实践问题上，谁掌握了全球减排的话语权、主动权，谁就获得了一种政治强权，谁就有可能拥有世界霸权。气候权力从根本上制约着国家的发展方向、发展速度、发展方式，也制约着国家的贫富程度。这是几乎每个国家都想在气候问题上获得更多话语权的实质，也是发达国家之所以要以各种方式争夺气候话语权的实质。"权力也只是掌握在少数人手里，如果那些科学规划者们的一些梦想得以成真，人对自然的征服就意味着几百个人对亿万人的统治。既没有也不可能有人类权力的简单增加。人类获得一项新权力，也就是控制人类的又一项权力。任何进步既让人类变得更强大也使之变得更弱。每一次胜利，人类既是凯旋的将军，也是跟随在凯旋战车之后的俘虏。"[①]

其四，A. N. 怀特海（A. N. Whitehead）曾指出："西方世界现在遭受

---

① ［美］C. S. 刘易斯：《人之废》，见［美］赫尔曼·E. 戴利、肯尼思·N. 汤森编：《珍惜地球——经济学、生态学、伦理学》，马杰等译，商务印书馆 2001 年版，第 261—262 页。

着前面三代人有局限的伦理观之苦果……存在两个灾祸：一是对有机体与其环境的真实利害关系的忽视；另一是忽视环境内在价值的惯性，而这一价值的重要性在考虑终极目标时是必须权衡的。"① 其实这不仅仅是西方人，而是整个人类：人类中心论的存在观念和生存思想依然根深蒂固，人们仍然把自然看成是没有生命的，没有自主性能力和自创生要求的，仍然以一种效用观念看待地球生命圈中的生命及所有存在物。这是世界各国在全球减排面前始终踌躇不前的深层认知根源。

其五，贪婪成性的人类始终难以真正从眼前、局部、个体（在人类面前，民族、国家亦属于个体）的利益热望中走出来。因为原本弱小的人类物种获得的人质意识和在不断增强人质能力的过程中所滋生起来的那种对物质的无限占有激情，一直伴随着近代文明、工业革命、城市化、现代化以及后工业化、后城市化、后现代化进程而加速膨胀，从而导致了人类自己的堕落。这种堕落赤裸地表现为贪得无厌。撒旦唆使道："把石头开发成面包。"人就照着做了，甚至还制定开发某种集约能量将世界上所有的石头都碾成面包原料的计划。"人类不能只靠面包生存。经济活动合理的目标是获得足够的但不是无穷的面包，不是把整个世界都变成面包，甚至用不着让巨大的储藏室都存满面包。贪得无厌的人类在心理和精神方面的饥渴是不会饱足的；实际上，眼下为越来越多的人生产越来越多的东西的疯狂愚行还在加剧着人类的饥渴。"② 这就是在恢复气候的问题上，人们一面高喊环境保护、温室气体减排，另一方面又不顾日益严酷的气候失律状况而加大排放量的根本缘故。

全球恢复气候的制度滞后　面对日益严重的气候失律，以及由此频频暴发的气候灾疫，不断集聚形成世界化的存在危机和生存风险。面对这种存在危机和生存风险，只有两种选择：要么抛弃眼前的实利纠缠而紧急行

---

① ［英］A. N. 怀特海：《科学与近代世界》，转引自［美］赫尔曼·E. 戴利、肯尼思·N. 汤森编：《珍惜地球——经济学、生态学、伦理学》，马杰等译，商务印书馆 2001 年版，第 177 页。

② ［美］赫尔曼·E. 戴利、肯尼思·N. 汤森编：《珍惜地球——经济学、生态学、伦理学》，马杰等译，商务印书馆 2001 年版，第 179 页。

动，共同应对气候；要么更加紧抱眼前的最大利益幻想，作壁上观。进一步讲，要么用行动选择自救与新生，要么用各种借口和理由拒绝责任而等待毁灭和死亡。面对加速失律的气候，无论个人、组织，还是民族国家，必须明智地意识到紧急行动的成本比作壁上观的成本小得多。然而，要使人们能够有远见、有气魄、有能力超越眼前实利而共同行动于治理之途，认知与共识是重要的，但更需要有约束与规范、奖励与惩戒的制度推动。仅目前论，一年一度的世界气候会议，以及各种形式的环境保护运动，已经在全球范围内基本达成，但共识并不等于行动。客观地看，自1992年里约热内卢世界环境会议将恢复气候的共识转向治理方案设计和治理行动的探讨以来，艰难的谈判反反复复，推进的步子始终不大，甚至在许多关键的实施问题上始终止步不前，追究其直接原因，当然是利益集团间和国家间的利益分歧，但最终原因却是这种以利益为实质的谈判，从根本上缺乏制度的保障、督促与规范导向。

全球气候谈判和全球恢复气候缺乏根本保障和规范导向的制度，主要体现在三个方面：一是缺乏具有硬约束力和规范引导力的国际政治制度，二是缺乏具有硬约束力和规范引导力的国际经济制度，三是缺乏硬约束力和规范保障力的法律制度。比如，减排及恢复气候所需要的基金没有稳定的来源，得不到保障，这是因为根本没有一种能够保障恢复气候所需的资金来源的经济制度。再比如美国的单边行动，以及一些发展中国家不愿意承诺减排责任的行为，是导致气候谈判受阻而不能使治理的实质议题获得顺利推进的根本阻碍力量，而这种阻碍力量的形成，完全缘于没有一个具有强制规范的国际政治制度，世界减排的谈判平台，往往成为各个国家任意行事的散漫场所。

这是从全球恢复气候的国际合作层面讲，而在全球恢复气候视野中的国家行动领域，同样客观地存在着硬约束和规范制度缺乏的问题。在国家层面，恢复气候同样在整体上存在着如上三个方面的制度匮乏问题。当然，相对来讲恢复气候起步较早的国家，比如以英国为代表的欧盟各国、美国等国家虽然已经在政治、经济、法律制度的建设上有了很大的突破，但仍然缺乏体系性的功能发挥。"在国家层面，现代自由民主政体不幸拥有了许多妨碍其应对气候变化莫测的结构特征。……这些特征包括基于选择周期的短期决策、自闭（Self-referring）决策（决策时轻视外部性的和跨边界溢出效应），以及大利益集团抱团守一、倾向于迎合狭隘利益群体并可能导致公共决策相互打架的多元化。"① 西方发达国家如此，发展中国家亦如此，因为其具有自私倾向性的现有制度结构更具有妨碍应对气候失律的惯性力量，而且发展中国家的这些惯性力量往往与急迫追求经济增长的冲动联系在一起，更忽视气候政治的建设，忽视对不断恶化的气候的实质性治理探索。

2. 国际气候制度的伦理考量

建设国际气候制度主要涉及三个要素：一是建设全球恢复气候的国际组织、机构，二是构建全球恢复气候的国际政策、行动方案，三是建立有效实施全球恢复气候的国际政治、法律、经济保障机制。在这三个要素中，第一个要素是国际气候制度建设的基础，第二个要素是国际气候制度建设的核心，第三个要素是国际气候制度建设的关键。为简便起见，可将如上三者的关系简要地表述为：组建国际气候组织、机构，才能把各个国家聚集起来共同商讨（协商、谈判）制定恢复气候的相关国际政策及行动方案；明确的国际气候政策和行动方案，才能促进全球恢复气候实施的政治、法律、经济保障体系的构建。

客观地看，国际气候制度建设始于 1972 年由联合国组织在斯德哥尔摩召开的第一次世界环境会议，因为这次会议不仅发布了《联合国人类环境会议宣言》，而且制定出台了《行动计划》，还建立起了联合国的常设机构环境秘书处。紧接着是 1979 年第一届世界气候大会，出台了"世界气候计划"（WCP）和"世界气候研究计划"（WCRP），并于 1988 年成立政府间气候变化专门委员会（IPCC）。1992 年 6 月通过《联合国气候变化框架公约》（UNFCCC），并于 1994 年 3 月 21 日正式生效。1995 年柏林会

① ［英］戴维·赫尔德主编：《气候变化的治理：科学、经济学、政治学与伦理学》，谢来辉等译，社会科学文献出版社 2012 年版，第 7 页。

议通过《柏林授权书》，1997 年出炉《京都议定书》，2005 年制定"蒙特利尔路线图"，2006 年达成全球恢复气候的"内罗毕工作计划"，2007 年通过了全球恢复气候减排的"巴厘路线图"。在此过程中，最重要的国际气候制度建设，不是全球治理的国际机构和组织的建设，而是全球恢复气候的国际行动框架和国际行动方案，这集中表现为两个文件的生效，即《联合国气候变化框架公约》和《京都议定书》。从整体讲，《联合国气候变化框架公约》和《京都议定书》的生效，并没有获得全面的实施，导致其实施受阻的根本原因，是恢复气候从整体上缺乏实施的政治、法律、经济等制度保障，即《联合国气候变化框架公约》和《京都议定书》并没有顺理成章地促进国际政治制度、法律制度、经济制度的建设。国家利益的最大化冲动当然是形成这种状况的根本原因，但国家利益最大化冲动并不是不可调整的，关键在于另外两个因素的制约：一是《联合国气候变化框架公约》和《京都议定书》本身的缺陷导致了各个国家在气候问题上只注目于考虑国家利益的最大化；二是人们对气候失律所带来的边际效应影响认知不足，因而形成一种"搭便车"的侥幸心理。

国际气候公约的自身缺陷 为什么说《联合国气候变化框架公约》和《京都议定书》导致了国际社会各利益集团和国家在全球恢复气候的减排实施上只顾自我利益最大化冲动呢？这是因为：

其一，《联合国气候变化框架公约》所制定的全球恢复气候原则，为国际气候协商、谈判而形成的气候政策和气候行动方案最终不能全面实施提供了漏洞，即《联合国气候变化框架公约》所确立的"共同但有区别的责任，并且要符合各自的能力"的原则，为《京都议定书》的妥协提供了依据。

其二，《京都议定书》的设计缺陷。罗伯特·福克纳（Robert Faulkner）、汉尼斯·斯蒂芬（Hannes Stephan）在《后哥本哈根时代的国际气候政策——转向"支撑板块"模式》中一针见血地指出，《京都议定书》能被接受，是以妥协和短视为代价的。这种妥协主要表现在"《京都议定书》豁免了所有的发展中国家强制减排目标"①。戴维·赫尔德（David Held）和安格斯·赫维（Angus Hervey）在其《民主、气候变化与全球治理——民主机构与未来政策清单》中不无忧虑地指出："应对气候变化的挑战，将需要发展相当大的、额外的体制能力与政策创新。如果处于各种发展阶段的国家不能直接参与到形成解决方案的过程中，那么旨在获得这一能力之目标，以及何以实现这一目标之手段，都将会受到损害。当前政策的发展证实了这种担忧。"②《联合国气候变化框架公约》为发展中国家可以一心谋求快速发展而免除气候责任铺设了道路，《京都议定书》则使发展中国家名正言顺地回避气候责任变成了现实。《京都议定书》的这一做法，源于全球气候协议即《联合国气候变化框架公约》本身的先天不足，《联合国气候变化框架公约》的先天不足导致了《京都议定书》的妥协；《京都议定书》的这种妥协，导致了美国对国际合作展开全球恢复气候方案及其道路的不信任，从而拒绝在《京都议定书》上签字。因为《京都议定书》一旦豁免所有发展中国家强制性减排的目标，也就在附件1缔约方和非附件1缔约方之间制造了一条泾渭分明的界沟，即全球恢复气候的责任**变成**了义务，承担恢复气候义务的只是附件1缔约方，非附件1缔约国家都没有担当恢复气候的义务。更具体地讲，在全球恢复气候问题上，发达国家与发展中国家达不成最终的行动一致性，是因为有这样一个全球协议的依据。并且在事实上，《京都议定书》之后的世界气候谈判，都受困于这条界沟。这种界沟的形成既为美国找到了拒绝国际气候合作治理的借口，也为发展中国家可以堂而皇之地保持对气候环境的破坏而不担负责任提供了依据。如果不在制度构建上突破这条界沟，全球恢复气候要达向普遍的行动实施，事实上不可能。

---

① ［英］罗伯特·福克纳、汉尼斯·斯蒂芬：《后哥本哈根时代的国际气候政策——转向"支撑板块"模式》，见［英］戴维·赫尔德主编：《气候变化的治理：科学、经济学、政治学与伦理学》，谢来辉等译，社会科学文献出版社2012年版，第264页。

② ［英］戴维·赫尔德、安格斯·赫维：《民主、气候变化与全球治理——民主机构与未来政策清单》，见［英］戴维·赫尔德主编：《气候变化的治理：科学、经济学、政治学与伦理学》，谢来辉等译，社会科学文献出版社2012年版，第123页。

其三,《京都议定书》在其恢复气候的内容设计方面,也体现出严重的而且是不可弥补的缺陷,这种缺陷主要体现在三个方面。一是所制定的减排目标的短期性,即将减排目标的第一个承诺期规定为 2008—2012 年内完成,却没有第二个、第三个承诺期,由此形成全球减排缺乏长期规划。这样一来就导致减排实施形成事实上的短期效应:2012 年和 2013 年世界气候大会上这种减排的短期目标所蕴含的缺陷就暴露了出来,即第二个承诺期的工作日程表被悬置,而且其减排目标也缺乏量的规定性,即由"各国自行确定",这无疑等于让减排工作放任自流,全球恢复气候工作自然陷入困境。二是各国有自行退出《京都议定书》的能力,即《京都议定书》第二十六条规定:第一,"任一缔约方生效之日起三年后"可"随时向保存人发出书面通知退出本议定书";第二,"任何此种退出应自保存人收到退出通知之日起一年期满时生效,或在退出通知中所述明的较迟日期生效";第三,"退出《公约》的任何缔约方,应被视为亦退出本议定书"。这实际上表明:第一,《京都议定书》及其母本《联合国气候变化框架公约》在退出协议方面没有任何条件制约和责任要求;第二,这种"退出协议"等于宣布全球恢复气候可能最终只满足于政治宣言和形式主义而无全面实施的可能性。三是《京都议定书》体现出异常脆弱的履约机制,因为减排方案设计的短期行为化和退出《京都议定书》的无条件限制和无责任要求性,最为直接地"降低了附件 1 缔约国家投资于减排努力的激励,并且削弱了非附件 1 缔约国家在未来加入协议的意愿"[①]。

意愿主义的"搭便车"取向 在全球恢复气候进程中,普遍认可并生效的权威性国际气候协议《联合国气候变化框架公约》和《京都议定书》之所以表现出如此脆弱的履约能力,除了如上两个权威性"公约"的自身缺陷外,还有一个更为根本的激励因素,那就是意愿主义的"搭便车"取向。

---

① [英] 罗伯特·福克纳、汉尼斯·斯蒂芬:《后哥本哈根时代的国际气候政策——转向"支撑板块"模式》,见 [英] 戴维·赫尔德主编:《气候变化的治理:科学、经济学、政治学与伦理学》,谢来辉等译,社会科学文献出版社 2012 年版,第 265 页。

　　所谓"意愿主义的'搭便车'取向"，是指国际气候"公约"是一种建立在尊重每个国家的意愿的基础上的更多地具有形式约束而无实质约束的约定，这种约定本身就助长了一种"搭便车"的选择方式和行动取向，即把恢复气候的责任推给他者而自己只顾坐收"渔翁之利"。

　　在全球恢复气候问题上，国际社会之所以要选择意愿主义的缔约方式，是因为人们在气候失律及治理认识上客观存在着两个方面的根本误区。一是人们虽然越来越认识到气候失律带来的严重后果，并且越来越认识到形成这种严重后果的人为因素，但由于气候失律的不确定性和形成气候失律的直接因素的自然性，使人们错误地把恢复气候、协作减排定位为是应该为之的"义务"，而不是必须为之的"责任"。"义务"与"责任"的本质区别是：责任是人人必须履行之事，义务却是人人应该履行但也是可履行可不履行之事。所以，对义务的履行与不履行，并无实质性的强制，也不能强制，只能靠主体的意愿。全球恢复气候或者国际减排的"义务"观，表现在行为上就是意愿主义，这是"义务"对行为的本质要求。换言之，当人们把全球恢复气候和国际协作减排定位为义务时，必然形成意愿主义认知模式和意愿主义气候"公约"。《联合国气候变化框架公约》和《京都议定书》以及其他协议和计划所体现出来的履约上的脆弱能力及无约束取向，都可以追溯到这种意愿主义的义务观上来。

　　无论是个体还是民族国家，其存在向生存领域敞开以及生存向生活行动领域的实现，都围绕利害而展开，并追求自我利益最大化。这是由人的存在本性和国家的生存发展本性所决定的。当全球恢复气候和国际协作减排采取义务论的意愿主义方式展开时，必然激发人们"搭便车"的侥幸心理和选择的行动取向。气候作为地球生命安全存在和人类可持续生存的宇观环境，它本身就是全球公共资源。对气候做出"全球公共资源"这一性质规定和所属定位，这本是对气候自身存在的客观表达，但却通过气候研究者——尤其是社会科学领域中的研究者——过分地强调和渲染它的全球"公共资源"性，使人们确信：既然气候是全球公共资源，作为个体，参不参与对它的治理，我都会受益，与其积极主动地参与恢复气候而损失自我利益，倒不如消极旁观他者努力而自己坐享其成。在这种观念支配下，美国是这样想的，因而，它拒绝在《京都议定书》上签字；发展中国家是这样想的，所以把国际减排和恢复气候的责任推到发达国家身上，拒绝承担实际的减排责任。

重建国际气候制度的正确出发点与视野 通过如上分析，不难发现全球恢复气候要获得全面实施，国际合作减排协议要获得全面的履约效果，必须重建国际气候制度。要重建国际气候制度，须先重新确立正确的出发点，这就要求从根本上改变全球恢复气候的"义务"观，彻底摒弃意愿主义的缔约方式，重建全球恢复气候、国际协作减排的"普遍责任"观。这里所讲的"普遍责任"观有两层含义。第一，全球恢复气候、国际协作减排不是应该履行的义务，而是**必须担当**的责任。第二，这种必须担当的责任，不是某些国家的责任，而是全世界每个国家的责任：无论是发达国家，还是发展中国家，都必须平等地担当起这一责任，这种必为的责任决不容忍任何逃避，更不允许以任何借口和方式逃避。

全球恢复气候、国际协作减排之所以是"普遍责任"，既由当代人类现实存在和永续生存所决定，也由气候这一宇观环境生变的全球化方式所决定。德国社会学家乌尔里希·贝克指出，面对世界风险和全球生态危机的当代现实，"国家"已经不再是人们安身立命的理想"处所"。为了可持续生存，"现代民族国家的基础，特别是领土划分、主权的绝对性和拒绝一切外来干涉的合法性"最终将被摧毁。① 从当前人类存在的环境生态巨变状况及其趋势看，贝克对社会发展的世界一体化的预测很有道理。从根本讲，地球环境恶化、气候失律、灾疫全球化，这完全是世界性的；而且，地球环境恶化、气候失律、灾疫全球化所带来的生态学后果和生存论后果，更是世界化的。比如，气候失律在事实上涉及到天气、海平面、粮食生产、水资源的物理变化等重大的自然问题和社会困境，更直接地关乎政治的稳定和社会的动荡，比如移民、市场震荡、稀缺资源战争、空间和

---

① ［德］乌尔里希·贝克：《风险社会：走向另一种现代性》，何博闻译，译林出版社2004年版，第78页。

海洋争夺，以及由此引发出来的新一轮军备竞赛以及军国主义复活等。更重要的是，气候失律促使原本就不平等的社会生存更加不平等，这种不平等带来了广泛的和深度的全球性权力、公正、分配等问题，带来了更新的存在风险，并在更为广泛的程度上暴露出国家孤立主义生存的脆弱性。正是这些不断裂变的根本生存问题和存在困境，使气候失律本身既成为地球生态死境化的催化剂，又成为世界加速一体化的推动力：在气候失律不断扩散的当代进程中，人类所生活的世界朝向一体化的趋势更加明显，"由于我们比以前更加一体化、更加相互依赖了，因而，诸如大流行病、核恐怖主义和气候变化之类的生存风险威胁已变得十分严重。此类挑战的抬头告诉我们，没有一个国家和群体能够单独拿出解决方案。因为气候变化是一个全球性问题，跨越了物理和政治边界"①。一体化的世界趋势使全球恢复气候、国际协作减排必须摒弃"义务"主义论调，全面确立恢复气候、协作减排的**责任主义**，即恢复气候、协作减排既是国际责任、全球责任，更是**国国平等**的国家责任。并且，恢复气候、协作减排的责任落实，还需要具备一种世界主义视野，因为世界一体化趋势要求全球恢复气候、国际协作减排必须：（1）克服民族主义的思维-行为方式，抵制霸权主义行径；（2）承认并平等地对待差异；（3）民族国家自律；（4）加强国际合作，实现世界治理。②

3. 国际气候制度重建思路

无论从哪个角度讲，恢复气候都是完全平等的全球责任。要使这种完全平等的责任得到普遍的践履，必须有制度的保障。重建卓有成效的国际气候制度，可构成全球恢复气候、协作减排的实质性前提和最终保障。

2010 年美国《四年防务评估报告》（Quadrennial Defense Review Report）认为，"气候变化现在正在对世界产生'重大的地缘政治影响，

---

① ［英］戴维·赫尔德主编：《气候变化的治理：科学、经济学、政治学与伦理学》，谢来辉等译，社会科学文献出版社 2012 年版，第 7 页。

② ［德］乌尔里希·贝克：《风险社会：走向另一种现代性》，何博闻译，译林出版社 2004 年版，第 78—79 页。

造成贫困和环境退化，进一步削弱了那些不堪一击的政府'。"① 然而在另一方面，自 1972 年以来就开启的全球恢复气候却进展缓慢，其根源在于国际气候政治的进步远比全球气候失律要缓慢得多。要全面开启全球恢复气候的实践道路，必须重建能够切实推动和保障全球恢复气候的国际气候制度。重建国际气候制度的根本目的，就是改变国际气候政治状况，全面推动国际气候政治进步走在气候失律扩张速度的前面，唯有如此，才能阻止气候所带来的不可收拾的灾难，真正解决地球生命和人类可持续生存的根基问题，即气候安全问题。

重建国际气候制度，构成当前及未来国际气候政治进步的根本保证。重建国际气候制度，须从如下方面努力解决其根本的和主要的问题。

重建明晰的国家利益边界 在今后很长一段时间内，国家仍然是基本的存在单位和生存单元。在全球舞台上，国家依然是单位利益主体。全球恢复气候、国际协作减排，仍然必须充分考虑国家利益，包括国家的根本利益和国家的合法利益。

从起源讲，国家诞生是以国家利益的实现为实质规定和体现方式，国家利益的实现是国家获得主权的真正标志。国际关系学家汉斯·摩根索（Hans Morgenthau）认为，国家利益的实质构成内容有三：即领土完整、国家主权和文化完整。② 领土完整、国家主权、文化完整，此三者是国家构成不可或缺的必须要素，即只有当一个国家获得了完整的领土、拥有属于自己的完整的文化和国家主权（独立权、管辖权、自卫权、平等权）时，这个国家才是一个实质的国家。所以，领土完整、国家独立、文化完整是一个国家的根本利益。在这一根本利益的规定下，国家的合法利益，就是指遵循自然律（包括宇宙律令、自然法则、生命原理和普遍的人性要求）而形成的利益。国家的合法利益涉及五个方面，即国家的安全利益、

---

① ［新西兰］马丁·曼宁：《气候变化：科学与社会》，见［英］戴维·赫尔德主编：《气候变化的治理：科学、经济学、政治学与伦理学》，谢来辉等译，社会科学文献出版社 2012 年版，第 48 页。

② Hans Morgenthau, "The National Interest of the United States", *American Political Science Review*, Vol. 46 (1988), p. 961.

政治利益、经济利益、文化利益和环境利益。在全球恢复气候、国际协作减排的共同事业上，明晰国家的利益边界是其根本的制度前提。

在重建国际气候制度这盘大棋上，重新明晰国家的利益边界，客观地存在着两个维度的要求与规范。首先，必须以保证和保障国家的根本利益和合法利益为先决条件，即国际气候制度的构建，不能损害任何国家的根本利益和合法利益。其次，必须要严格明确一国之领土完整、国家主权、文化完整的根本利益，并以自然律为根本尺度来确定一国之合法利益。具体地讲，国家的根本利益就是领土完整、国家主权、文化完整；在国家根本利益设计的框架下，国家的合法利益就是体现和维护国家的独立权、管辖权、自卫权、平等权所指涉的利益。以如上内容为规范的国家的根本利益和合法利益，构成了重建国际气候制度的利益边界，即凡是涉及如上内容的国家的根本利益和合法利益，都是所重建的国际气候制度必须尊重和维护的；凡是超出如上内容的国家利益，都应该是国际气候制度构建所考虑约束的内容，都应该是受到国际气候制度所必须硬性约束与规范的内容。比如，在全球恢复气候、国际协作减排的实施中"搭便车"的行为所追求的利益，就是非合法性利益，就应该受到硬性的国际制度的约束与规训。再比如，一切形式和借口的逃避协作减排的行为，也是超出一国之根本利益和合法利益边界的非合法利益谋取行为，应该在制度建设上设置惩罚机制以惩罚之。

重建联合国使其成为世界政府　在明晰国家利益边界的基础上，重建国际气候制度所考虑的首要问题就是重建世界政府。

重建国际气候制度之所以首先需要重建世界政府，是因为"正是气候变化的政治化发挥了催生'世界主义的现实主义'的杠杆作用。使民族国家构成的环境政治之狭隘视野可以被克服，而这点并非是无法想象的。这并非一种理想主义的一厢情愿的想法，因为这种世界主义的现实主义能够服务于民族国家的利益。不仅如此，这在气候变化和全球相互依赖的时代，也会更新各国的主权观念"①。重建世界政府，就是重建联合国。因为联合国自二战后创立以来，在维持世界和平，建立国家间友好关系，帮助各国共同努力改善贫困生活、战胜饥饿和疾病、扫除文盲，促进各国尊重彼此的权利和自由等方面做出了巨大的贡献，但在切实可行地展开对世界的有效治理和可持续生存方面，却显得越来越落后于时代，尤其是在气候失律、地球环境生态死境化、灾疫全球化和日常生活化态势下，联合国的功能越来越脆弱和微小。"正当世界需要更有效的治理之时，国际机构看起来倒比以往更弱小了。联合国在对抗气候变化方面扮演着关键的角色，尤其是以 IPCC 的形式——这个委员会在推动全球变暖的国际关切方面已拥有巨大的影响力。然而，联合国自身资源也不足，而且可能因国家集团甚至单个国家的行动而陷入瘫痪，它的安理会也是如此。当然，一个更加多极的世界可以为合作带来更好的平衡，但它也极容易产生严重的、再无人能调解的分歧和冲突。……联合国和其他此类国际组织的没落已到了晚期。"② 客观地讲，联合国具有世界政府的形式，但却缺乏世界政府的实质功能，因为联合国根本没有独立性，它始终为霸权国家所操控，在实际上只具有非常有限的协调、调解功能。并且这种有限的协调、调解的功能也只在利益纷争不太激烈的境遇中才得到比较充分的发挥，一旦进入一种利益纷争（即冲突、斗争）激烈的境遇中，这种有限的协调、调解功能的发挥往往是低效甚至是无效的，气候失律呼唤恢复气候所带来的气候利益谈判，突显出国际利益冲突，当然包括与之相关的诸如环境、资源、空间争夺战争日趋剧烈，使联合国的协调、调解功能更加低效。

联合国自诞生至今所形成的这一实际处境，霸权国家对它的操控当然是重要原因，但认真追究起来，这些都不是根本的。形成联合国困境的根本之因，是它本身先天不足，即它不是主权政府。换言之，联合国是建立

---

① ［德］乌尔里希·贝克：《"直到最后一吨化石燃料化为灰烬"：气候变化、全球不平等与绿色政治的困境》，见［英］戴维·赫尔德主编：《气候变化的治理：科学、经济学、政治学与伦理学》，谢来辉等译，社会科学文献出版社 2012 年版，第 135 页。

② ［英］安东尼·吉登斯：《气候变化的政治》，曹荣湘译，社会科学文献出版社 2009 年版，第 231 页。

在主权国家基石上的：无论过去还是现在，每个国家都是主权国家。主权国家是建立在包含了"独立于外部权威地管理其领土和公民，是所有国家固有的权利"[①] 思想之上的。在主权国家所书写的历史和现实世界中，"缺少全球政府意味着首先没有一种有权威的制度去确保国家之间互动的公正。我们处于一种'自助'（Self-help）状态下，每个国家必须自己照顾自己。其次，没有一种有权威的制度去协调不同国家的行为以促进共同善，我们所拥有的是民族国家政府的多样性，每个政府均得到授权为其自身内部的善而工作"[②]。由此使全球恢复气候、国际协作减排无政府化，即世界政府的空位，全球恢复气候、国际协作减排的人类拯救事业，往往更多地取得一个又一个"计划""协议""公约"方面的形式成就，难以将这些完美的文件性成就落实为实际的治理行动，使之构成全球恢复气候的实际进程。因为全球恢复气候、国际协作减排所面临的"根本的问题是没有一个居于上方的政府被授权去为这种共同善工作。每一个国家均只关心其自身的、通常是短期的利益"[③]。美国前总统老布什 1992 年拒绝在世界气候大会上签署生物多样性条约的行为是最好的说明。当有人指责他时，老布什则说："我是美国的总统，不是世界的总统，我要做的都是最能保护美国国家利益的事情。"[④] 老布什说的是一句大实话：他是美国公民选出来的美国总统，而不是世界人民选出来的世界总统，他作为美国总统只能为美国的利益考虑，为美国的利益服务。其他国家的总统或元首，在全球恢复气候、国际协作减排的利益考量上，其实也同样是老布什的思路和观念，即同样考虑本国的利益，同样以为本国的利益服务为最高准则。老布什所说的这句大实话揭示了两个事实：第一，在全球恢复气候、国际协作减排的利益考量上，人人都是自私的，每个国家都追求自利最大化；第

---

　①　［美］大卫·格里芬：《全球民主和生境文明》，见曹荣湘主编：《全球大变暖：气候经济、政治与伦理》，社会科学文献出版社 2010 年版，第 246 页。

　②　［美］大卫·格里芬：《全球民主和生境文明》，见曹荣湘主编：《全球大变暖：气候经济、政治与伦理》，社会科学文献出版社 2010 年版，第 253 页。

　③　［美］大卫·格里芬：《全球民主和生境文明》，见曹荣湘主编：《全球大变暖：气候经济、政治与伦理》，社会科学文献出版社 2010 年版，第 246 页。

　④　Fred Pearce, "Earth at the Mercy of National Interests", *New Scientist*, Vol. 4 (1992).

二，引领全球恢复气候、国际协作减排的事业，不是某个国家的事业，也不是某个国家元首的工作，是一个超越于国家之上的世界事业，它是世界政府的工作。全球恢复气候、国际协作减排之所以呈现出行动上的无约束性，是因为它无政府，是因为没有世界政府。要从根本上改变这种无政府状况，首先需要探索重建联合国的道路与方法，并在这种探索中使联合国成为一个实际上的世界政府，拥有主权能力，并发挥主权功能。

重建联合国，使其成为世界政府，实际上是在构筑实施全球恢复气候、国际协作减排的根基。

创立世界领导权制度 重建联合国，建立世界政府，必然涉及世界政府由谁领导的问题。创立联合国的领导权，这是全球恢复气候、国际协作减排所需要的。但全球恢复气候、国际协作减排的"世界领导权不应该仅仅由于某些国家富裕和强大就交给它们。它应该交给那些有道德使命感的去做符合人道和正义的事情的国家。全球气候变化就是这样一个领域。美国尤其只顾眼前而罔顾是非"①。乔治·阿克尔洛夫（George Akerlof）所论，揭示了创立世界领导权的核心问题，是谁拥有获得世界领导权的资格问题：国家的富裕、国家的强大并不构成获得世界领导权的资格，只有在全球恢复气候、国际协作减排的人类事业中，敢于担当使命和责任、能够从行为上体现出世界人道主义、维护全球气候公正的国家，才有资格获得世界领导权，才有担当世界领导的能力，才具备履行世界领导权的德性、品质和精神。

创立世界领导权制度，实际上就是选举世界总统，因而可借鉴主权国家的总统竞选制度来建立世界领导权的资格赋予制度。

重建全球恢复气候的经济制度 要将联合国重建成为一个世界政府，使其能够发挥真正"超越国家政府层面之上并且天然地仅为那些国家政府无法解决的全球事务负责"②。真正发挥一个全球层面的人类政府和民主

---

① ［美］乔治·阿克尔洛夫：《关于全球变暖的思考》，见曹荣湘主编：《全球大变暖：气候经济、政治与伦理》，社会科学文献出版社 2010 年版，第 44 页。

② ［美］大卫·格里芬：《全球民主和生境文明》，见曹荣湘主编：《全球大变暖：气候经济、政治与伦理》，社会科学文献出版社 2010 年版，第 259 页。

政府的职能，必须使它获得一个基础，这个基础就是必须具备充足的能够使自己运转所需要的经济力量，因为全球恢复气候、国际协作减排需要大量的经济投入。《联合国气候变化框架公约》的报告预计：为适应气候变化，到 2030 年，发展中国家额外投资所需要的资金每年为 280 亿—670 亿美元；在抑制气候恶化的领域，每年需要投资 920 亿—970 亿美元。联合国开发计划署所提供的报告预计：到 2015 年，为适应气候变化，发展中国家每年需要投资 860 亿美元；在低碳技术转让上，每年需要约 250 亿—500 亿美元的额外资金。综合上述，发展中国家履行《联合国气候变化框架公约》所需要投资资金每年约 1450 亿—2330 亿美元，其中 280 亿—860 亿美元用于适应气候变化，1170 亿—1470 亿美元用于包括技术转让和减缓气候变化领域。针对如上经济挑战，77 国集团和中国提议发达国家缔约方应该贡献其国民生产总值的 0.5%—1%，具体讲，其资金额度约为 2100 亿—4100 亿美元。[①] 面对如此庞大的资金，有两个根本性的问题需要解决。第一，如此庞大的资金从何而来？每个主权国家都不是世界银行，任何国家都不可能无条件地以**尽义务的**方式将国库里面的钱拨付作为全球恢复气候的费用。要让主权国家——比如富国——掏钱，总得有个在理的说法和依据，并且这个说法和依据必须体现广泛的平等和公正之伦理原则和政治要求。第二，既使这笔所需要的资金能够有充足的来源，那么，如此庞大的资金将如何分配与调度才可使它更卓有成效地发挥在全球恢复气候、国际协作减排事业上？现有的经济思路和方式显然不能解决这两个问题，必须面对新的形式进行国际经济制度的重建。

重建全球恢复气候的经济制度，其目标是创建充足的全球恢复气候、国际协作减排基金。该基金的来源渠道要得到开辟和保障，可考虑从如下几个方面入手创建完善的世界经济制度。

第一，改联合国全球国家会费征收制度为联合国全球国家纳税制度。

建立联合国全球国家纳税制度，是完全可以实施的一种经济制度，因

① 朱留财：《2012 年后联合国气候变化框架公约履约资金机制初步研究》，经济科学出版社 2009 年版，第 10 页。

为这种纳税制度是建立在两个基本事实基础上的：一是气候是全球公共资源，二是每个国家都是国际社会的一员。每个国家都在利用气候资源，气候得到恢复，每个国家都受益，所以恢复气候，每个国家都须平等地出力。

建立联合国全球国家纳税制度，其认知基础是普遍的人性论，其基本方法是契约论，其根本伦理原则是普遍平等。人性即是作为个体的人以自身之力勇往直前、义无反顾的生命朝向，这一生命朝向的生存论敞开，就获得生、利、爱之实项内容：生、利、爱的完整表述，就是生己与生他、利己与利他、爱己与爱他的对立统一。① 这一普遍的人性不仅是建立国家、实施国家政治的基石和逻辑起点，也应该是联合国、世界政府建立的基石和逻辑起点，更应该是创建全球恢复气候所需的经济制度的逻辑起点和基石。以人性为基石和逻辑起点，建立联合国全球国家纳税制度的根本方法论只能是契约论，因为契约论才充分体现了普遍平等的原则，包括人与地球生命的存在平等，人与人的生存的平等，国家与国家的存在发展的平等。恢复气候的出力平等和享受气候公共资源的权利平等和利益平等。

建立联合国全球国家纳税制度，就是根据如上的双重存在事实，遵循人性原理、契约论和平等原则，促使世界上每个国家都必须成为恢复气候的纳税国。设计联合国全球国家纳税制度，可根据多种因素综合权衡，比如，可根据每个国家的地理疆域和空间版图、人口和人均 GDP 等基本要素，设计单一而统一的税率。并按其税率向全世界每个国家征收，不分贫富，每个国家都必须成为纳税国。因为每个国家都在地球上存在，并事实上构成世界这个大家庭的成员，享受大家庭的权益，所以不论贫富，都应该担当责任。责任是因为利益的获得和权利的配享而生成的。凡事担当责任，是因为谋求了利益和享有了权利。因为任何一个主权国家都存在于大地之上、自然之中、苍穹之下，它的产生和存在本身就与自然签订了契约：自然源源不断地向每个主权国家提供存在和生存的必备资源、条件、环境、气候，作为具体的主权国家就必须有责任维护自然的健全机能，当

---

① 唐代兴：《生境伦理的人性基石》，上海三联书店 2013 年版，第 66—69 页。

气候失律、地球环境呈死境化趋势，根据契约，任何主权国家都有责任出钱出力治理环境、恢复气候。在全球恢复气候、国际协作减排的人类自救事业面前，每个主权国家都必须成为纳税国，这是契约论的实际体现。又比如，作为一个主权国家，以其较少的人口而享有巨大的超出其他国家的地理疆域和空间版图的权利，并从中获取了源源不断的资源和其他利益，就应该比其他国家多纳税。再比如，你的人均GDQ高居于其他国家，表明你利用气候资源比其他国家多，你向自然界排放的废气、污染也比其他国家多，你自然应该多纳税。这就是普遍平等原则在国际气候税制上的真实体现。

第二，提高联合国常任理事国的理事国资格费用，因为担任常任理事国，实际上是在享受一种国际社会特权。根据权责对等的伦理原理，任何一种特权的实质都是特殊的利益谋取方式。因而，根据"利益-权利-责任"的伦理三角形原理[①]和权责对等的实践行动原则，任何国家，一旦在国际社会上享受一份特权，就应该担当一份与其特权相对应的责任。过去，联合国的功能仅仅是进行一般国际事务的协调，它落实在常任理事国手中的权力相对有限。今天，全球化进程和世界风险使联合国的地位越来越高，作用越来越大，功能越来越多，联合国常任理事国手中的权力越来越大，必须为之而担当越来越多的责任，这种责任不仅是国际政治责任和国际法律责任，而且首先是国际经济责任。在新的形势下，面对全球恢复气候，联合国常任理事国资格费用必须提高，这是解决全球恢复气候费用不足的一个基本途径。

第三，建立统一的国际碳税制度。一是创建碳排放权税收制度，即联合国应该根据国际社会的碳排放权的分配比例而征收碳税。二是创建全球范围内的碳交易税抽取的税收制度，即制定出相应的比例抽取碳交易税作为联合国恢复气候的经济来源。

第四，创建气候污染和温室气体排放的历史清偿制度，即通过科学研

---

① 唐代兴：《生境伦理的规范原理》，上海三联书店2014年版，第3—5页。

究以达成普遍共识：以 1750 年为时间起点[①]，对全球所有国家向大气层排放的二氧化碳等温室气体进行排放量的历史性清算，并按照这一历史性排放量清单予以碳税缴纳，并将此一对工业革命以来各国排放污染和温室气体所作的历史清偿得来的资金纳入全球恢复气候基金之中。

第五，建立全球进出口关税提成制度。因为国际进出口贸易中，无论是进口还是出口，都表明进行了两个方面的资源运用和温室气体排放：一是进出口的产品生产摄取了地球资源，增加了二氧化碳等温室气体的排放量；二是产品进出口本身的整个活动过程（包括特殊的包装）都摄取了地球资源，增加了二氧化碳等温室气体的排放量。所以应实施进出口关税提成制度。实施进出口关税提成制度，可有多种设计方案，比如按照关税总额的 1‰ 抽取，全球统一。将关税抽取得来的资金纳入全球恢复气候基金统一管理。

第六，建立全球恢复气候、国际协作减排的慈善捐赠制度，鼓励全球范围内的国家、企业、个人进行全球恢复气候、国际协作减排的慈善捐赠。

创建恢复气候的国际资助制度　创建恢复气候的国际资助制度，既是解决气候不公正的根本措施，也是重新修复发达国家与发展中国家之间在平等基础上充分信任的基本手段，更是鼓励发展中国家担当起全球恢复气候、国际协作减排责任的根本方法，"因为气候变化的影响存在根本性的不公平——很大程度上是富裕国家在过去导致了气候变化问题，而发展中国家却最先受到气候变化的影响且缺乏适应的能力。此外，一方面富裕国家一直在高碳经济基础上获得繁荣，而发展中国家却被告知它们必须要寻找到另外一条低碳的发展路径。然而，这一路径在它们看来却非常不确

---

① 自 1750 年始，大气中的二氧化碳等温室气体浓度开始增长，全球平均温度开始上升，其原因是 1750 年是工业革命的开始，蒸汽机、煤炭、钢铁此三者构成工业革命技术发展的三项主要因素，由此也成为人力大量排放二氧化碳等温室气体的标志。

定、昂贵，甚至可能对它们的发展和减轻贫困的目标存在威胁"①。

创建恢复气候的国际资助制度，应从四方面入手。第一，建立完善的温室气体排放的技术资助制度。第二，建立地球环境的生境化培育的经济资助制度。创建恢复气候的国际经济资助制度，可以从四个方面努力。一是为减少温室气体排放，减少森林砍伐成为一个关键因素，因而，建立、完善和加大对发展中国家维护森林生态的经济资助制度，就显得特别重要。虽然发达国家近些年来已经承诺支付超过 40 亿美元用于减少发展中国家的森林砍伐，但这种资助额度还有待于进一步提升，并且这种资助必须制度化、普及化，这样才能使专项资助的资金能够专项使用到位，并产生实际的效益。二是减少放牧和阻止沙漠化的草原培育经济资助制度。三是为减少污染、促进大地"血液循环"畅通而建立河道疏通和江河流域生境重建资助制度。四是土壤有机化改造资助制度。要有效实施如上四项具体的专项资助制度，还必须建立起相对应的专项资助的专项使用和最佳效益的验收制度和配套奖惩机制，对完成得好的要予以追加资助，对弄虚作假或挪为他用的国家，应终止一切形式的经济资助，并永久性地取消其享受经济资助的资格，并追回资助资金。第三，创立替代能源资助制度，具体地讲，就是对再生能源的研究、开发、利用、推广予以全面资助的制度，鼓励低碳能源、低碳技术。第四，建立鼓励绿色经济、低碳经济、生境经济的开发、推广的资助制度，鼓励低碳生产、低碳消费、低碳生活。

重建全球恢复气候法律制度　国际政治制度和经济制度的重建，有赖于国际法律制度的创构与完善。建设国际法律制度，其实是为全球恢复气候、国际协作减排的政治实施和经济实施构建制度化的护卫体系和市场化的奖惩运作机制。

其一，重建全球恢复气候的法律制度，首要任务是完善《联合国宪章》，使之成为建立世界政府的最高法规和最终依据。

---

①　[英] 亚历克斯·鲍恩、詹姆斯·赖吉：《气候变化的经济学》，见 [英] 戴维·赫尔德主编：《气候变化的治理：科学、经济学、政治学与伦理学》，谢来辉等译，社会科学文献出版社2012年版，第96页。

完善《联合国宪章》，可以提出修正案的方式展开。

完善《联合国宪章》，最重要的有三个方面：一是在联合国框架下，建立世界政府，制定世界领导权（或世界总统）的遴选、运作、规范、监约及弹劾制度；二是将恢复气候、建设地球生境纳入《联合国宪章》；三是完善《联合国宪章》中"国际法院"的职能，包括提升国际法院的地位、增强国际法院的独立功能、扩大国际法院事权，尤其应该把全球恢复气候、国际协作减排、建设地球生境等内容纳入国际法院的事权范围。

其二，重建全球恢复气候的法律制度，应该完善《人类环境宣言》。1972 年，联合国在斯德哥尔摩召开世界环境会议并发表了《人类环境宣言》，在此宣言中阐述了著名的二十一条环境与发展原则。客观地看，《人类环境宣言》实际上构成了人类环境治理——具体地讲是全球恢复气候、国际协作减排——的法规性文件，是人类气候法理、国际协作减排的原始法律文本。但由于《人类环境宣言》形成于 1972 年，40 多年前的人类环境状况与 40 多年后的人类环境状况有根本不同。在今天，面对全新的地球环境和人类环境的恶化状况，要全面展开全球恢复气候、国际协作减排，《人类环境宣言》显示出了它的局限性甚至是失误，所以必须予以修正性完善。

完善《人类环境宣言》这一环境治理的法规性文件，需要修正《人类环境宣言》第 21 条原则。《人类环境宣言》第 21 条原则是"根据《联合国宪章》和国际法原则，各国拥有按照其本国的环境与政策开发本国自然资源的主权权利，并负有确保在其管辖范围内或在其控制下的活动不致损害其他国家或在各国管辖范围以外地区的环境的责任"[①]。20 年后，即 1992 年在里约热内卢的地球峰会上所发表的《里约环境与发展宣言》第 2 条逐字重复了《人类环境宣言》第 21 条。这条原则实际上允许任何国家在本国疆域内可以随心所欲地不顾地球环境的生态状况而征服地球、开发资源。这是政府间世界气候会议始终达不成全面共识的一个制度根源。如

---

① 万以诚、万岍选编：《新文明的路标：人类绿色运动史上的经典文献》，吉林人民出版社 2000 年版，第 6 页。

果要在恢复气候、协作减排上达成完全的全球共识，必须首先修正《人类环境宣言》第 21 条，在地球环境日益恶化的境况下，哪怕就是主权国家，也不能为了经济增长而任意地开发本国资源。发达国家任意地开发本国资源造成全球气候失律，已经是沉重的教训。发展中国家为了高速经济增长而任意地开发本国地球资源而造成的环境破坏，同样会给全球带来危害，气候失律的全球化，就是最好的案例。

其三，进一步完善和具体化《联合国气候变化框架公约》和《京都议定书》的法律实施规范操作细节。因为《联合国气候变化框架公约》和《京都议定书》不仅为全球恢复气候、国际协作减排制定了整体规范和宏观路径，也为气候变化的国家法规或地区法规的建设提供了核心理念和一般性指导原则，是指导"各国制定应对气候变化的法律制度和开展国际合作的法律基础，是目前国际社会最具有权威性的气候变化法律文件"[①]。特别是《京都议定书》规定了各缔约国尤其是发达国家的温室气体减排任务和时间进程。它是"世界上第一个带有法律约束力的国际环保协议，是首次为发达国家规定具有法律约束力的具体减排指标的国际法律文件"[②]。所以，应进一步完善它，使其获得系统的具体化的实施规范和操作细节，使之构成国际法院实施全球恢复气候、国际协作减排的督导、奖惩的可操作的法律依据和司法指南。

其四，创建在对全球恢复气候、国际协作减排实施中的一切形式的"搭便车"行为的重罚制度和能够及时、高效地处理"搭便车"行为的权威机构，这是全球恢复气候、国际协作减排的最终保障制度和最终激励机制。从本质讲，没有哪个国家愿意签署那种使其经济组织和政治利益处于不利地位的协议，任何国家都心存一种在全球恢复气候、国际协作减排过程中"搭便车"的幻想，在没有任何阻碍力量的情况下，几乎每个国家都有可能发生"搭便车"的行为。这种"搭便车"的幻想和行为，为在全球恢复气候、国际协作减排问题上形成普遍同意造成了障碍，也为普遍同意

---

① 郭冬梅：《应对气候变化法律制度研究》，法律出版社 2010 年版，第 69 页。
② 郭冬梅：《应对气候变化法律制度研究》，法律出版社 2010 年版，第 69 页。

的实施带来了压力。所以，创建杜绝"搭便车"的行为的法律制度和奖惩机制，就是促进全面确立普遍同意并有效实施的最终制度保障。要使普遍同意能够无障碍地形成，并使业已形成的普遍同意得到无障碍地全面实施，必须有一个获得和具备全球权威的恢复气候的机构。这个机构必须获得所有国家的授权，而且这个机构必须具备强制执行权。因而，这个机构必须有强硬的和完全平等的执法精神，并且这个机构必须由一个健全、强壮、公正的首脑来主持，这个首脑就是世界总统。之所以要提出这一条，是因为就全球恢复气候的历程来看，自 1972 年世界环境会议以来，40 多年的恢复气候步伐之所以停止不前，"根本的问题是没有一个居于上方的政府被授权去为这种共同善工作。每一个国家均只关心其自身的、通常是短期的利益"[①]。之所以形成这种情况，是因为地域主义传统所形成的绝对重要的主权国家观念，即绝对的国家主义成为恢复气候的根本障碍，《人类环境宣言》第 21 条的制定，同样是绝对的国家主义观念的具体呈现形式。改变这种观念模式和利益模式的方法有三。一是重建全球主义观念、世界主义范式，将国家观念纳入世界主义范式中来考虑。二是创建世界政府，授权联合国（即世界国家）和世界总统，总领全球气候治理。建立世界政府，即建立全球层面的人权民主政府，这一人权民主政府必须是"超越国家政府层面之上并且天然地为（仅为）那些国家政府无法解决的全球事务负责，全世界人民选举出来的代表可以通过旨在减缓并且最终扭转全球变暖和其他生态危机的法律"[②]。三是创建禁止任何形式的"搭便车"行为的国际法律制度和国际司法体系及运行机制。

其五，整合如上各要素，构建和完善恢复气候、协作减排的世界法律体系。

其六，应把气候及其所关联的整个环境问题、人口以及可持续生存问题、军备竞赛问题纳入世界法律体系的规范之下，凡是在这三个方面出现

①　［美］大卫·格里芬：《全球民主和生境文明》，见曹荣湘主编：《全球大变暖：气候经济、政治与伦理》，社会科学文献出版社 2010 年版，第 253 页。

②　［美］大卫·格里芬：《全球民主和生境文明》，见曹荣湘主编：《全球大变暖：气候经济、政治与伦理》，社会科学文献出版社 2010 年版，第 259 页。

的问题且国家政府所不能解决的相关事务都纳入世界政府的解决范围之内，并依照国际法律规范予以司法协调和司法解决。从根本讲，导致气候失律的关键因素，是地球环境破坏、人口压力和军备竞赛所形成的核工业污染，这是最大的污染源之一；并且，对全球存在安全和可持续生存造成最大威胁的，就是与气候失律息息相关的核竞争，它不仅制造出各种各样的战争危机，制造出源源不断的核污染，更造成有限资源的高浪费，这种高浪费是进一步刺激各主权国家进军地球、进军海洋和进军太空的强劲动力。向地球进军、向海洋进军、向太空进军的行动，恰恰是制造更新更多污染、排放更多二氧化碳等温室气体和其他污染物质的基本方式，也是当代进程将人类推向战争和毁灭的重要方式。所以必须全面限制和努力消解进军地球、进军海洋、进军太空的科技行动和经济行动。

三、恢复气候的国家制度伦理

2001 年诺贝尔经济学奖获得者、美国加州大学伯克利分校经济学教授乔治·阿克尔洛夫在其《关于全球变暖的思考》一文中论及全球气候给中国带来的机遇时指出："世界领导权不应该仅仅由于某些国家富裕和强大就交给它们。它应该交给那些有道德使命感的去做符合人道和正义的事情的国家。全球气候变化就是这样一个领域。美国尤其只顾眼前而罔顾是非。这对中国树立其道德威信是个机遇，也许还不需要付出特别大的代价。这也是中国开始树立其世界领导权的起点。随着 21 世纪向前发展的脚步，中国将逐步拥有这种领导权。"[①] 抛开特殊的语境，阿克尔洛夫此论表明三点。首先，全球化走向的未来世界，需要世界领导权，全球恢复气候、国际协作减排更需要世界领导权。其次，世界领导权为哪个国家所掌握，国家的富裕和强大，并不是其根本条件，而是人类使命感、世界责任感和人道主义实践、全球公正的行事准则，此四者才是一个国家获得世

[①]　[美] 乔治·阿克尔洛夫：《关于全球变暖的思考》，见曹荣湘主编：《全球大变暖：气候经济、政治与伦理》，社会科学文献出版社 2010 年版，第 44 页。

界领导权的真正决定性因素。再次，一个国家要真正拥有世界领导权，必须成为全球恢复气候、国际协作减排的先行者和表率。

以此来看，阿克尔洛夫对中国寄以厚望，但并不意味着中国就一定能够成为未来拥有世界领导权的国家。客观地看，中国能否走向获得世界领导权的国家道路，成为未来世界的领导权国家，需要中国本身的实践努力。中国的恶劣环境现实又为中国能够走向世界领导权的国家道路提供了全部的条件和可能性。如何立足于恶劣的现实环境状况而着眼于未来世界领导权地位的谋取，创建全新的恢复气候的国家制度，必成为其前提考虑。

1. 恢复气候的国家制度保障

气候是全球问题，但也是国家问题。或者说全球气候失律所带来的恶果，最终将成为每个国家可持续生存式发展中必将遭遇的难题。在全球气候失律的当代境遇中，任何国家都不能全身而退。对于这一点，美国在气候问题上的双重立场，是最能说明问题也最能引发每个国家深思的。

1992 年，美国总统老布什在巴西里约热内卢地球峰会上拒绝签署生物多样性条约。2003 年，在意大利米兰全球气候大会上，美国总统小布什以二氧化碳等温室气体排放和全球气候变化的关系"还不清楚"、以《京都议定书》没有要求一些发展中国家承担减排义务和发达国家单方面限制温室气体排放"没有效果"为理由，宣布退出《京都议定书》。两任美国总统的行为，不仅暴露出美国政府的自私和逃避排放大国责任，而且更暴露出在全球恢复气候、国际协作减排的共同事业展开进程中，"搭便车"的想法和行为是怎样在阻碍人类的共同努力。

美国政府在国际协作减排问题上的做法虽然为国际社会所不齿，但美国国内在气候失律与国家安全和可持续生存式发展方面的努力，却始终与时俱进，并给全球社会尤其给我们多方面的启示。2003 年 10 月，美国国防部向白宫提交了一份名为《气候突变的情景及其对美国国家安全的意义》的秘密报告。该报告通过大量的数据分析，描述性地预测了 2010—2020 年这十年期间全球气候失律状况及其整体趋势。一是全球气温朝两极方向突变，即在亚洲和北美洲，其年平均温度将下降 2.8℃，北欧年平均温度下降 3.3℃；与此相反，在南美洲、澳大利亚以及非洲南部的关键地区，其年平均温度却上升 2.2℃。二是全球处于巨大的气候灾害漩涡中：在欧洲和北美洲东部，将持续几十年干旱，而且冬季气候被暴风雪垄断；在西欧和太平洋北部，却不断出现更暴烈的大风气候。三是气候失律带来大范围的生存危机，具体地讲就是气候失律造成越来越多的地区食物短缺、能源供应紧张、资源匮乏。该报告还指出，全球气候恶化在事实上使美国国家安全面临全新的挑战，其最突出的表现是：军事冲突的可能性大大增加，并且暴发军事冲突的诱因，将不会再是国家之间的意识形态、宗教、国家尊严等传统因素，而是国家对自然资源（诸如能源、食物和水等）的争夺。[①]

2007 年 4 月，由退休将军组成的美国海军分析中心军事咨询委员会发布了《国家安全与气候变化威胁》报告，该报告从军事角度评估了气候变化对美国国家安全的威胁。该报告认为，在未来几十年里，气候进一步恶化，首先导致极端气候灾害频繁暴发，引发海平面上升、冰川消融，许多地区的基本居住条件丧失，引发全球人口大迁移，流行性疾病加速蔓延，并且，全球气候恶化也将带来敌对政权的增多，更造成恐怖活动的活跃。如上诸因素的交汇整合扩散，必将严重威胁到美国的国家安全，并很有可能迫使美国改变已有的安全体系。该报告还进一步指出，气候恶化不断扩散了国家间在政治上的敌对情绪，并由此不断增加了国家间的敌对情绪，这些因素将可能推动美国卷入更多的地区冲突。亚洲、非洲和中东是最容易遭受气候恶化影响的脆弱地区和国家，这些地区和国家的生存环境原本就恶劣，气候恶化更使它们雪上加霜，因为不断恶化的气候导致了粮食产量下降，水资源严重匮乏，基本生存条件丧失，瘟疫流行，疾病增多，这诸多因素的交织将可能导致一些国家的内乱和政治动荡，更可能促

---

① Peter Schwartz and Doug Randall, *An Abrupt Climate Change Scenario and Its Implications for United States National Security*, 2003, http：//www. edf. org/documents/3566 _ AbruptClimate-Change. pdf.

使其滋生极端主义，恶劣的气候更有可能成为滋生独裁主义、种族主义的温床。该报告还针对如上可能性提出五点建议：第一，政府应把全球性气候威胁纳入国家安全防御战略体系；第二，应在本土积极做好国家安全，以应付气候变化破坏全球安全和稳定；第三，应担当起大国责任，走向国际社会，帮助发展中国家尤其是贫穷国家更好地应对气候变化；第四，国防部应加快技术革新、改进业务流程，提高应对各种军事冲突的战斗力；第五，国防部应重新评估气候恶化所引发的海平面上升以及极端气候灾害对军事设施的影响程度，以迅速裁定积极正确的应对之策。①

2008 年 11 月，美国国家情报委员会发布《2025 年全球趋势——转型的世界》。该报告指出，到 2025 年，气候恶化必然全球化，气候恶化带来负面影响世界化，尤其是对能源、矿产资源、海洋等方面的负面影响更为严重。因而，加强气候变化的应对之策，更具有国家安全的战略意义。该报告还指出，面对日益恶化的气候，任何单边行动都可能导致新的恶果和危险，世界各国是否愿意参与多边气候合作，从根本上取决于他国行为的影响、经济与环境利益等诸多因素的刺激。由于气候恶化所带来的影响始终是全球性的，所以应对气候的努力同样需要每个国家在全球层次上采取一致的行动。②

美国对气候失律的关注，正是基于气候既是全球公共资源，也是国家资源，气候失律无论从何处暴发，都将产生全球性边际效应，并由此对所有国家产生影响。任何国家都必须面对全球气候失律之现状及其恶变趋势做出积极回应，并创建应对全球气候恶化的国家制度。不仅如此。创建应对气候环境恶化的国家制度，还基于气候失律不仅是全球性的，而且也是国家性的。1952 年 12 月，极端环境灾害降临英国伦敦，持续四天的霾污染最终导致 14000 多人死亡。伦敦霾灾难只发生在英国伦敦，而不可能在其他国家出现。再比如 2013 年只成为中国的"霾污染年"，而不可能是全

① The CAN Corporation，*National Security and the Threat of Climate Change*，2007，http：//securityandclimate. cna. org/report/SecurityandClimate _ Final. pdf.

② http：//www. dni. gov/nic/PDF _ 2025/2025 _ Global _ Trends _ Final _ Report. pdf.

世界每个国家的霾污染年；并且，"霾国家"的"美誉"也只有为中国所特享。

当我们说全球气候失律，是说气候一旦失律就会发生边际效应而影响到全球，或者使全球遭受影响。但就发生学论，任何形式的气候失律，总是在具体的地区或具体的国家暴发：气候失律始终是地区性、国家性的。更准确地讲，是国家行动、国家活动导致了气候失律；并且，也只有当众多的国家行动、国家活动导致了气候失律时，才演变形成全球气候失律，或者说才深化成气候失律的全球化。所以，探讨全球恢复气候、国际协作减排，必须充分考虑国家气候失律问题。

国家气候失律是指一国境内的气候失律。客观地看，造成国家气候失律的原因是多重的。在人类世界，有大国家和小国家之分。这里的"大""小"同时受三个因素影响：一是地理疆域和空间版图，二是人口，三是人口密度。国家气候失律的状况及其程度，不仅与全球气候失律的状况和程度相关，而且更与国家的大小直接相关。具体地讲，大国家（即地理疆域大和空间版图宽、人口多且人口密度大）的气候失律往往是相对自成性的，即国家范围内的社会活动过度介入自然界，是导致大国家气候失律的主要原因，甚至还成为有些大国家气候失律的根本原因，它往往超过了全球气候失律所造成的影响。反之，地理疆域小和空间版图狭、人口相对少且人口密度不大的小国家，其气候失律的状况与程度，更多地受制于全球气候影响或邻国气候影响。以中国为例，其国家境内的气候失律状况，更多地是自成性的，因为中国地理疆域大、空间版图宽，而且人口众多且地域性生存空间密度大。比如 2012 年的极端酷热高温、强暴雨、超级洪水、特大干旱、台风，并由此诱发各种地质灾害、城市内涝不断，以及 2013 年初至今扩散到几乎整个国家上空的霾气候，不是受他国气候的影响，也不是受全球气候的影响，更多地是本国国家活动所产生的对自然界的负面影响获得层累性释放的体现。所以，对于自成性气候失律的国家来讲，其治理和恢复气候的社会工程建设更为重要，由此形成其国家气候制度重建的根本性。中国作为一个地理版图相对宽广、人口众多、人口密度异常大的大国家，由于生存所驱发展经济使自己成为一个自成性气候失律的典型国家，更应该加强国家气候制度的创建。

在全球气候失律的大背景下，国家积极创建恢复气候制度，还源于**气候脆弱性本身**。所谓"气候脆弱性（Climate vulnerability），是指在生物物理和社会脆弱性的语境中受气候危害影响的程度，以及与之相关的长期（适应）和短期（处理）的应对能力"[①]。气候脆弱性是客观存在的。形成气候脆弱性的因素主要有两个方面。一是自然因素形成气候脆弱性。IPCC通过大量的数据分析得出一个基本观点：面对最大气候风险的地区往往是低纬度的发展中国家，因为它们对破坏和伤害更加敏感。二是国家条件。我国2007年出台的《中国应对气候变化国家方案》中指出，中国也是一个气脆弱性的国家，中国国家的气候脆弱性，主要来源于五个因素的交织与整合。第一，"中国气候条件相对较差。中国主要属于大陆型季风气候，与北美和西欧相比，中国大部分地区的气温季节变化幅度要比同纬度地区相对剧烈，很多地方冬冷夏热，夏季全国普遍高温，为了维持比较适宜的室内温度，需要消耗更多的能源。中国降水时空分布不均，多分布在夏季，且地区分布不均衡，年降水量从东南沿海向西北内陆递减。中国气候灾害频发，其灾域之广、灾种之多、灾情之重、受灾人口之众，在世界上都是少见的"。第二，"中国是一个生态环境比较脆弱的国家。2005年全国森林面积1.75亿公顷，森林覆盖率仅为18.21%。2005年中国草地面积4.0亿公顷，其中大多是高寒草原和荒漠草原，北方温带草地受干旱、生态环境恶化等影响，正面临退化和沙化的危机。2005年中国土地荒漠化面积约为263万平方公里，已占国土面积的27.4%。中国大陆海岸线长达1.8万多公里，濒邻自然海域面积约473万平方公里，面积在500平方米以上的海岛有6500多个，易受海平面上升带来的不利影响"。

---

① ［英］迈克尔·梅森：《正义的局限：边界之外的气候脆弱性》，见［英］戴维·赫尔德主编：《气候变化的治理：科学、经济学、政治学与伦理学》，谢来辉等译，社会科学文献出版社2012年版，第202页。

第三，"能源结构以煤为主"。第四，"人口众多"。第五，"经济发展水平较低"。[①] 面对如上五个方面的国家气候脆弱性，为强化恢复气候，更应该加强气候制度的建设。

2. 恢复气候的国家制度体系

创建恢复气候制度体系的紧迫性　中国既是一个气候脆弱性极强的国家，又是因发展导致污染物和温室气体排放等问题比较严重的国家。前中国环保部副部长潘岳曾说过这样一句表明中国气候问题的严重性的话："近来，大多数中国代表团出国去谈能源安全，而大多数外国代表团到中国是来谈中国的环境影响，这的确是矛盾外交。"[②] 气候是地球生命存在和人类生存的宇观环境，它的任何变化都影响到地球上所有环境生态状况的变化。在当代社会，人类活动过度介入自然界并向自然界排放温室气体和各种污染物，构成气候失律的最终人力原因。中国作为一个气候脆弱性极强的国家，其根本原因在于中国社会通过生产和生活向自然界大量排放温室气体和各种污染物。"中国已经超过美国成为世界最大的二氧化碳排放大国，而发展中国家加起来已经占到世界年均温室气体及其他污染物排放量的40％。如果我们把采伐森林考虑进来，就占到了50％。随着温室气体及其他污染物排放量的上升，富裕国家要求贫穷国家减排的呼声越来越响亮。"[③]"显而易见，中国在这个过程中扮演了重要的角色，1990年以来一半以上的全球二氧化碳排放的增量来自中国。中国现在占到了全球排放的25％。中国在收入与能源使用量上的快速崛起让全世界侧目。过去的几十年间，有千百万人摆脱贫困，从这个角度讲，中国的迅速转型值得欢呼与敬佩。但任何事物都有正反两面，在成就的背后也有问题浮现，工业与煤电厂引发的环境污染也严重影响着中国千百万人的生活。2006年

---

① 中国国家发展和改革委员会组织编制：《中国应对气候变化国家方案》，见 http://www.ccchina.gov.cn/WebSite/CCChina/UpFile/File189.pdf。

② ［瑞典］克里斯蒂安·阿扎：《气候挑战解决方案》，杜珩、杜珂译，社会科学文献出版社2012年版，第116页。

③ ［瑞典］克里斯蒂安·阿扎：《气候挑战解决方案》，杜珩、杜珂译，社会科学文献出版社2012年版，第115—116页。

中国就超越了美国，成为世界头号二氧化碳排放国家。几年之后的 2010
年，中国的排放量又上升了 30%。而美国的排放量事实上却下降了一些，
部分归咎于金融危机。近年来，在国际气候博弈中，中国已经成为与美国
一样的重量级选手。"[①] 2014 年世界气候大会召开前夕，BBC 网站报道最
新数据显示：2013 年，由于无限度地使用化石燃料燃烧和进行无限度的
水泥生产，造成全球二氧化碳排放增加了 2.3%，全球二氧化碳年排放量
达到 360 亿吨。其中，二氧化碳最大排放国是中国：美国 52 亿吨，欧盟
28 国 35 亿吨，印度 24 亿吨，中国 100 亿吨，是美国、欧盟、印度的总
和，占全球排放的 33%，美国占 15%，欧盟占 10%，印度占 7.1%。在
二氧化碳人年均排放量上，全球人年均排放量为 5 吨，居首位的是美国，
其人年均排放量 16.5 吨，其次是中国，人年均 7.2 吨，欧盟 6.8 吨。中
国人年均二氧化碳排放量首次超过欧盟。

表 4-1　1990—2013 年中国二氧化碳排放量表

年份	二氧化碳排放量	年份	二氧化碳排放量
1990	22.9 亿吨	2002	34.4 亿吨
1991	24 亿吨	2003	46 亿吨
1992	24.7 亿吨	2004	48. 亿吨
1993	26.4 亿吨	2005	54.2 亿吨
1994	28.5 亿吨	2006	56.5 亿吨
1995	29 亿吨	2007	60 亿吨
1996	29.3 亿吨	2008	68.1 亿吨
1997	31.3 亿吨	2009	81.4 亿吨
1998	30.2 亿吨	2010	83.3 亿吨
1999	29.9 亿吨	2011	86.4 亿吨
2000	29.6 亿吨	2012	90.3 亿吨
2001	31 亿吨	2013	100 亿吨

① ［瑞典］克里斯蒂安·阿扎：《气候挑战解决方案》，杜珩、杜珂译，社会科学文献出版社
2012 年版，第 164 页。

2008 年，世界权威杂志《科学》刊登了 4 位中国科学家和另外 1 位美国科学家的文章，这些文章预测了中国将会成为全球受气候变化影响最大的国家之一。如果海平面上升 1 米，中国 3 个重要的工业中心将损失超过 900 万公顷的土地，相当于印第安纳州或匈牙利的面积。他们还指出了中国西北部的冰川融化正在加剧。[①] 根据国家海平面监测报告，1980—2014 年，我国沿海海平面上升速率为 3.0 毫米/年，高于全球平均水平。90 年代其上升速率明显加快：《2014 中国海平面公报》显示，2014 年，渤海湾西南部、长江口北部和杭州湾南部沿海海平面上升明显，上升幅度均**超过 150 毫米**。按照这一趋势，到 2050 年，我国沿海地区可能淹没的面积是 9.83 万平方公里，约占国土总面积的 1.02%，约占沿海地区面积的 7.5%。中科院寒区旱区研究所跟踪监测显示：近 50 年祁连山 509 条冰川消亡，面积减少 430 多平方公里。[②] 目前，祁连山冰川消融加快，水资源加速减少，河西走廊绿洲生态正在消失。2015 年 5 月初，新疆境内公格尔九别峰冰川移动 20 多公里，移动冰川的体积大约在 5 亿立方米。公格尔九别峰冰川突然移动，发出一个异常危险的信号：在全球气候加速变暖的大背景下，中国已被逼上气候失律所造成的环境悬崖。根据世界银行 2006 年统计，全世界范围内污染最严重的城市有 20 个，其中，中国就占了 16 个。2014 年，霾污染扩散到全国 25 个省市，并继续扩散，形成真正的"霾国家"。高速的经济发展付出了难以偿还的高昂环境代价：整个国家范围内环境破坏更为严重，气候失律更加恶化，大气被污染所充满，霾污染蔽日，人们的最低生存条件丧失。这一环境危机和生存困境，形成国家治理环境、恢复气候的紧迫性。但是，要使治理卓有成效，并且要使治理能够促进环境问题的根本解决，必须重建环境治理和恢复气候的制度，因为只有健全、规范、严谨的治理制度，才可真正引导、规范人和社会的行为，最终抑制泛滥的气候灾难，包括日常生活化的气候灾疫、地

① Zeng Ning et al., "Climate change: The Chinese Challenge", *Science*, Vol. 319（2008），pp. 730—731.

② 刘时银等：《基于第二次冰川编目的中国冰川现状》，《地理学报》2015 年第 1 期。

质灾疫和遮天蔽日的霾气候，恢复气候。

创建恢复气候的立法-司法制度　气候失律，是世界性的难题，但首先是国家难题。治理环境、恢复气候，构成国家可持续生存及限度发展的根本问题，并必将成为国家法律建设的最新课题，也成为法律建设的基本内容。

在国家层面进行气候立法，首先要确立气候立法的根本性、重要性和紧迫性，并将气候立法作为国家立法的核心战略来予以考虑。其次应以整合视野和整体方法来进行气候立法，即应把气候立法与低碳社会、环境生产力建设、灾疫防治、生境文明等内容纳入整体来进行通盘考虑。对治理污染、恢复气候、重建生境予以系统立法。（详见第六章"恢复气候生境法治机制"。）

创建恢复气候的畅通信息制度　治理污染、恢复气候、重建生境，是全社会的事业，也是国家共同体每个成员的事业。在治理污染、恢复气候、重建生境方面要卓有成效，必须具备两个前提条件：一要具备社会整体动员的能力并在事实上可以展开全社会整体动员，二要有全面、及时畅通、准确无误的信息。前一个前提条件要求政府必须成为高效的政府，后一个前提条件要求国家应创建全社会共享畅通无阻的气候信息制度。

创建全社会共享的畅通无阻的气候信息制度，须从五个方面努力：一是创建全社会人人共享并人人平等参与的气候信息平台制度，二是创建多元、立体、网络化、快速的气候信息收集、处理制度，三是创建完善的气候信息真实制度，四是创建完善的气候信息公开制度，五是创建完善的气候信息充分运用制度。只有从这个五个方面入手创建起全社会共享的畅通、真实的信息制度，才可构建起快速、畅通、真实的信息平台和流通机制，为恢复气候研究和恢复气候决策提供准确无误的信息，以促进治理成本最小化。

创建恢复气候决策制度　气候失律，遵循层累原理而生成，遵循突变原理而暴发，并遵循边际效应原理而扩散其破坏力，形成对地球生存条件的加速破坏，阻碍国家的可持续生存式发展。所以气候失律一旦产生，就必须予以快速的治理反应。这一基本要求决定了恢复气候必须遵循自然律（宇宙律令、自然法则、生命原理和人性要求），具备实践理性品质和能力。因此要求创建恢复气候决策制度，就显得异常迫切和根本。

创建恢复气候决策制度的首要前提，是必须有一个权责分明、精干务实、反应灵敏和低成本运作的政府，这样的政府一定是"小政府"。所谓"小政府"，是指政府机构少、人员少、政府运作成本小。从伦理角度讲，政府越小，越具有伦理品质；政府越小，其道德能力越强，政府的道德表率功能越大。这是因为：第一，政府越小，人民为之承担的费用越低，社会负担越轻；第二，政府越小，国家就越大，社会就越发展，国家和社会的自组织、自创生功能就越强，公民的社会能力越强，对政府行为的社会监约能力越强，政府就越具有规范要求，政府行为就越具有边界意识，政府的保证群己权界的能力就越强；第三，机构、人员越小的政府，越没有冗员，政府运行的中间环节就越少，由此形成政府的工作能力越强、工作效率越高。所以，小政府才是权责分明、精干务实、反应灵敏和低成本运作的政府。恢复气候就需要这样的政府，才可使治理行为卓有成效。

创建恢复气候决策制度的核心内容，就是构建反应迅速、运行高效的国家气候决策机构。恢复气候就是对气候失律所引发的问题进行污染治理、灾害治理、瘟病治理、大气治理。恢复气候涉及到国家存在、社会发展、人民生存的方方面面，涉及到整个国家社会的现实与未来，更涉及到人民生活的苦乐、幸福与不幸，以及代际生存等根本性的重大社会问题。所以，恢复气候在事实上构成了国家的生存国策、发展战略，在设计和创建气候决策制度时，对气候决策机构的设置，必须进行最高级别的考虑，即气候决策机构不是一个环保部门所能代替的，也不是环保机构这样的政府职能部门权力所能够统摄的，它必须是国家的最高权力机构、最高行政机构、最高督察机构。具体地讲，一个国家的气候决策机构，必须是以国家元首为首要责任者的决策机构。但一国之气候决策机构又不仅仅只是政府首脑组成的机构，它必须是有气候科学、物理科学、环境科学的科学家，伦理学家，政治学家，法学家，社会学家，生态学家，医学家，哲学家等参与的决策机构。因为恢复气候涉及大气治理、气候灾害治理、瘟病治理等方面的内容，既是大气这样的宇观环境的治理，也是地球这样的宏观环境的治理，更是具体的地域环境、生产环境以及消费和生活环境的治理，比如河流治理、土壤治理、水治理、污染物治理等，它需要科学依据，需要实践理性精神，需要伦理原理，需要道德规范和引导，需要认知论和方法论，需要智库，需要整合智慧，需要跨学科的大科际整合视野和方法。

创建恢复气候管理制度 恢复气候之于国家必须有正确的决策，因而需要决策制度的构建和决策机构的组建。但要将正确的气候决策落实为社会整体动员的治理实践和操作行动，则需要强有力的管理，因而，创建高效的气候管理制度成为必须。

创建恢复气候实施管理的组织体系和管理机制，这是创建恢复气候实施管理制度的核心内容：首先是建立恢复气候的国家运行机制，即国家气候委员会；其次是建立气候管理实施组织体系，它是由国务院、省、市、县、乡镇气候委员会所构成的体系。各级气候委员会由各级政府首脑、各相关机构责任人与专家组成，构成气候治理决策机构和督察机构，施行对社会各行各业的气候评估和环境指标建设，尤其是统摄社会基础建设、土地征用、科技开发、城市发展等方面的规范、约束。实行面向社会、公开流程和信息的气候风险管理。

3. 创建恢复气候的问责制度

恢复气候的国家视野 在当代境遇中，气候正在决定着一切，因为气候失律已在悄然地改变着一切。这是我们在着手恢复气候制度建设时必须明确的基本认知，并在这一基本认知基础上，确立制度构建行动的出发点。

客观地讲，创建恢复气候的国家制度，就是创建恢复气候的中国制度。

在全球气候治理大潮中，中国是一个特殊的国家，这种特殊性主要体现在四个方面。第一，中国是社会主义国家，走的是中国特色社会主义道路，创建恢复气候之国家制度体系，有优越的基础制度保障。第二，中国是发展中国家，是世界发展中国家的带头国家，其谋求发展的努力目标是进入世界，成为世界强国、大国，具有领导世界事务的能力。由此两个方面的要求和自身规范，使中国在恢复气候的全球行动中尤为引人关注，因为它能代表发展中国家与美国、欧盟形成三足鼎立之势，能在事实上成为与美国、欧盟展开平等对话的特殊角色，中国已初步具备这种权力与能力，并要有意识有目的地肩负起引导发展中国家抗衡美国霸权的使命。第三，中国为消灭贫困、实现小康而快速发展经济，追求经济高增长，已导致了严重的环境问题，这对中国来讲是一个不能回避的现实，在恢复气候的全球性行动进程中，中国必须正视这一现实。唯有如此，我们才有更正确的姿态和更积极的行动。第四，中国要全面展开实施恢复气候的国家战略，不能一心只求经济发展，必须把工业化、城市化、现代化和后工业化、后城市化、后现代化整合起来考虑，必须将工业化、城市化、现代化建设纳入生境文明建设中来重新规划，必须将政治建设、经济建设、社会建设、法治建设和国民教育等纳入恢复气候的大舞台、大工程中来予以重新整合规范，必须通过恢复气候来引导国家展开低碳社会建设、环境生产力提升、可持续生存式发展道路的探索。

恢复气候的问责理性　在整个国家已全面进入气候失律、灾疫频发、霾扩散的生存境遇中，恢复气候不能采取试探性的方式，更不能采取实利主义。因为恢复气候不容许有任何方式的试误，也不能容忍有任何形式的目光短浅，更不能容忍或纵容以任何面目出现的实利主义，因为气候失律已经把我们推上了环境悬崖，离万劫不复的深渊只有一步之遥，留给我们的时间不多，属于我们任意操作的空间不大。恢复气候的一切努力，必须具备实践理性品质、精神和能力，必须具备未来胸襟、整体视野和超越的气魄，必须具备问责理性，以理性为导向构建问责制度。

面对不断恶化的气候失律，构建气候问责制度，需要展开恢复气候的伦理反思，并求诸气候问责理性的确立。因为进行气候问责制度的构建，实质上涉及个人理性与集体理性的博弈或者个人、组织、机构、政府、国家等之间所展开的利益博弈，这种利益博弈必须是理性的。在实施恢复气候的实践中，无论个人与组织、机构、政府、国家，还是组织、机构、政府与国家，以及地方与地方、政府机构与政府机构之间的利益理性博弈的实质，是问责。所以，恢复气候的实施行动，必须有理性问责的规范和导向，并且必须有理性问责制度为保障。

气候问责制度构建的理性原则　构建恢复气候问责制度，必须遵循理性原则。恢复气候问责制度的理性原则，是以普遍平等和权责对等为伦理规范的公正道德原则，即必须以利害权衡为恢复气候问责制度构建的逻辑起点原则，以利益权利分配普遍平等为恢复气候问责制度构建的规范原则，以动机应当、手段正当、结果正义的有机统一为恢复气候问责制度构建的行为导向原则，以平等协作为恢复气候问责制度构建的保障原则，以"污染者担责"和"失责者重责"为恢复气候问责制度构建的行动原则。

气候问责制度构建的基本内容　以普遍平等和权责对等为伦理规范，以全面公正为道德导向，构建恢复气候的问责制度，其基本内容有三：一是构建恢复气候问责的高成本制度，二是构建气候问责的边际效应制度，三是构建恢复气候问责的规范制度机制。

构建恢复气候问责的高成本制度，由两个方面的内容构成。第一，气候污染必须高成本化，即谁污染，谁必须为此付出其污染所得收益的成倍或几倍甚至几十倍的代价。让污染者痛感污染所付出的代价比维护环境所付出的代价更惨重，从而规范个人、企业、组织、机构甚至地方政府、政府机关的行为，主动逃避污染，主动降解污染，主动去污染化。第二，气候失责必须高成本化，即在恢复气候过程中谁失责谁必须为此而担当补偿的重责，这种因失责而必须担当的责任，应与其失责所造成的气候破坏程度和环境破坏程度挂钩，即失责所造成的补偿应该是失责所造成的气候污染或环境破坏代价的几倍或几十倍。以促使个人、企业、组织、机构以及地方政府、政府机关责任人谨守己责，不敢轻易逃责、避责、弃责。

构建恢复气候问责的边际效应制度，是指气候污染和温室气体排放，一旦得不到及时的有效治理，致使所造成的污染和温室气体排放产生了边际效应损失、损害、危害或破坏，这种边际效应损失、损害、危害或破坏所形成的各种后果，都应该以计量经济学的方法进行经济核算，然后必须由污染者和温室气体排放者自己担责。并且担责大小一定要遵循边际效应递增原理来计算，以此惩罚任意污染者或温室气体排放者，使之在恢复气候的生活过程中学会自觉地守法。

构建恢复气候问责制度的根本目的，是要通过制度的实施来有序有度地引导、规范社会行为，以促进全社会各阶层、各社会群体组织、各地方政府以及机构，都能在问责制度规范和引导下完全担当恢复气候之该担责任。为达到此目的，构建恢复气候问责制度，还涉及问责制度实施机制的构建。构建恢复气候问责制度的实施机制，应该从两个方面来设计：一是构建问责的全权主体，二是设计全面问责的实施方式和社会运行机制。

构建恢复气候问责的全权主体，应从三个方面着手。一是构建恢复气候问责的政府主体，即政府是恢复气候问责的主导性主体，一切形式的恢复气候行为、活动，都需要政府肩负起全权问责的责任。政府问责主体是恢复气候问责的行政主体。恢复气候问责的行政主体是一个体系，它由中央政府和多级地方政府构成，并根据法定的行政管辖权限实施其权责范围内的恢复气候问责主体的责任。二是构建恢复气候问责的司法主体，即法院，具体地讲是法官。恢复气候问责的司法主体，就是恢复气候问责的惩戒主体，他必须依法担当起惩戒一切违背气候问责制度的所有行为的惩戒责任。三是构建恢复气候问责的公民主体，它是恢复气候问责的监约主体，也是恢复气候问责的实施主体。

在恢复气候问责制度的实施中，问责主体不同，其问责制度实施方式和运行机制也有所不同。一般地讲，在恢复气候问责制度的实施中，政府主体发挥问责功能的主要方式，是运用政府的行政力量进行行政干预，其社会运行机制是综合运用各种政策工具；司法主体发挥问责功能的主要方式，是运用司法工具释放法治功能，其基本的社会运作机制是刑事诉讼、民事诉讼和行政诉讼等司法方式方法的综合运用；公民主体发挥其问责功能的主要方式，是社会舆论和道德审问，其基本的社会运作机制是新闻导向和社会公论机制的健全构建和充分发挥，其前提是信息全面真实和社会公论机制健全。

第五章 恢复气候的生境经济方式

今天，人类已全面进入世界风险社会，并承受来自各个方面的生态危机。以整合方式审视当代人类正在全面经历的世界风险和全球生态危机，主要可展开为四个方面。一是环境破坏所造成的气候失律的不确定性，这种不确定性带来的灾难和风险是突变式的。二是气候失律所形成的存在安全危机和可持续生存风险，呈现其不可逆转性，这种不可逆转性可简单地表述为：人类不改变已有存在姿态和生存方式，使一切"依然照旧"地运转，那么，气候失律将以自身方式持续强化并加大其突变的暴虐程度，最后必将整个社会推向环境悬崖。三是代际问题的日益突出，如果一切依然承袭已有的惯性存在姿态和生存方式，必然使代际存在和代际生存问题更为严重，从根本讲，代际存在和代际生存问题所涉及的是人类物种是否能够永续存在的问题，所以它在事实上构成了人类安全存在和可持续生存的核心内涵。不解决代际问题，或者不能解决代际问题，就是放弃了人类安全存在和可持续生存的全部可能性与现实性。四是经济增长与生活水平的同步追求，是造成代际存在和代际生存问题的真正驱动力。能否真正解决由此所生成的代际问题，这是能否从根本上解决环境问题和不可逆转的气候失律问题的瓶颈："我们的生活水平不可避免地与我们的能源消费有关，其上升与经济增长同步。不实质性地降低我们对主要能源——化石燃料的需求，就无法应对气候变化。"[1] 要真正解决经济增长与气候失律、环境生态死境化的矛盾，必须创建生境经济学，以引导和规范社会探索可持续生存式发展道路。这是恢复气候、重建环境生境的根本经济学方法论。

---

① ［英］弗朗西斯·凯恩克罗斯：《科学与社会：气候变化的挑战》，见曹荣湘主编：《全球大变暖：气候经济、政治与伦理》，社会科学文献出版社 2010 年版，第 402 页。

一、片面发展与气候失律

1. 气候失律的人类经济动因

气候失律，灾疫频发，霾污染扩散，无论对地球生命来讲，还是对人类而论，都是环境灾害，而不是自然灾害。

"灾害"概念，实际上表述了两个层面的涵义。首先，对自然或者存在本身来讲，它不过是一种事实，一种自然界某些因素以自身方式而发生了突变的事实，这种事实构成了自然世界存在的一个因素、一个部分，它是客观的，是自然有序运行的自我调节方式，是不以人的意愿为转移的存在事实。其次，对人来讲，"灾害"概念所表达的是对如上存在事实的一种认知、一种观念、一种判断以及一种生存感觉，它来源于人们对外力造成对人的生命安全和财产安全的破坏这种生存状况和存在事实的感知和体认。

人们对"灾害"概念的意识、理解、运用，主要是立足于后者。

关于"灾害"，不同的研究者有不同的定义，时至目前，大致出现了15种定义，相对地讲，曾维华对"灾害"的定义具有更大的包容性。他指出："所谓灾害是指，某一地区，由内部演化或外部作用所造成的，对人类生存环境、人身安全与社会财富构成严重危害，以至超过该地区承灾能力，进而丧失其全部或部分功能的自然-社会现象。"[①] 这一定义揭示了灾害构成的三个基本条件：首先，灾害是一种自然-社会现象；其次，灾害这种自然-社会现象一旦发生，就会构成对人类生存环境、人身安全、社会财富的威胁；再次，灾害暴发的成因或动力，既可能来自于内部，也可能来自于外部。

由此来审视灾害，其类型划分就出现了多样性。宋乃平将灾害分为四类，即人文灾害、自然灾害、突发性灾害、缓发性灾害。[②] 这种类型划分

---

① 曾维华：《环境灾害学引论》，中国环境科学出版社 2000 年版，第 19 页。
② 宋乃平：《灾害和灾害学体系及其研究方法》，《自然杂志》1992 年第 3 期。

并没有考虑其内在逻辑的一贯性，因为无论是突发性灾害还是缓发性灾害，既可能是人文灾害，也可能是自然灾害，反之亦然。张波等人从农业角度入手，将灾害划分为气候灾害、生物灾害、环境灾害、社会灾害四类。① 其实，气候灾害源于气候，生物灾害源于地球生命圈，但无论是气候还是地球生命圈，都是人类得以存在和可持续生存的环境，前者是人的宇观环境，后者是人的宏观环境。所以，张氏等人的灾害类型划分，同样缺乏逻辑的自洽性。杜一在其《灾害与灾害经济》中将灾害划分为自然灾害和人为灾害两类，前一类灾害生成的原因是自然，包括风灾、沙灾、水灾、雹灾、虫灾、旱灾、天然火灾、霜冻、雪灾、暴雨、山崩、地震、海啸、泥石流等；后一类灾害生成的原因是人力，主要有政治灾害、认识灾害、犯罪灾害、过失灾害等。② 此种分类体现了逻辑的自洽性，但太笼统。基于这种缺陷，卜风贤"根据各灾因在地球系统中所处位置的不同可以归结为自然原因、社会原因和天文原因三大类，据此可把灾害划分为自然灾害型、社会灾害型、天文灾害型"③。郭强则认为这种划分存在明显的漏洞："首先，卜文把自然灾害和天文灾害并列为平行的灾害类型，显然是不合适的。从灾因上看，天文灾害与自然灾害有着共同的原因，都是自然因素变异所引发的同类（同因）灾害。我们知道，宏观上看，灾因只有两种即自然原因和人为原因。故天文灾害与自然灾害有着同质的引发原因，所以把同因的灾害在宏观上划分为两个类型，是不太适合的，是有悖于科学划分原则的。从宏观上分析，天文灾害是自然灾害的组成部分。任何单纯的天文事件包括新星爆炸、陨击是同人为事件截然不同的自然事件。其次，社会灾害的提法也是值得商榷的。一般来讲，自然是与社会相对应的，所以提到自然灾害，人们便很自然地想到社会灾害，这是可以理解的。但是从灾害科学的研究来看，社会灾害的提法是有问题的，是不应该把它作为一个灾型的。因为首先如果把社会灾害作为一个灾型，这里的

---

① 张波等：《农业灾害学刍论》，《西北农业大学学报》1993 年第 2 期。

② 杜一主编：《灾害与灾害经济》，中国城市经济社会出版社 1988 年版，第 83 页。

③ 卜风贤：《灾害分类体系研究》，《灾害学》1996 年第 11 期。

社会便是大社会包括政治、经济、文化等，但事实上在国内外的灾害科学研究中，社会灾害中的社会是个小范畴，它同经济、文化、科技并列。所以国内外灾害科学研究中的社会灾害是同经济灾害、技术灾害相平行的，是同级的。其次，对自然因素以外的因素所引发的灾害，我们用'人为灾害'来概括是最合适的。因此，同自然灾害相平行或同级的灾型应该是人为灾害。故此，作者认为灾型包括为自然灾害，人为灾害和生态环境灾害。"① 郭强不赞同卜风贤的类型划分法的根本理由，就是违背科学的划分原则。科学划分原则的根本要义，就是划分标准的同一，所划分出来的类型不能构成包含关系。以此来看郭强关于灾害类型的划分，同样存在有违科学划分原则的毛病。首先，"生态环境"是一个错误的概念②，准确地讲，应该是"环境生态"，"生态环境灾害"的正确表述应该是"环境生态灾害"。其次，环境生态客观地敞开为两个维度，自然环境生态和社会环境生态，因而，环境生态灾害既可能是自然性质的，也可能是人为性质的。

为避免如上类型划分所出现的内在逻辑矛盾，本书尝试以致灾的**直接原因**为依据，将灾害划分为气候灾害、地质灾害、社会灾害三类。气候灾害是由气候变化所引发的一切形式的灾害，比如干旱、冰雹、龙卷风、暴

① 郭强：《再论灾害类型划分问题——兼与风贤先生商榷》，《许昌师专学报》1997 年第 4 期。

② "生态环境"概念出现于 1975 年，后来由中国著名地理学家、原全国人大常务委员会委员黄秉维先生正式提出，并因为他的倡导而在 1982 年第四次宪法条款修改中，将原草案中的"生态平衡"改成"生态环境"。但此概念在尔后的运用中遭遇许多麻烦，尤其是造成了对外交流的理解障碍。黄先生最终意识到这是一个错误的提法，他希望废除，但为时已晚，正如黄秉维先生本人所言："顾名思义，生态环境就是环境，污染和其他的环境问题都应该包括在内，不应该分开，所以我这个提法是错误的。"针对这个错误，黄秉维先提出了两点意见：（1）"现在我不赞成用'生态环境'这一名词，但大家都用了，你禁止得了吗，禁止不了，但应该有明确的定义"；（2）"我觉得自然科学名词委员会应该考虑这个问题，它有权改变这个东西"。（参见候甫坚：《"生态环境"用语产生的特殊时代背景》，见唐大为主编：《环境史研究：理论与方法》第 1 辑，中国环境科学出版社 2009 年版，第 2—13 页）。本书不用"生态环境"而以"环境生态"代之，更因为就本质论，"生态"即事物的自在位态、朝向，或曰事物以内在本性规定并以自身方式存在敞开的位态及其所表现出来的朝向。环境作为有机体，亦有自在存在位态和朝向，所以用"环境生态"一语指涉之，即所谓环境生态，就是环境的自存在位态与朝向。环境这种自存在位态和朝向，既可呈生境状态，也可呈死境状态。

风雪、暴雨、霜冻、酷热、高寒、雷电、寒潮、霾气候、洪水、酸雨等；地质灾害是指因地质结构运动变迁所引发的一切形式的灾害，比如地震、火山暴发、土壤沙化、水土流失、泥石流、山体滑坡、洪水、河决、海浸、湿渍等皆属于地质灾害；社会灾害是指由整体的社会变动或其他局部性社会因素所引发的灾害类型，比如战争、犯罪、社会动乱、人口爆炸、能源危机、人为污染、交通事故、人为火灾等。

本书所论"灾害"主要是指前两种，即气候灾害和地质灾害。

从致灾原因角度审视，气候灾害和地质灾害中都客观地存在着纯粹自然动因和自然与人为双重动因的分别，由此可以将纯粹自然动因所形成的气候灾害和地质灾害称之为自然灾害，将直接致灾因是自然而最终致灾因是人力推动所形成的气候灾害和地质灾害称之为环境灾害。

自然灾害与环境灾害，表面看都是"自然灾害"，但实际上有根本的区别。自然灾害，就动因讲，它的发生是纯粹的自然力运动所为，与人类活动没有任何关联性；就表现状态言，它是偶发性的、地域性的、非连续的，并且，在一般情况下，自然灾害的生成不遵循层累原理，自然灾害的释放也不遵循边际效应原理。与此不同，环境灾害虽然也以自然的方式表现出来，但促使环境灾害生成和暴发的最终之因却是人类活动。以人力为最终推动力的环境灾害，其生成必遵循层累原理，其暴发后必然产生边际效应，所以，环境灾害不仅具有连续性，而且还具有不断扩张的跨地域性等特征。

人力与自然力始终处于博弈状态，当自然力强大时，自然界所发生的一切灾害都属于自然灾害；在人类活动过度介入自然界的历史进程中，几乎所有自然灾害都获得了人力特征。以此来看今天这个时代，实际上是一个被环境灾害充斥的时代。在这个时代中，基本的环境灾害是气候灾害，气候灾害由气候失律所造成。20世纪80年代以来的气候科学研究和IPCC先后发布的五次全球气候评估报告的结论惊人一致：人类活动是造成气候失律的主要原因。

气候失律导致气候灾害，气候灾害一旦形成，如果不予以及时的根治，就会在连续不断的扩张性释放过程中产生更大规模的和更具破坏力的层累性边际效应，这就是极端气候灾害。极端气候灾害的形式有许多种类，比如高寒、酷热、大风、酸雨、霾等，都是其具体形式。在诸多的极端气候灾害中，霾气候是最极端的气候灾害形式。

霾气候之所以是最极端的气候灾害形式，是因为从表现方面讲，它是气候失律的普遍化、连续化和不间断化；从实质论，霾的形成意味着整个大气被完全污染，整个世界被污染所充满，整个大气被彻底破坏；从源头讲，霾气候的形成和不断扩散，是污染排放无限度和地球-大气层自净化力整体性丧失的表现；从危害性方面讲，霾气候一旦形成，它笼罩整个人间生活，让所有人都无法逃避，所有人都被迫生活在深度污染和毒害之中，成为霾生存者。所以，霾气候一旦形成，霾就嗜掠天空，危害人间，造成基本生存条件的丧失。并且，霾气候一旦形成，标明生活在这块土地上的每个人，都是环境的罪人。① 正是因为如此，要消解不断扩散的霾气候，必须展开生存自救；要展开生存自救，必须对人类行为进行伦理检讨。对霾气候之类的极端气候灾害展开伦理检讨，是对气候灾害的最深刻的检讨，也是对造成整个气候失律的人类行为的最深刻的检讨。

为什么对气候失律所造成的各种形式的环境灾害的讨论就是对人类的自我检讨？这是因为在今天，无论是由气候失律造成的一般气候灾害、地质灾害或流行性瘟疫，还是由气候失律造成的霾气候、酷热、高寒、酸雨之类的极端气候灾害，都是人类活动过度介入自然界造成自然失律的层累性表现。

人类活动过度介入自然界的强大动机，就是经济主义冲动。以经济为动机、以物质幸福为目标，导致人类过度介入自然界的活动持续不衰。这是因为人类社会是由无数个人组成的，个人永远是需要资源滋养的生命体，而且个体生命始终以勇往直前、义无反顾的方式谋求生存资源。所以经济始终与人的生存资源诉求直接相关，更与人类生存紧密联系，从不分

---

① ［德］乌尔里希·贝克：《世界风险社会》，吴英姿、孙淑敏译，南京大学出版社2004年版，第56页。

离。经济是指以社会为平台的物质生产、流通、交换、消费的循环运动过程。经济作为一种社会生活运动，它追求物质财富的增长，所要实现的目标有二：一是为人的社会生存提供物质条件的保障，二是以不断改善或提高的方式实现人的物质生活幸福。前者是经济追求的基本目标，它被定位在"生存"范畴上，即经济活动就是实现人的生存；后者是经济追求的发展目标，它被定位在"幸福"范畴上，即经济活动就是实现人的幸福。

以生存为基本要求的经济活动，其介入自然界的活动始终在自然本性的范畴内展开，即人类为了生存介入自然界的经济活动，始终没有突破自然力的疆界，较好地遵循了自然的本性，遵循了以宇宙律令、自然法则、生命原理和人性要求为构成内容的自然律。与此不同，以物质幸福为基本要求的经济活动，介入自然界的活动往往超出自然本性的疆界，不断突破宇宙律令、自然法则、生命原理和人性要求的疆界。以物质幸福为基本诉求的经济发展，介入自然界的活动的本质呈现，就是无所顾忌地征服自然、改造环境，掠夺地球资源，唯有如此，物质幸福的梦想才能不断得到实现。人类在介入自然界的过程中，当无所顾忌地将征服自然、改造环境和掠夺地球资源变成一种行动方式、一种生存方式、一种具有传承性的习惯时，就必然会造成自然失律。自然失律的宇观表达就是气候失律，气候失律的一般释放方式，就是气候灾害的频频暴发；气候失律的极端释放方式，就是霾气候的形成，也是酷热与高寒的无序交替，酸雨的日常生活化。

2. 气候失律的经济学责任

以经济增长为主题和动力的可持续发展观，不仅来源于人们对物质幸福的向往和冲动，更有经济学理论的支撑。反思以经济增长为主题和动力的片面发展观对环境的破坏，还需要从经济学角度予以重新审视。客观地看，"经济学是一门研究财富的学问，同时也是一门研究人的学问"[①]。经济学作为既研究财富又研究人的学问，所探讨的核心问题就是"一个社会

---

① ［英］马歇尔：《经济学原理》上卷，朱志泰译，商务印书馆1964年版，第2页。

如何利用稀缺的资源生产有价值的商品，并将他们在不同的个体之间进行分配"①。传统经济学，无论是重商主义还是古典经济学，无论是微观经济学还是宏观经济学，或者无论是政治经济学还是制度经济学，都是一种以消费为动力和目的的经济学，我们将这些以消费为动力和目的的经济学，简称为**消费主义经济学**。

消费主义经济学是建立在两块认知基石上的。

第一块认知基石：物质幸福论。

第二块认知基石：资源无限论。

在第一块认知基石上，经济学构建起财富创造论：财富创造标志着人的自我创造，财富创造卓有成效地展开，就是人的创造的不断实现。并且，财富创造不仅实现着人的创造，更实现人的价值和意义，它的具体呈现就是物质幸福。

在第二块认知基石上，经济学构建起资源无限消费论：财富创造实现人的创造的绝对前提和根本体现，就是创造财富所需要的资源的无限性。资源的无限性来源于地球、自然的无限性。由于资源的无限性，才生出消费资源的无限度。消费资源的无限度实现了两个方面的支撑。一是支撑了财富创造无限论：因为资源无限，所以创造财富无限；二是支撑起物质幸福无限：因为财富创造无限，所以物质幸福无限。无限度地创造财富，就是无限度地消费地球资源；无限度地享受物质幸福，就是无限度地消费产品和财富，最终仍然是无限度地消费地球资源。

以资源无限论和物质幸福论为认知基石所形成的消费主义经济学，体现四个共同的基本特征。第一，经济学所倡导和推广的基本市场原则，就是"一元一票"的竞争原则，这一原则的全面实施，不仅制造出了更多的贫者和富者，也导致了因无序竞争而带来的环境破坏。第二，经济学所信守的基本思维方式和指导实践的操作工具，是成本效益分析（CBA）方法。第三，经济学引导追求消费，实现以消费为生产的目的，并且以消费

---

① 保罗·萨缪尔森：《经济学》，转引自刘威：《萨缪尔森的效率与公平观探析》，《经济与管理研究》2004 年第 6 期。

为生活的目的。具体地讲，就是以消费带动生产，以消费促进生产，以消费刺激生产。第四，经济学对人类社会生产、流通、交换、消费的指导思想，就是**用过即扔**。以此四者为尺度来衡量，时至目前，已有的一切经济学都是消费主义经济学，消费主义经济学的本质冲动和根本目的，是指导社会消费大众"凡物都必须用过即扔"。

用过即扔的消费主义经济学，所追求的不是产品的耐用，而是消费，是对产品的尽可能的消费。用过即扔的经济学指导经济生活和生活消费体现三个特点。一是产品尽快消费结束，即一种产品，只追求形式和外观的好看，并对产品的经久耐用有意忽视，其目的就是让产品尽快丧失功能，尽快更新。二是特别注重包装的样式与形式，并通过包装提高价格，一件产品包装后其销售的价格往往是产品本身的价格的几倍甚至十几倍。所以包装成为最大利润的源泉，包装也成为敲诈的最直接的并且是最合法的经济手段。这就是"在用过即扔的经济学中，包装本身变成了一种目的"[①]。"美国人花费一美元在物品上，其中有 4 美分是花在包装上——每人每年就是 225 美元。它也解释了用于包装上的庞大数量的资源。这一工业在英国使用了 5％的能源，在德国使用了 40％的纸张，而在美国使用了接近 1/4 的塑料。在大多数消费者阶层生活的工业化国家，包装几乎构成了将近城市固体废物体积的一半。包装的繁荣也在贫穷国家变得流行：中国的包装工业在 80 年代的销售额增加了四倍。"[②] 具体地讲，中国已成为世界第二大包装工业国，其包装工业总产值的增长速度惊人：1980 年，全国包装工业总产值 72 亿元，2000 年上升到 2200 亿元，2005 年上升为 3200 亿元，2010 年突破 12000 亿元，2012 年达到 14000 亿元，2013 年达到 15000 亿元，2014 年因全国经济增长速度下滑，包装工业总产值比 2013 年略有降低，即 14800 亿元。这组数字表明用过即扔的经济学怎样引导产品的生产与消费更关注和追求形式效果的价值取向。三是一次性产品的鼓

① ［美］艾伦·杜宁：《多少算够——消费社会与地球未来》，毕聿译，吉林人民出版社 2004 年版，第 65 页。

② ［美］艾伦·杜宁：《多少算够——消费社会与地球未来》，毕聿译，吉林人民出版社 2004 年版，第 65 页。

励使用和推广，饮料瓶子、牛奶瓶子、啤酒瓶子、饭盒、筷子、纸杯纸盒等，都属于一用即扔的产品。

客观地看，用过即扔的经济学，既是消费主义经济学，更是浪费主义经济学。这种融消费主义和浪费主义于一体的经济学的核心理念有二。一是"不消费即衰退"的社会发展观。所以，用过即扔的经济学实质上是"消费乃生产的目的"的经济学。二是社会发展就是经济发展，经济发展才是社会发展。所以，用过即扔的经济学既鼓吹增长，也鼓动掠夺，更鼓吹容忍高碳、污染，容忍环境恶化。

以消费为动力和目的的经济学，鼓吹物质的生产与消费"用过即扔"，使"用过即扔"的产品生产方式和消费方式最终变成一种普世化的价值判断方式和全民化的生活方式、生存方式。这种"用过即扔"的生产方式、消费方式和生活方式，不仅削弱了产品耐用的基础，更是在不断地削弱社会存在的精神基础。"属于 50 年代的机器是很坚固的，主要由栓接或焊接在一起的金属制成。随着时间的推移，机器已经变得更易损坏。更多的部件现在用塑料制成，并且它们是被粘在一起而不是栓接或焊接在一起的……许多部件现在不能修理。……新机器是这么便宜以至于人们常常不必为专门修理一个有毛病的器具而付费。"[1] "新的冰箱比它们的前代产品价格更便宜，装得更多，而且耗费更少的能量，但是它们并没有使用更长的时间。简单的原因就是制造者把它们设计成只持续一定时间后就被更新而不是修理的东西。从一个狭隘的经济观点来说，人为的商品废弃是产品相对成本的一个逻辑反应——劳动是昂贵的，而规模生产花费的工人劳动时间比修理要少。但是从一个更大的视点来说，它反映了消费经济学对地球的轻视。正如贝里所说，在流行的经济价值观之下，制造物的废弃是这样便宜以至于不必关心。"[2]

经济学的消费主义取向和对"用过即扔"的生产方式、消费方式、生

---

[1]　Tim Hunkin，"Things People Throw Away"，*New Scientist*，Dec. 31，1988.

[2]　[美]艾伦·杜宁：《多少算够——消费社会与地球未来》，毕聿译，吉林人民出版社2004 年版，第 66—67 页。

活方式的引导构建，最终成为现代社会以追求经济增长为目标的经济发展观演变扩张为社会发展观的强劲推动力，养成浪费的社会化，加速了对有限地球资源的掠夺步伐，由此加快了对地球环境的全面破坏，最终造成了气候的全面失律，气候灾疫频发、霾污染扩散。面对日益严重的气候失律、频发的气候灾疫和不断扩散的霾污染，经济学必须为此而担当责任。

二、恢复气候的生境经济学原理

以消费为动力和目标，以消费主义为价值诉求，以"用过即扔"为生产方式、消费方式和生活方式的经济学，本质上是一种推动环境死境化和推动自身死境化的经济学，因为它以单纯的物质幸福论和资源无限论为认知基石，引导社会建构生成一种以"一元一票"为市场原则、以成本效益分析（CBA）为基本方法的社会发展模式，这种社会发展模式的全部内容就是发展经济，就是进行社会整体动员推动经济无限度地持续增长。理性观之，物质幸福论只是一个神话，对人类社会来讲，物质可以解决人的生物层面的生存问题，但最终不能解决人的幸福问题，人的幸福当然需要以物质为基础，但更需要心灵、情感、精神、爱、友谊、自由、平等、人道等"东西"，没有对这些东西的需要与获得，不可有能幸福。其次，资源无限论仅仅是一种主观上的臆想，因为世界本身就是有限度的，能够为地球生命尤其是为人提供的资源同样是有限的。当人类将社会发展锁定在经济发展上，并以主观臆想的物质幸福论和资源无限论为动力，来展开无限度的经济增长运动，最终结果必然是环境的死境化，导致气候失律和灾疫频发。改变环境死境化状况、恢复气候的努力，需要从许多方面展开，但经济学是最重要的方面。从经济学方面努力，需要抛弃消费主义价值诉求和"用过即扔"的生产观、消费观与生活观，改变"一元一票"的市场原则和"成本效益分析"的社会方法，重建"一人一票"的市场原则和"生境效益分析"的社会方法，这就需要生境经济学的引导和规范。

1. 生境经济学的自身规定

所谓生境经济学，就是引导实现以生境幸福为社会目的的限度经济学。对生境经济学的理解，重在"生境""生境幸福"和"限度"这三个关键词。

所谓"生境（Habitat）是为动植物提供生长条件的常规自然空间；换句话说，是生物种群的家。与'种群'（Population）这个词汇一道，'生境'成为使用最多的生态学名词之一，也广泛为非生态学家所了解。在种群和物种的管理和保育工作中，生境是最重要的概念，因为生境是种群和物种生存的最基本的必须条件。反过来说，人为活动造成的生境丧失是无数种群和物种走向濒危乃至灭绝最重要的原因"[①]。"生境"是一个生物学概念，将它运用于社会科学领域，就获得广泛的语义指涉：

> "生境"（Habitat）是一个生物学概念，意指生物（包括个体、种群或群落）的栖息地，即生物生存的地域环境。由此不难看出，生境概念具有生态学含义。从生态学角度看，"生境"与"环境"这两个概念，不仅有其语义方面的区别，更有其指涉范围方面的不同："环境"指生命得以生存展开的全部条件的总和，但环境之于物种生命来讲，始终具有其生态倾向性，在地球世界里，物种生命赖以生存的环境生态，既可能呈现出枯萎、死亡、毁灭的朝向、态势，也可能呈现出生育、生长、生生不息繁衍的朝向、态势。环境朝向前一种可能性而敞开，就生成出死境；环境朝向后一种可能性而展开，就生成出生境。
>
> ……
>
> 简要地讲，凡是具有自我生成力、生长力、繁衍力的环境，就是生境，或者说以自我生成力量、生长力量、繁衍力量而展开的生生不息的环境，就是生境。但这仅仅是对"生境"概念的字面语义的理解。客观论之，"环境"概念是一个外部构入的生物学概念，它表述的是物种与自然、生命与生命之间的外在关联性；而"生境"概念却揭示了这样一个生命存在的内在事实：在

---

① ［芬兰］Ilkka Hanski：《萎缩的世界：生境丧失的生态学后果》，张大勇、陈小勇译，高等教育出版社 2006 年版，第 4 页。

生命世界里，物种与自然、生命与生命之间是内在关联的，即物种与自然之间存在着亲缘关系，生命与生命之间是亲生命性的。正是这种内在的亲缘关系和亲生命性，才使物种与自然、生命与生命之间的生存是互为体用的，才形成人、社会、地球生命、自然的共互生存本性。所以，所谓生境，就是物种与自然、生命与生命以其共互生存方式而汇聚所形成的既有利于自己生存又有利于他者生存的环境。生境，就是使物种与自然、生命与生命相互生生不息地生育、生长、繁衍的环境，它所表达的不仅仅是生存论的思想，也是生长论的力量，更是生态整体论的方法，还是历史指向未来的智慧。①

抽象地讲，生境是指具有生生不息自创生能力的环境。具体论之，生境就是物物相生、人人相生、人物相生，或可说人、社会、地球生命、自然相共生。生境所蕴含的根本法则是人性法则，即人对人、人对种群、人对物、人对自然的生、利、爱的法则，即因生而利、得利而必爱、爱而再生并以此生生不息的法则。从物的角度审视，生境所蕴含的却是生命原理，即生命与生命——包括个体生命与整体生命、物种生命与物种生命、生命与环境、生命与自然的相生原理，即生命因为生命才获得生，才产生利，才拥有亲昵与爱怜，生命因为生命才生生不息。自然世界中任何个体生命、每个物种生命的存在、生存、繁衍均无不如此。从自然角度看，生境所蕴含的法则是自然法则和宇宙律令，即自然世界按自身本性而存在，宇宙按自身本性而运作。存在于宇宙和自然世界之中的万事万物，均获得亲生命本性而共互生存。概括地讲，环境生生不息地自创生的生境本质，是宇宙律令、自然法则、生命原理和人性要求；推动环境生生不息地自创生的生境运动的内在动力机制，是宇宙律令、自然法则、生命原理和人性要求的整合做功。

以此来看生境经济学，其一，是指经济学必须遵循生境规律。具体地

① 唐代兴：《生境伦理的人性基石》，上海三联书店 2013 年版，第 4—5 页。

讲，经济学必须成为**能生**的经济学，能生的经济学就是以宇宙律令、自然法则、生命原理、人性要求为最终依据和最高原理的经济学。其二，是指经济学必须以宇宙律令、自然法则、生命原理和人性要求为最终依据和最高原理来引导和规范人类经济行为、活动，使之促进人与人、人与种群、人与物、人与地球环境、人与自然的生境化。其三，经济学指导人类社会的经济行为、活动，不仅要使人能生，更要促进环境、地球、自然以及生存于其中的所有物种生命能生，且生生不息。当人、生命、自然三者能共生，当人处于与地球生命、自然的共生进程状态，这就是幸福的状态，这种人与地球生命、自然共生的幸福状态，简称为生境幸福。其四，经济学引导人类经济活动尊重生境法则，追求人、生命、自然合生存在的实质，就是引导人们从事经济活动必须有限度：人、生命、自然都是有限度的存在者，人得以存在的限度是地球生命和自然，人不可能无视生命的存在或突破自然的疆界而存在；自然存在的限度是人和地球生命，自然的存在必以生命（当然包括人）的存在为生命形态和充盈形式，绝不可能有没有生命的自然。人、生命、自然的合生存在的实质，就是相互以对方的存在为自己行动的限度。唯有如此才可合生，才可持续不断地敞开其合生存在。经济学引导人们以生境幸福为目的、以合生存在为限度方式，最终实现的是生本身，即地球环境和人类环境的生境化、气候的生境化、人的生境化。从根本讲，生境经济学就是气候经济学，因为它以生境幸福为目的，以人、生命、自然合生存在为限度方式来引导人类通过经济活动——包括生产活动、交换活动和消费活动——来改善人类环境和地球环境，最终实现对气候的恢复，对整个存在生境的重建。

2. 生境经济学的经济原理

传统经济学之所以是将人类经济活动引向死境道路的经济学，是因为传统经济学的努力目标是引导和激励人类通过经济活动而实现物质幸福，并且认为物质幸福是人类存在发展的根本目标，是完全能够实现的最高目的。传统经济学的这一目标设定是建立在自然资源无限论基础上的。但自然资源无限论仅仅是人类的主观臆想，客观现实是自然界所蕴含的能为生命和人类所运用的资源始终是有限的。当将主观臆想变成无限度的经济行动，其所造成的最终结果就是地球生态和自然环境的死境化。这种死境化状况可以抽象地表述为世界风险社会和全球生态危机，并且现实的生活世界必以世界风险和全球生态危机为推动力而走向社会转型发展道路，在这条道路上，经济学必须走向生境主义的自我重建，其自我重建的形态学表征，就是生境经济学。

创建生境经济学的哲学基础和物理学原理 生境经济学得以建立的根本认知前提，就是对资源无限论的彻底否定，并在其否定过程中重建资源限度论。资源限度论，这是生境经济学的认知基石。

资源限度论不仅具有哲学基础，更符合物理学原理。

从哲学观，资源限度论的提出缘于两个基础。首先，世界在本质上是一个物质性的世界。这个物质性的世界是由无数的个体构成的，任何个体相对任何他者（个体或整体）来讲，都是有边界的，而边界本身就是限度，所以**边界构成限度**。并且，由个体构成的整个自然宇宙和生命世界同样是可度量的，而度量既意味着边界，更意味着限度，所以度量亦构成边界和限度。其次，自然宇宙和生命世界之所以生意盎然，是因为**物物相生**。在这个物物相生的世界里，任何形态的资源都始终相对物物而论，或者是生命对生命而论，即此一生命构成彼一生命得以存在的资源，彼一生命亦构成此一生命得以存在的资源。比如，大地之上的所有动物、植物、微生物，都需要土壤、水、阳光、空气这些基本的条件才可存在，因而土壤、水、阳光、空气构成了存在于地球之上的所有生命形式、所有物得以存在、得以生生不息地展开其存在的资源。反之，土壤、水、空气得以生生不息地存在与运作，同样需要植物、动物、微生物为其提供营养、养料、条件，所以，植物、动物、微生物又现实地构成了土壤肥沃、水流动不息和空气运动与净化的资源。人们常讲人类存在与生物多样性问题，其实就是讲资源的限度论背后的共生互生论。今天，人们为气候失律而忧虑，为环境逆生化而寻求治理之道，其实都是因为大气、气候、地球环境、生物、人等之间互为资源的生态链条出现了磨损或断裂导致了生存问题：人类活动排放进入大气层的二氧化碳等温室气体及其他污染物的浓度超过了大气层本身所需要的限度，才造成了大气污染、气候失律。反之，地球生境丧失、生物多样性锐减，最终不过是人类向地球摄取的资源超过了限度，从而导致地球不能按照自身本性的方式正常运行，这种表现就是地球生态的逆生化。

从物理学观，资源限度论体现了物理学原理，即世界是物质的，物质是运动的，物质的运动创造了能量的交换，能量交换的过程始终存在自我损耗，这就是热力学第二定律。热力学第二定律揭示：在自然世界里，所有的物理过程，无论是自然过程还是工艺过程，都是能量**可获得性变小**的过程。甚至在理想过程中，能量可获得性的增加都是不可能的。这是因为：第一，在任何物质形态开启能量转化的过程中，必然有部分能量被降解；第二，在任何形式的能量转化过程中，等量的热（热能）都不可能转化为等量的有效功；第三，在任何形式的能量转化过程中，热都不可能由冷物体传向热物体；第四，一定量的能量可获得性只能使用一次，也就是说，在物理运动过程中，转化为有效功的能量不能回收利用；第五，在自发过程中，（任何东西）浓度趋于扩散，结构趋于消失，有序趋于无序。[①]以此来看，在物理运动过程中，能量可获得性变小的根本原因，是物理运动本质上是能量运动，能量运动的实质性结果是产生熵。熵是无序的度量，也是能量不可获得性的度量。所以热力学第二定律还可以表述为：所有物理过程都是一个普遍的熵增加的过程，这个过程是整个世界所有物质性生命存在敞开运动所无法回避的过程，正是这样一个无法回避的自降解过程本身，才生成出世界的新陈代谢，才使物种生命获得了**生死相依**的循环运动。"所有的有机体都依靠直接利用环境中的低熵维持生存，只有人类是最突出的例外：人的大部分食物都经过烹调，并且将自然资源转化为机械功或者各种形式的有用的东西。这里，我们不要再一次误导自己。金

----

① ［美］保罗·R. 埃利希等：《可获得性、熵和热力学定律》，见 ［美］赫尔曼·E. 戴利、肯尼思·N. 汤森编：《珍惜地球——经济学、生态学、伦理学》，马杰等译，商务印书馆 2001 年版，第 83—84 页。

属铜的熵比提炼金属铜的矿石所含的熵低，并不意味着人类的经济行为可以逃避熵定律。提炼铜矿导致环境中的熵增加得更多。经济学家喜欢说：我们不能免费得到一些东西。熵定律教育我们，生物生命的规则，以及人类社会中的经济延续的规则更严格。从熵的角度来说，任何生物的或者经济的行为，**其成本总是高于产生**。同样，从熵的角度而言，任何生物或经济的行为必然导致赤字。"[1] 根据热力学第二定律，"从这个分析中我们可以得出几个结论。第一个结论是：人类经济奋斗的中心是环境中的低熵；第二，从不同的意义上讲，环境中低熵比李嘉图的土地更稀缺。可获得的李嘉图的土地和煤的储量都是有限的。差别在于：一块煤只能用一次。而实际上，熵定理也解释了为什么一台机器（甚至是有机体）最终会磨损坏而不得不用新机器代替，也就是再次攫取环境中的低熵。人类不停地攫取自然资源不是一个对历史没有影响的行为。相反，从长远来看，这是一个有关于人类命运的最重要的因素。这是因为物质—能的熵降解的不可逆性"[2]。这个不可逆性的物质—能的熵降解过程，被"历史更有力地证明了，首先，在一个有限的空间仅有一个有限的低熵；第二，低熵的减少是持续的不可逆转的。永动（两种类型）的不可能性就像万有引力定律一样牢牢地扎根于历史"[3] 之中，既控制着现实，又指涉和描绘出未来。因为"在地球上消耗的所有能量，无论是太阳能还是核能，最终都会降解为热能。这些定律控制了我们的未来和过去，因为他们制约着我们利用热能的效率。因此，他们也给人类施加了一种危险……即人类社会远在高等级能

① ［美］尼古拉斯·乔治斯库-罗根：《熵定律和经济问题》，见［美］赫尔曼·E. 戴利、肯尼思·N. 汤森编：《珍惜地球——经济学、生态学、伦理学》，马杰等译，商务印书馆2001年版，第92页。

② ［美］尼古拉斯·乔治斯库-罗根：《熵定律和经济问题》，见［美］赫尔曼·E. 戴利、肯尼思·N. 汤森编：《珍惜地球——经济学、生态学、伦理学》，马杰等译，商务印书馆2001年版，第93页。

③ ［美］尼古拉斯·乔治斯库-罗根：《能量和经济的神话》，见［美］赫尔曼·E. 戴利、肯尼思·N. 汤森编：《珍惜地球——经济学、生态学、伦理学》，马杰等译，商印书馆2001年版，第104页。

源耗尽之前，由于能量的降解将使地球变暖而令人不舒服"[1]。

热力学第二定律提供给我们如下个两个结论性的启示：

A. 人类无所顾忌追求经济增长的活动一旦持续展开，必然导致气候失律和灾疫频发。

B. 人类无所顾忌地追求经济增长的活动所开辟的最后出路，只能是自我毁灭和死亡。

放弃经济增长的发展模式，采取可持续生存的经济方式，努力于地球环境和自然世界的生境化重建，这是人类谋求永续存在的根本出路。

创建生境经济学的生物学原理　传统经济学之所以无法回避地将人类引向发展经济的死境化道路，其根本推动力在于人类对物质幸福的目的论假设。物质幸福目的论假设，不仅建立在资源无限论的自然观基础上，同时还建立在自然无生命的机械论世界观基础上。这一对自然世界的认知观念，产生于近代科学革命的胜利，并通过近代哲学革命的胜利而获得全面的运用。

概括地讲，近代科学革命胜利的最高成就，是牛顿的经典物理学：世界由物质构成，物质运动不息，并在运动不息的过程中生发出能量交换，能量交换可以改变物质的存在状态、存在方式甚至是存在性能，但却不能改变物理能量本身，所以物质运动、能量守恒构成了机械论世界观生成的认知基石。这一以科学的神圣名义而定格的机械论世界观，得到近代哲学的响应，并通过托马斯·霍布斯（Thomas Hobbes）、勒内·笛卡儿（René Descartes）等人的努力获得了全面的哲学解释，这就是近代哲学革命的胜利。

在近代哲学世界里，霍布斯和笛卡儿所描述的哲学世界虽然在表面看来是完全不同的两种哲学观，因为它们分领了经验主义和理性主义，但在本质上却是同构的，这就是机械论世界观：霍布斯的"利维坦"和笛卡儿

---

① ［美］保罗·R. 埃利希等：《可获得性、熵和热力学定律》，见［美］赫尔曼·E. 戴利、肯尼思·N. 汤森编：《珍惜地球——经济学、生态学、伦理学》，马杰等译，商务印书馆 2001 年版，第 85 页。

的"二元论"都贯穿了这一机械论世界观。近代哲学革命的胜利形成对科学的归依的强有力方式，是使之获得广泛的实践运用，这就是洛克和亚当·斯密（Adam Smith）的杰出贡献。洛克将机械论世界观运用到政治生活领域，首先设定自然是无生命的，然后在这一假定基础上演绎机械论世界观：无生命的自然界是一个能量守恒、物质不灭的世界，它为人类提供了"取之不尽、用之不竭"的物质资源，这是人类创造无限的物质生活幸福的自然前提，在这个前提下，根本的问题是人类如何开发自身潜能向自然世界要幸福的问题。所以洛克宣称"对自然的否定，就是通往幸福之路"①。必须把人们"有效地从自然的束缚下解放出来……因为人类就其本性而言是善良的，使人为恶的只是匮乏和贫困。既然聚财是人类本性，那么只要不断增加社会财富，社会就能永保平安。人们可以化干戈为玉帛，因为大自然中'仍有着取之不尽的财富，可让匮乏者用之不竭'。人们可以为所欲为，因为他们之间并没有利害冲突"②。亚当·斯密将机械论世界观运用于经济学领域，为放任自由主义市场经济提供了蓝图、原理、途径和方法。洛克的"自然死亡论"、经济增长财富论和亚当·斯密的放任自由主义经济学，把人类引上为谋求无限的物质幸福而征伐（自然和人本身）的道路，从此，人类完全彻底地斩断了与自然之间的血缘脐带，自然世界不是成为人类的对立物，就是成为人类的使用物。因为前者，人类确立起了对自然世界的征伐战略；由于后者，人类建立起对自然世界的**开发**战略。但无论是哪种战略，其行动实施对自然世界来讲都是掠夺与榨取。并且，洛克和亚当·斯密的工作，将科学和哲学统一到了社会实践领域，"科学和社会的统一模式，机器如此彻底地涌入人的意识领域，并重建了人的意识，以至于我们今天很少有人质询它的合法性。……机械自然观是目前西方大多数学校的教学内容，被人们不加分析地接受为常识化的实在观，即物质由原子组成，颜色由不同长度的光波反射而成，物体

---

① ［美］杰里米·里夫金、特德·霍华德：《熵：一种新的世界观》，吕明、袁舟译，上海译文出版社 1987 年版，第 21 页。

② ［美］杰里米·里夫金、特德·霍华德：《熵：一种新的世界观》，吕明、袁舟译，上海译文出版社 1987 年版，第 21 页。

按惯性定律运行，太阳是太阳系的中心。这类东西没有一样对我们 17 世纪的同伴是常识。旧的'自然的'思想方式被新的和非自然的生活方式——观察、思想、行为——所代替并不是没有一番斗争就完成的。有机体被机器的吞没曾使那个时代最优秀的头脑在思想和社会两个方面都深陷于焦虑、混乱和惶惑不安的状态。关于宇宙的万物有灵论和有机论观念的废除，构成了自然的死亡——这是'科学革命'最深刻的影响。因为自然现在被看成是由死气沉沉、毫无主动精神的粒子组成的，它们是全由外力而不是内在力量推动的系统，所以，机械论的框架本身也使对自然的操纵合法化。进一步讲，作为概念框架，机械论的秩序又把它与奠基于权力之上的与商业资本主义取向一致的价值框架联系在一起"[①]。

通过洛克和亚当·斯密的努力，将近代科学革命和哲学革命的胜利成果统一于社会实践所开辟出来的征伐道路，最终导致了自然对人类的反抗，这就是自然失律、气候失律、灾疫全球化和日常生活化，这种意想不到的状况的产生及其恶化，恰恰是近代精神革命开辟现代文明道路的不可回避的走向和最终结局，这种走向和结局生成的最终原因，是人类对"自然的死亡"的主观假定，这种主观假定之所以导致当代人类存在的死境化境遇，就在于这种主观假定本身与自然存在事实相违背。

客观地看，自然世界当然是一个物质化的世界，但自然世界更是一个生命化的世界：每种物质形态、每一物质个体，都是一个生气贯注、生意充盈的生命存在体。从生物学角度来审视自然世界，无论是整体运动还是构成整体存在的个体运动，都是组织与能量运动的过程，而"一切有用的基本活动都要消耗组织和能量，这是这些活动所付出的生物学成本。虽然在数量方面这和愉悦与痛苦的衡量及任何自觉的评价并不符合，但它仍被看作是自觉评价的基础。为了达到许多经济目的，我们常被忠告用生物标准而不是其他标准来衡量福利，并要记住，许多生物成本并不会轻易地和

---

① Carolyn Merchant，*The Death of Nature*：*Women*，*Ecology*，*and the Scientific Revolution*，New York：Harper and Row，1980，p. 194.

充分地自动体现出来，而生物收益也不会被人们所感知"①（霍布森，
Hobson，1929）。并且，世界的整体运动必以充盈于其中的个体生存运动
的敞开进程为体现，个体生存运动的敞开进程既是体内生命敞开的过程，
也是体外生命敞开的过程："体内生命过程和体外生命过程永远都无法逃
脱来自物质方面的制约，在相对较短的时期内（稳态方面），它们不断发
生着置换，这种置换只有在长期内（演化方面）才能发生质变并被人们认
识到。换句话讲，'资本'相当于'体外器官'，而生物器官相当于'体内
资本'。在这两种情况下，我们要么看到的是短期折旧与置换，要么看到
的是技术变革。物质资本之所以很重要，因为通过它人们才可以利用能量
来达到自己的目的。因此，实际上，整个自然环境都是资本，倘若没有空
气、土壤和水这些媒介，植物就无法吸收太阳能，整个生命（和价值）链
条也就失去了存在的基础"②。生命的体内运动，连结起生命本身和生命
的历史；生命的体外运动，连接起生命与生命、生命与群体、生命与环
境、生命与自然整体。然而，首先是因为学科的专业化划分，由此形成
"一般而言，生物学大都注重研究'体内'生命过程，生态学则不然，它
以'体外'生命过程为重点。经济学研究的是由商品及其相互关系所决定
的体外生命过程，因此是生态学的一部分"③。其次，"尽管生命过程是一
个整体，为了分析的方便，最简便的做法是以皮肤为界将这个整体划分为
不同部分。体外生命过程是生态学的研究对象，但是生态学家们将其从人
类经济中抽象出来，只研究自然界的相互依存关系；而经济学家们，则将
自然界抽象掉，只研究商品与人之间的相互依存关系。对体外生命过程中

　　① ［美］赫尔曼·E. 戴利：《论作为生命科学的经济学》，见［美］赫尔曼·E. 戴利、肯尼
思·N. 汤森编：《珍惜地球——经济学、生态学、伦理学》，马杰等译，商务印书馆 2001 年版，
第 282 页。
　　② ［美］赫尔曼·E. 戴利：《论作为生命科学的经济学》，见［美］赫尔曼·E. 戴利、肯尼
思·N. 汤森编：《珍惜地球——经济学、生态学、伦理学》，马杰等译，商务印书馆 2001 年版，
第 286 页。
　　③ ［美］赫尔曼·E. 戴利：《论作为生命科学的经济学》，见［美］赫尔曼·E. 戴利、肯尼
思·N. 汤森编：《珍惜地球——经济学、生态学、伦理学》，马杰等译，商务印书馆 2001 年版，
第 280 页。

明显存在着的自然与人的关系，由谁来进行系统的研究呢?"① 正确的方式不是到生态学、经济学、生物学及其他学科中去寻求答案，而是改变认知、开阔视野，恢复经济学本身的**整全**功能，由经济学本身来担当整合研究的重任。经济学之所以可以具备担当整合研究的资质和能力，是因为"人类在其经济生活的表象之下，依然具备生物特征，这一点我们与其他物种没有什么区别……这种关系的揭示和清晰表述……换句话说，即对经济学的生物物理基础的分析——是物理生物学将要面对的课题"②（洛特卡，Lotka，1956），也是经济学所必须面对的课题。因为经济本身是生态学的，经济学必须具备生态学的胸襟和眼光、认知和视野，更因为经济同样是生物学的，因为经济展开所面对的资源、能源等同样是生命化的，是生成论和自创生与再生论的。所以经济学必须同时具备生物学的基础，唯有如此，经济学才可能真正革除如下积习已久的根本弊病："接下来我们来看看人类及其在生命系统中所处的位置。在生态学研究中，我们本不该以'让我们假定人是不存在的'这样一句话，把人忽略掉，这对人类是不公平的。经济学家做研究时，对自然界采取了同样不公平的态度，他们说：'让我们假定自然界是不存在的。'自然经济（Economy of Nature）与人类生态是不可分割的整体，任何试图将它们割裂开的努力不仅容易引起误导，而且是危险的。人类的命运与大自然的命运息息相关，工程学式思维的傲慢自大也不能改变这种关系。人可能是一种非常特殊的动物，但他仍然是自然系统的一个部分。"③

　　3. 生境经济学的伦理原理

　　概括上述内容，生境经济学，就是融生物学和生态学于一体的经济学，亦是需要接受物理学原理和热力学第二定律规范引导的经济学。

---

① ［美］赫尔曼·E. 戴利：《论作为生命科学的经济学》，见［美］赫尔曼·E. 戴利、肯尼思·N. 汤森编：《珍惜地球——经济学、生态学、伦理学》，马杰等译，商务印书馆 2001 年版，第 287 页。

② ［美］赫尔曼·E. 戴利：《论作为生命科学的经济学》，见［美］赫尔曼·E. 戴利、肯尼思·N. 汤森编：《珍惜地球——经济学、生态学、伦理学》，马杰等译，商务印书馆 2001 年版，第 282 页。

③ Marston Bates，*The Forest and the Sea*，New York：Random House，1960. p. 247.

由于生态学、生物学、物理学对经济学的如上规定性,生境经济学决不能只是对"人类一般事物"的研究,也不能只是对财富的研究,更不能只把它狭隘地定位在对"人类行为中的交换关系"的研究。虽然这些方面构成了传统经济学的基本对象、基本主题、基本方面,并对经济学来讲显得特别重要。生境经济学是对人类经济活动如何生成生境关系的动态重建的方法论研究。从这个角度看,真正意义上的经济学,始终是人类经济活动的方法学,它是为人类在实际的存在关系中谋求经济利益的行为如何努力实现"己-他"共互的可持续生存提供共循的方法的科学。这里的"存在关系"是指人的本原性存在关系,它实际地展开为多元维度:从宏观方面看,它至少涉及到人、社会、地球生命、自然这四个要素构成的存在关系。无论从人类整体言,还是从人的个体论,其谋求经济利益的活动始终是在这样一种由人、社会、地球生命、自然四者构成的本原性存在关系中展开的,所以这种谋求经济利益的活动所应该努力实现的"己-他"共互的可持续生存。

这是生境经济学所必须具备的方法论视野。在这一方法论视野下,根据物理学原理和热力学第二定律,经济学必须接受限度论思想。生境经济学的首要原理是**限度原理**。限度原理规范经济学研究必须充分考量人类的无限经济想望与有限地球资源之间的消长关系。更进一步讲,人类的无限经济想望根源于人性的无限冲动,有限地球资源缘于自然宇宙和生命世界的限度存在。从静态角度看,二者之间充满了矛盾对立的张力;从动态运动观,它们却需要寻求一种矛盾对立的统一性,唯有如此,人类的生存行为、经济活动与自然宇宙、生命世界的生存运动才可开辟出共生互生的道路。经济学的职责,就是探究在人类的无限经济想望与有限地球资源的矛盾对立中如何可能实现共生互生的动态规律与运作机制。

限度原理所张扬的经济伦理,就是自然伦理。因为人类的无限经济想望最终必须通过具体的经济活动有限度地展开,实际上要接受自然宇宙和生命世界存在的限度的规定:自然宇宙和生命世界的限度存在,乃自然宇宙和生命世界的自身本性使之然。限度原理所张扬的自然伦理的本质内容，是宇宙律令、自然法则和生命原理。人类将无限经济想望化为有限经济诉求的活动，展示了宇宙律令、自然法则、生命原理对人类的内在人性要求的启动。或者说，唯有当人性要求获得宇宙律令、自然法则、生命原理的规训时，它才在实际的经济活动过程中获得有限度的释放，这时，无限的经济想望才变成真实的有限经济行为。这种有限经济行为体现"己-他"共互的可持续生存的价值诉求，才真正实现人、社会、地球生命、自然共生互生的德。所以，在本质上，生境经济学是一种**道德**的经济学，它既是揭示自然道德的经济学，也是探索人性道德的经济学。由于这两个方面的引导，生境化的经济行为无论相对于个体来讲，还是相对于群体、国家或人类整体来讲，都是以道德为引导的经济行为。

对人类来讲，无限度的思想制造出无限度的人类经济想望，这种无限度的经济想望的目的性定格，就是物质幸福论。相反，限度论思想却缔造出人类的经济理性，这种经济理性的目的性定格，就是生境幸福论。这种生境幸福论就是《管子·五行》所讲的"人与天调，然后天地之美生"[1]。因为"凡人之生也，天出其精，地出其形，合此以为人。和乃生，不和不生"[2]。人之生，乃天地相合之产物；人的生存，同样需要与天地合，并且只有与天地合，方才生，只有与天地**合合不已**，方可生生不息。所以，人与他者（即他人、种群、社会、地球生命、自然）的**真诚合生**，就是人的幸福，这种幸福就是生境幸福。生境幸福当然不排斥物质需要，但生境幸福必须把物质需求置于人与他者（他人、种群、社会、地球生命、自然）相合的动态生成过程中时，才是幸福的。所以，生境幸福论赋予生境经济学一种内在的伦理原理，即生生原理，亦可称之为**"合生原理"**，也可表述为共生互生的**共互原理**。

客观地看，限度原理和生生原理，从内外两个维度构成生境经济学的伦理导向：限度原理构成生境经济学的存在认知导向，生生原理构成生境经济学的行为价值导向。并且，限度原理和生生原理最终要通过权责对等

---

[1] ［清］戴望：《管子校正》，中华书局 2006 年版，第 242 页。
[2] ［清］戴望：《管子校正》，中华书局 2006 年版，第 272 页。

的伦理原理而使生境经济学获得实践的定格。所以，**权责对等原理**构成了生境经济学的实践指导原理。

权责对等是权利与责任对等的简化表述。权责对等的本质规定是利益。基于这一本质规定，权责对等原理要求经济学必须探讨人类经济活动展开如何实现"己-他"权责对等的利益分配方法。比如，人类经济活动向自然索要一份资源，就是享受一份对自然的权利，根据权责对等原理，当你在经济活动中配享了一份对自然的权利时，就必须为之担当一份责任，这份责任对于自然界论，就是维护或促进自然获得一份生境。

在生境经济学中，限度原理为人类经济活动提供认知方法，生生原理为人类经济活动提供价值方法，权责对等原理为人类经济活动提供实践方法，**可持续原理**为人类经济活动提供目的论方法，即生境经济学的目的论原理，就是可持续原理。可持续原理规定生境经济学不是以引导人类经济活动追求经济增长、物质幸福为目的，而是引导人类经济活动追求可持续生存为实际社会目的。

三、恢复气候的生境经济学道路

治理灾疫和霾污染、恢复气候、重建环境生境之所以需要创建生境经济学，是因为生境经济学能够为全面治理灾疫和霾污染、恢复气候、重建环境生境构建社会整体动员的实践重心，探索社会整体动员的实践道路，提供社会整体动员的实践方法。

1. 恢复气候的经济实践重心

J. E. 利普斯（J. E. Lips）在《事物的起源》中指出："所有动物和植物的生长，在很大程度上依赖于气候。人类一切生活方式的形成也间接受气候的影响，故人类为了适应他们生活于其中的气候，曾被迫调节其习惯、所有物和一切物质需要。与此相适应的，动物界成员们也不得不改变身体上的器官和机能，以适应喜怒无常的气候。"[1] 利普斯所讲的不是一

---

① ［德］J. E. 利普斯：《事物的起源》，汪宁生译，四川人民出版社 1982 年版，第 78 页。

个理论问题，而是地球生命的存在方式与生存变化如何适应自然宇宙和生命世界的律动规律问题。一方面，在气候面前，人也与其他生物一样，只能"被迫调节"自身以适应之，而不能改变或创造之。地球生命均因周期性变换运动的气候，而被迫在"生长—消亡—再生长—再消亡"的循环轨道中存在与生存。春夏秋冬、酷暑严寒、四季循环，外在于生命而又激励生命对其进行适应与遵循，并迫使生命选择与演化。进一步看，当前全球性气候失律，对人类来讲不可以无动于衷或超然无视，因为气候失律引发了人类的全方位反应，这也正好说明了自然宇宙和生命世界符合自身本性的呈现方式和运动方式，才决定了人类的存在姿态和生存方式。自然宇宙的运动节奏、运动方式的变化，所带来的是人类存在姿态和生存方式的根本改变。

另一方面，导致气候失律的人类动因，是人类无所顾忌地追求经济发展。追溯根源，推动人类无所顾忌地追求经济发展的直接动力，是人类自我虚构的消费主义经济学。消费主义是迄今为止所有经济学的本质规定，亦是迄今为止所有经济学的根本价值诉求，它将人类引向死境化道路。为改变这一死境化状况，必须要彻底清除消费经济学，创建生境经济学。创建生境经济学，其根本使命就是从经济角度入手引导人类自救。为此，生境经济学必须围绕治理灾疫、消除霾污染扩散、恢复气候而展开，其实践重心不是单一片面的发展，或更准确地讲，不是单一片面地追求增长，实现增长主义的发展，只能是可持续生存式的发展。

生境经济学引导人类展开自救的经济实践重心之所以只能是可持续生存式发展，这是因为气候失律所带来的全部问题，经济学必须面对，经济行为和活动必须面对。当经济学和经济行为、活动必须面对通过治理灾疫、治理霾污染来恢复失律的气候等问题时，就会发现这些问题都不是发展问题，而是最现实的，而且影响深远的生存问题。并且，气候失律、灾疫频发、霾污染扩散以及酷热、高寒、干旱、洪涝等所带来的生存问题，既是一个全球化的生存问题，也是一个任何阶层、任何领域、任何个人都无法逃避的普遍性生存问题，更是人人在每天的生活过程中都要面对的现实生存问题，最后还是一个代际生存问题，即气候失律、灾疫横行、霾污染扩散，不仅影响现在和当代人的生存，更影响未来后代人的生存。从本质讲，代际问题不是一个福利问题，而是一个生存问题，即后代能否生存和能否可持续生存的问题，这才是代际问题的核心问题。

概括地讲，面对失律的气候，面对频繁暴发的各种气候灾疫，面对死境化的地球环境，当代经济活动必须要接受生境经济学的引导，反思"盲目发展"和"片面发展"，调整经济实践的社会重心，为重建人和社会的条件而探索可持续生存。

为重建人和社会的生存条件，实现可持续生存的努力重心有两个方面，即社会经济生产和产品流通与消费，必须解决碳排放和污染问题。对前一个问题的谋求解决，需要一切形式的经济活动，包括产品的生产、流通与消费活动，必须以减少二氧化碳等温室气体排放为基本任务为评价指标。"所有这些不同的原则都统一于一个共同的尺度——只有首先把碳排放限制在地面上，逃过全球变暖之劫才具有可行性。正因为此，我们被带到了双重战略的面前：第一重战略是，如上所说，对于我们周围所致力于保护生活空间免受扩散性碳排放影响的努力，我们都要给予支持；第二重更普遍的战略是，改造社会以使人类能更轻便地生活在地球上，从而再没有碳固定的必须并能采用替代技术。但是我们仍然坚持根本的问题不是技术性的，而在于我们改造自然和消费我们劳动成果的方式。要合理地做到这一点，必须坚持生态社会主义的时代精神。"① 对后一个问题的谋求解决，需要一切经济活动——包括产品的生产、流通和消费活动——必须以化污为基本责任和根本的判断依据。对如上两个基本问题的解决，构成了生境经济学的经济实践重心，即为实现可持续生存而展开的一切形式的经济活动，都必须追求低碳和低污染。因为只有低碳化和低污染化，才是消除霾气候、根治灾疫、恢复气候、重建地球生境的关键；更因为二氧化碳

① ［美］乔尔·科威尔：《生态社会主义：全球公正与气候变化》，见曹荣湘主编：《全球大变暖：气候经济、政治与伦理》，社会科学文献出版社2010年版，第451页。

等温室气体和各种污染物的排放，都源于社会经济的生产、流通、消费活动。只有在社会经济生产、流通、消费全过程中全面实施二氧化碳等温室气体和污染物的低排放，彻底消除霾气候、恢复气候和重获地球生境，才成为可能。

2. 恢复气候的经济实践路径

生境经济学作为引导人类经济活动实现人、社会、地球生命、自然共生的经济学，当它指向社会实践而确立起生产、流通、消费全程必须以低碳和低污染排放为实践重心时，其引导经济生活所开辟的当代道路，只能是可持续生存式发展道路。

可持续生存式发展的探索路径　为降解污染、恢复气候、重建生境而探索可持续生存式发展，必须集中精力从如下四个方面努力：

第一，应该以"人与天调"为社会愿景，致力于人的社会与自然社会的生境化协调。落实《人类环境宣言》中"排放不超过当地环境的可更新吸收能力"的生境原则，实施低碳排放、低污染排放的社会战略，致力于探索和开发零碳经济技术和零污染经济形式。

第二，努力探索地球人口与地球承载力之间的生境化协调，控制人类生存的采掘率，使之不能超过再生率，保证其对地球资源的开发运用速度必须慢于其再生速度，实施不可再生资源与可再生资源的动态平衡，即"开采不可再生资源获得的净租分为收入（Income）和资本清偿（Capital liquidation）两部分，资本部分应每年投资以形成可再生的替代品。一旦不可再生资源耗尽时，投资和自然增长形成的替代可再生资产，即可达到可持续产出的点，与收入部分的产出相同。收入部分持续不断地增长，正好验证了'收入'这个词的本来含义，即在保持资本部分完整无损状况下可用于消费的最大有效数量。……可再生替代品的生物增长越快，不可再生资源的估计寿命就越长，则收入部分就越大，剩下的资本部分越小"①。

---

①　［美］赫尔曼·E. 戴利：《可持续增长：一个不可能性定理》，见［美］赫尔曼·E. 戴利、肯尼思·N. 汤森编：《珍惜地球——经济学、生态学、伦理学》，马杰等译，商务印书馆2001年版，第306页。

第三，必须在全社会范围内实施生存的普遍平等，致力于消灭任何形式的贫穷与剥削。其具体实现方式就是进行社会再分配。加强社会再分配的基本步骤，一是减少税种、降低税率；二是增加资源采掘税和奢侈品消费税，加大公共收入；三是降低低收入阶层的所得税，并对低收入者实施负所得税制。

第四，应在全社会范围内展开生境主义道德和美德教育，使生境主义道德作为和美德追求社会化。这是全面实施以二氧化碳等温室气体和各种污染物质低排放为重心的生境经济建设的社会动力。

可持续生存式发展的社会道路 在生境经济学引导和规范下，可持生存式发展实质上展开为两个环节，即基础性生存环节和提高性发展环节。在基础性生存环节，可持续生存式发展的重心是开辟可持续生存的道路，这需要从如上四个方面展开，构筑可持续生存的基本条件，然后在此基础上谋求发展。

在可持续生存基础上发展，主要涉及两个方面的内容：一是基础性发展，二是经济发展。二者之间的关系是：前者的发展构成后者的平台，后者的发展是对前者的丰富和提升。概括地讲，在可持续生存基础上谋求发展的基本任务，是实施以社会、政治、文化、教育、伦理、道德为基本内容和以平等、自由、公正、人道、博爱、慈善为核心内容的发展。并且，以社会、政治、文化、教育、伦理、道德为基本内容和以平等、自由、公正、人道、博爱、慈善为核心内容的发展，才是经济发展的前提和基础，因为只有从根本上解决了人的认知问题和社会平台及环境问题，经济发展才具有理性。更因为经济始终不是孤立的社会形式，它始终被嵌含在社会（包括政治、教育、文化、历史）之中。经济对社会的嵌含性，决定了经济发展是与如上众多社会因素相互依赖、相互制约、相互激励的过程，在这个过程中存在着各个领域、各种因素的互补性，"这些互补性包括文化与经济、政治参与和经济进步，以及技术进步及其与社会运用之间的相互作用"①。只有当社会、政治、文化、教育、伦理、道德和人的平等、自由、公正、人道、博爱、慈善等复杂因素获得了生境取向，才可与经济形成互补力量，以推动和促进经济朝着可持续生存的生境方向发展。

进一步看，在可持续生存基础上谋求发展，无论是其基础性内容的发展还是经济发展，都要围绕"生命-人"而展开，必须遵循宇宙律令而首先发展自由。因为在本原意义上，自由就是自然宇宙的野性狂暴创造力与理性约束秩序力对立统一所形成的张力空间状态。在存在论意义上，自由则是自然宇宙创造地球生命和人类物种时，将其野性狂暴创造力与理性约束秩序力的对立统一张力灌注进它的创造物的体现，因而，生命的存在自由、人的存在自由，乃是天赋的本性，更是天赋的权利。自由地存在，自由地生存，构成了可持续生存式发展的奠基石。无论从存在论讲，还是就生存论言，没有自由，则无可持续生存，更无可持续生存式发展。从根本上来讲，可持续生存式发展就是发展自由，不仅仅发展人的平等存在自由、生存自由，更应该发展地球生命、自然的存在自由、生存自由。所谓发展人与生命、人与自然的存在自由和生存自由，其实就是恢复人、生命、自然的本性，使之各按其本性而合生存在，共生生存。

仅从人、生命、自然三者论，地球生命的自由和自然的自由，才是人获得自由的最终土壤和最后边界规范。因为地球生命丧失自由，生物多样性就不复存在；自然丧失自由，环境就必然沦为死境。所以，人的存在自由和生存自由，既要以地球生命的多样性存在和自然的生境化运行为前提条件，更要以地球生命的多样性存在和自然的生境化运行为根本保障。唯有在此基础上，才可讨论发展人的自由的问题。

从根本论，可持续生存式发展就是发展自由：自由的存在本质是利益，自由的生存本质是权利，自由的实践本质是责任，自由的行动本质是权责对等。发展自由就是发展人的利益观念、权责精神和权责对等能力。这种权责对等能力不仅仅局限在人的社会里，更指涉自然社会和生命世

---

① ［印度］阿马蒂亚·森：《以自由看待发展》，任颐、于真译，中国人民大学出版社2003年版，第20页。

界。发展自由的实质，就是发展"人、生命、自然"共生互生进程中的平等利益观念、平等权责精神和权责对等能力。

发展自由是发展社会、发展政治、发展经济、发展文化和教育的前提和基础。发展社会、发展政治、发展经济、发展文化和教育都是通过发展自由而带动起来的，并且，发展社会、发展政治、发展经济、发展文化和教育，又必须贯穿对自由的发展。

其一是发展社会，它涉及自然社会和制度社会两个维度，发展社会的完整表述就是发展自然社会和制度社会。发展自然社会是发展制度社会的前提和基础，唯有自然社会获得健康发展，制度社会的发展才有根基。发展自然社会，就是低排放、低污染，就是使地球重新恢复承载力，使自然世界重新恢复自净化功能，使气候重新获得周期性变换运动的时空韵律，使大气恢复清洁、大地重获绿荫。制度社会就是制度化的人类社会，发展制度社会就是发展平等、自由、公正，就是发展人道、博爱、慈善，就是发展德与美，并通过发展而使社会不断德化和美化。不仅如此，发展社会更是全面发展社会精神，全面发展健康的社会机能，全面发展优良的社会环境，全面发展可持续生存的社会条件，全面发展人人平等配享的社会福利。

其二是发展政治。发展社会的途径就是发展政治，发展经济，发展文化，发展教育，其重心是发展政治。发展政治的核心任务就是发展政治的平等和自由，就是在平等和自由的规范下发展权责对等的优良制度、优良法治，发展政治的理想与现实的统一，发展政治的真诚与善业、德性和美。

其三是发展经济。发展经济的核心任务是发展经济机会，发展分配公正，发展公共服务，发展社会福利，并在发展中消灭贫困、消灭剥削、消灭掠夺、消灭市场的垄断与专权。发展经济的根本任务是避免贫困与饥饿。发展经济要实现如上目标内容，必须紧密地考虑发展政治。必须将发展经济与发展政治连接在一起作为整体来通盘考虑、通盘设计。"在判断经济发展时，仅仅看到国民生产总值或者某些其他反映总体经济扩展的指

标的增长，是不恰当的。我们必须还要看到民主和政治自由对公民的生活
及其可行能力的影响。在这个意义上，特别重要的是考察以政治权利和公
民权利为一方，以防止重大灾难（例如饥荒）为另一方，二者之间的联
系。"① 也就是说，只有当平等的政治权利得到充分落实，平等的公民权
利得到全面维护，重大的灾难得以预防性避免时，经济发展才成为可能。

其四是发展文化和教育。发展文化和教育就是全面发展人，其前提是
全面解放人，从智商、情商、心商三个方面全面解放人。发展文化和教
育，就是充分运用人类文化成果来化育人，使每个人能够平等获得恰当的
教育，使人人在平等地接受恰当教育的过程中，把自己成就为人，有人的
理想，获得人的价值、意义、人格、尊严和把自己成就为"大人"的人生
动力与追求智慧。

3. 恢复气候的经济实践方法

生境经济学的实践方法，是指生境经济学必须成为消除霾污染、治理
灾疫、恢复气候的社会方法论。生境经济学作为消除霾污染、治理灾疫、
恢复气候的社会方法论，主要体现在两个方面：一是它能够成为全面指导
人们构筑全新生产-消费方式的社会方法论，二是它能够成为引导、激励
人们努力于恢复地球生命多样性、重建地球生境的社会方法论。

生境经济学指导人们构筑全新的生产-消费方式　这一生产-消费方式
就是**以生存促进生产、以简朴导向消费**。以生存促进生产、以简朴导向消
费的实践方法得以社会化展开的前提，是必须全面清算"以消费促生产"
的经济模式，彻底抛弃"用过即扔"的产品生产方式，构建节省、俭朴、
经久耐用、损而能修、修可新用的经济生产方式和消费方式。以这一经济
生产方式和消费方式为实质规定，可以将生境经济学称为简朴经济学。生
境经济学就是简朴经济学，它体现如下四个方面的经济思想要义：

第一是**节省**。节省首先指生产的节省。生产的节省能够从三个方面实
现：一是通过提升资源、能源、原材料的最终利用率来实现节省；二是通

---

① ［印度］阿马蒂亚·森：《以自由看待发展》，任颐、于真译，中国人民大学出版社 2003
年版，第 152 页。

过提高废旧物质的回收利用率来实现节省；三是通过全面推行产品的必要包装经济学来实现节省。

前面两条节省方式非常清晰明白，只要一旦获得这种节省意识，就可人人实行，人人做到。第三条节省方式最重要，但却往往不为人们所理解和认知，所以必须对产品的必需包装经济学予以必须的解释。

何谓产品的必需包装经济学？简单地讲，只有当产品需要包装时才包装，不需要包装时就应该坚决不包装。

产品需要包装时才包装，不需要包装时就不包装，其中包含深刻的生境经济学思想、原理、方法。比如现在世面上所销售的眼药水，一瓶大约24毫升至30毫升，盛眼药水的是塑料制成的小瓶子（20世纪末是小玻璃瓶）。20世纪90年代，眼药水是裸瓶的，没有包装，每瓶售价约2—3元钱；后来实行了包装，是根据药水瓶的尺寸来设计包装盒子，包装后的眼药水一瓶价格涨到5—7元；后来，制药厂发现产品包装的赢利经济学秘密，所以盛眼药水瓶子的包装盒子就被制作得越来越大了，由原来的长7厘米、宽3厘米增加到长8.5厘米、宽7厘米，而且里面还有一个塑料盒子，用于包装的材料增加了近两倍，因而每瓶眼药水的价格涨到了14—17元。一瓶普通的用塑料瓶装的眼药水，根本不需要包装，就可以安全运输和储存，但由于不断翻新的包装，其价格增长好几倍，不仅大量浪费了有限的资源，增加了消费污染，而且也大大增加了病人的经济负担。

一瓶普通的塑料瓶眼药水，包装或不包装，体现了不同的经济学思想。原本不包装就可以运输、储存的塑料瓶眼药水，包装后，就获得了如下四个方面的社会效应：

A. 生产厂家的经济效应：生产厂家因其包装而获得了产品之外的暴利。

B. 消费者的经济负担效应：消费者因此而支付了本不该支付的额外钞票。

C. 资源浪费效应：因为其根本不需要的包装而浪费了有限的社会资源。

D. 环境污染效应：产生了包装污染和消费包装污染，这一双重污染以点点滴滴的方式破坏着环境生态。

以此四者而反观之，倡导产品必要包装的生境经济学，其要旨体现为如上四者。生境经济学倡导和实施产品的必须包装，实际上是产品从生产到消费、从资源运用到环境生境化这一全过程，都贯穿了生境经济学思想、原理、原则和方法。简单地讲，产品必要包装经济学，既是简朴经济学的，也是气候经济学的，它是简朴经济学或气候经济学的核心内容之一。对产品必要包装经济学的实施，体现了两个生境（简朴）原则：

第一个原则：并不是所有的产品都需要包装，只有必须包装的产品才实行包装。

第二个原则：即使需要包装的产品，也只能进行简单包装，即以能够保护产品本身的安全性为包装的原则。

产品必要包装经济学的这两个实施原则蕴含了三个生境经济学的基本主张：

第一个经济学主张：**"包装就是敲诈"**[①]。比如，本来价值 100 元的商品，因为不必要的奢侈包装，将产品价格提高到 300 元或 500 元甚至 1000 元。在消费主义经济学指导下生产"用过即扔"的产品，是其普遍现象。所以，这种生产和销售行为实际上是以产品本身为诱饵、以卖包装为实质。以产品本身为诱饵、以卖包装为实质的商品生产模式，就是一种社会化的消费敲诈模式。推行必要产品包装经济学，是对这种消费敲诈的商品生产模式和企业运作模式的抵制，是对资源节省、生产节省、消费节省的原生态生活方式的重新回归，因为推行产品必要包装，是最大的消费节省模式，是对节省消费方式的社会化推行。

第二个经济学主张：**包装破坏环境，包装也毁灭地球。** 因为凡是产品都要包装，并且凡是产品都进行奢侈包装这种行为，使包装本身变成了巨大的社会化浪费方式。如前所述，我国的产品包装工业总产值从 1980 年

[①] ［美］艾伦·杜宁：《多少算够——消费社会与地球未来》，毕聿译，吉林人民出版社 2004 年版，第 47 页。

的 72 亿元跨越式增长到 2010 年 12000 亿元、2012 年 14000 亿元，2013 年达到 15000 亿元，这意味着仅包装一项，每年要消耗多少资源？包装源源不断地浪费着有限的地球资源，有限的地球资源因其高浪费而出现匮乏，必导致争夺，环境生态遭受破坏，生物多样性锐减，所以，持续扩张的包装浪费，在事实上构成环境生态破坏的重要社会因素，如不做有效约束，可能成为推动地球毁灭的重要社会力量。推行产品必要包装经济学，既是全面推行资源节约的社会生产方式和社会消费方式，更是恢复气候、重建环境生境的日常方式。

第三个经济学主张：包装制造高碳和高污染。如前所述，包装业要创造出 14000 亿元、15000 亿元的年产值，不仅源源不断地消耗和浪费太多的有限资源，而且在消耗和浪费有限地球资源的同时，又制造出多少排放和污染？今天，地球环境和人类生存环境死境化、灾疫频发、霾污染扩散、气候失律，应该说这种高消费、高浪费的包装业为之做出了巨大贡献。无所节制而且不断扩张的包装业，是源源不断地制造污染和高碳排放的元凶之一。推行产品必要包装经济学，则是在生产领域全面推行低碳和低污染排放的生存方式，更是在消费领域——包括工业消费领域和生活消费领域——全面推动低碳排放和低污染排放的社会消费方式。

简朴经济学实施的第二个方面是**俭朴**。产品必要包装经济学是节省的思想原则，也是节省的一种具体社会方式；节省是简朴经济学的思想精髓和基本原则，也是简朴经济学的一种实践方式。但简朴经济学不仅体现在生产和消费两个领域对资源、能源、原配料的节省，而且更崇尚生产与消费两个领域的俭朴。俭朴，就是节俭朴实，杜绝奢华，抛弃形式主义，追求实质，重在打造和提升产品的品质。

简朴经济学实施的第三个方面是**经久耐用**。简朴经济学所追求的实质效果就是所生产出来的东西能够经久耐用。产品的经久耐用，这是最大的节省，也是最根本的俭朴。以此为准则，一切形式的产品（道路、桥梁、街道也是产品）的生产，都应做到经久耐用。这需要以制度和法律的方式明确规定一切产品（包括道路、桥梁、房屋、街道、厂房等工程建设）生产所必须保证的使用年限，在使用年限内凡是出现问题，均要对生产者、建设者、责任人、管理部门追究法律和经济责任。

简朴经济学实施的第四个方面是**维修新用**。这是简朴经济学追求的最高实用价值。即所生产出来的产品不仅经久耐用，而且当使用超过其设计使用年限而产生损坏或磨损时，可以维修，并通过维修而使之焕然一新，获得新产品的使用功能。这是最大的生活节省，也是最大的社会节省。这要求以法律的形式规定：凡是工厂里的机械、各个领域的办公物件、家庭购置的商品，在法定使用年限之外损坏了，皆可以维修，并且维修的产品必须能当新产品使用。

生境经济学指导社会重建地球生境、恢复生物多样性　生境经济学作为消除霾污染、治理灾疫、恢复气候的社会方法论，能够担负起引导社会全面重建地球生境、恢复地球生命多样性的功能。因为生境经济学告诫人们："人类的兴盛不是来自凌驾于自然之上的权力的渴求，而是源自于与自然的合作。这种合作的大部分发生在商品经济之外，因而，GDP 并不能衡量人类的幸福。而且这种合作的成功在于生物多样性的提升，因此，在生物多样性与人类繁荣之间并无真正的冲突。"[①] 生物多样性是恢复地球生境的前提，亦是全面恢复气候的必须方式，同时还构成人类繁荣的自然基础和生存土壤。

"恢复地球生命多样性"有两层含义。一是指人类终止以经济增长为目的的片面发展模式和"用过即扔"的生产-消费方式，将人类从深度介入自然世界的困境中解放出来，尽可能放弃干预，还自然以自由，让地球在这种自由状态中逐渐恢复自创生功能，使自然界重新恢复自生育力。二是指人类通过多种努力方式，促进地球恢复生物多样性。前一种方式是人类的不作为方式，或者说自然方式；后一种方式是人类的作为方式，或者说社会方式。这两种方式并不截然分离，而是相互促进的。尤其是地球环境趋于死境化的今天，人类以作为方式带动不作为方式，是基本的生境经

---

① ［美］彼得·S. 温茨：《现代环境伦理》，朱丹琼、宋玉波译，上海人民出版社 2007 年版，第 282 页。

济学方法。

第一，以作为的方式恢复地球生命多样性，其**根本的**生境经济学方法的社会运用，就是以生境经济学思想和原则为指导，使社会经济（生产、流通、消费、生活）建设放慢工业化、城市化、现代化进程，调整工业化、城市化、现代化的进程方式，具体地讲，就是以生境经济学思想和原则为指导，终止大中城市规模建设、保护乡村。

终止大中城市规模建设、保护乡村，是生境经济学作为社会方法论的具体实践运用，它既构成全面恢复地球生命多样性的社会方法，也是恢复地球生命多样性的前提条件。

终止大中城市规模建设、保护乡村，应该分两步展开：

首先，应终止大中城市规模建设，全面推进大中城市的功能发展和导向发展。

经过近 40 年的城市化建设，我国的城市化进程发展到今天，大中城市再以规模发展为基本导向，就会导致掠夺土地、浪费地球资源，就会成为制造高污染、实施高碳排放的社会化方式。今天，全国大中城市几乎都处于霾气候的嗜掠之中这一状况，或许是这方面的很好说明。全面终止大中城市规模建设，是卓有成效地制止资源无度消耗与浪费、全面推行低碳和低污染排放、恢复地球承载力和自净化力的社会化方式，最终是全面治理灾疫、消除霾污染、恢复气候的有效方式。

全面终止大中城市规模建设，其实质性努力是改变大中城市的粗放型发展模式，探索大中城市可持续生存式发展方式。探索大中城市的可持续生式存发展方式，其实质性努力就是将大中城市的建设从规模发展转向对自身功能发展和对外导向发展：注重城市功能建设和城市导向发展，这是发展方向的重新定位和发展战略的重新设计。

全面推进大中城市的功能发展，就是全面推进大中城市的人性化、生境化、节能化发展，全面推进降低城市运作成本和提高城市边际收益的发展，这是对大中城市进行内涵建设。比如，城市居民的用水，这是一项安居工程和健康工程，它涉及到巨大的社会财富和资源节约的大经济学问题，因为城市居民饮用水既涉及千家万户的日常生活消费支出度，更涉及到每个市民的健康保障和健康支出消费度，更涉及到政府的社会福利工程的建设水平。过去，几乎每座城市都忽视城市居民生活用水的质量建设问题，由此形成了城市家庭的矿泉水生活方式，这一健康支出对每个家庭来讲都是一笔负担，社会医疗卫生保障服务也成为老大难的社会问题和政府难题。如果在城市转向功能发展的过程中，进行城市居民生活用水工程建设（这方面的技术早已成熟），使城市居民可以像发达国家那样，放心地饮用自来水管的冷水。那么，仅生活饮用水不用烧开这一项，全国每天都可以节约上亿的开支，更节约上亿度的电，并且可以大大降低城市的温室气体排放量，更可以使居民更健康地生活而节约庞大的医疗卫生保健费用。由此可以看出，实施大中城市功能发展，是最大的节省、最大的节俭，是生境经济学的最好实践运用，是最大的生境经济的发展方式。

过去的城市经济，主要是靠城市的规模发展来启动：城市的规模发展，从房地产、土地的征用、城市扩张、基础设施建设来带动城市经济。城市建设一旦转向自身的功能发展，同样可以从不同方面、不同领域来带动城市经济的发展，城市居民生活用水是典型的例子，城市交通畅通建设是另一例子。更重要的是，城市功能发展带动经济的发展，除了经济增长的发展外，还有经济不增长的发展。经济不增长的发展所体现的范围很广，比如，经济增长的发展必须要通过开源来实现，即通过生产及流通、消费（资源、能源）来实现，而经济不增长的发展却是通过节流和财富的分配公正来实现。比如现在城市生活的快节奏化，实际上是巨大的资源、能源浪费方式，也是家庭、个人经济支出的浪费方式，如果放缓一下生活节奏，一种新的资源、能源及其社会经济节省方式就会呈现出来。再比如，城市分配的不公，既不人道，也是浪费的源泉。再比如，城市管理的机构重叠、机构虚设、政出多门，既是巨大的能源、资源和有限的财政经济的浪费，也是城市社会分配不公的源头。而这些方面恰恰是城市功能发展中需要建设的基本内容，对这些内容的建设或者说改变、革新，就是最好的不增长的经济发展和社会发展方式。生境经济学指导大中城市转向功能发展，不仅注重于经济增长新空间的开发，更应该注重社会节流和分配公正的经济发展方式的开发。

全面推进大中城市导向发展，就是把对国家文化、思想、学术、政治、经济、科技的创新作为大中城市发展的重心，尤其将核心技术、核心产业、核心品牌、核心文化作为城市导向发展的核心内容，将大中城市建设成为文化资源，思想资源，学术资源，教育资源，政治经济资源，基础科学资源和核心技术、核心产业、核心文化、核心创意的创造平台、集散中心、输出中心，形成对周边地区的导向、输出，并以导向、输出为经济收益方式，以带动、牵引、推动周边地区的全面发展为根本任务。

其次，应保护乡村、重建乡村、发展乡村。

终止大中城市规模建设，全面推进大中城市功能发展和导向发展，是从根本上解决城市与农村之间单向度的二元发展模式，即农村人力、物力、资源向城市输送，或者大中城市向农村进行人力、物力、资源全面吸纳的片面发展模式。这种单向的二元发展模式，是人类社会发展史上最具有掠夺性和剥夺性的一种发展模式，也是人类社会发展史上资源浪费和环境破坏最严重的一种发展模式。客观地看，30 多年来大中城市规模发展都是建立在对周边地区以及整个农村社会进行资源掠夺性吸纳基础上的，大中城市发展越快，其发展的规模越大，对农村的资源掠夺就越向纵深方向展开，生活在农村的人们的生存资源就越贫乏，城市周边地区的环境退化就越快，生物多样性锐减更迅速，尤其大中城市周边的农村就越荒芜，环境生态的自净化功能退化得就更快。终止大中城市规模建设、全面推进大中城市功能发展和导向发展这种城市发展方式，则是从根本上改变和抛弃这种掠夺式的、高浪费和高环境破坏型的发展模式，构建一种资源节约型和城乡互生型的社会发展方式。

客观地看，今日的乡村，已处于全面衰落进程中，荒芜成为乡村的基调。追溯形成乡村如此状况的制度原因，是剥夺性的城乡二元制度模式；导致乡村如此荒芜的直接动因，是城市的规模发展模式。因为城市的规模发展模式在本质上是一种无序的野性发展模式，它必然以造成对乡村的无止境掠夺为实质体现。因而，终止大中城市的规模发展，转向其功能发展和导向发展，必然会带动乡村的保护和发展。

保护乡村、重建乡村、发展乡村涉及两个基础性的建设问题，即有限地发展城镇和全面恢复乡村生物多样性。

一是应该有限度地发展城镇，这是保护乡村的前提。

在这里，"城镇"是指县城和镇城；"有限度"，是指县城和镇城建设应有法定规范，其首要的法定规范要求，就是县城和镇城的建设规模和人口。

有规范地建设城镇，主要有两个方面的任务。一是建设县城，使县城成为连接大中城市和乡村的桥梁。县城的规模建设应该有严格的法定限制、标准和要求，尤其城市规模、人口规模要有明确的法定规范，否则，就会重复大中城市规模发展的老路，出现盲目的规模扩张。一般来讲，县城的城市规模应以居住 10 万人以下为宜，因为县城建设的重心不是规模发展，而是功能发展。所以，县城建设应以功能发展为导向，并从如下两个方面努力：其一，发展它自身的运作功能，使其低成本化、低碳化、低污染化和高节省化、高简朴化、高边际收益化；其二，发展其中介桥梁与集散功能。具体地讲，县城的功能发展，就是使县城成为大中城市与乡村的互动桥梁，发挥其互动功能，即通过健全、高效的县城功能的发挥，将大中城市的优势资源、最新技术、最新信息、最新知识、最新思想、最新方法、最新管理等输向乡村，同时又将乡村的优势资源输向大中城市，并通过双向循环的互动过程而发展、充实、壮大县城自己。

二是有规范地发展镇城。根据县域地理及资源分布情况，一县可建设若干镇城，镇城是联络县城和乡村的中介，是一县社会网络的网点。镇城的建设规模一般不超过 3 万常住人口。镇城应该成为乡村农产品的集散市场、农产品的生产加工基地、乡村企业中心和乡村医疗卫生中心、教育与科技培训基地。

由县城和镇城构建起保护乡村、服务乡村、发展乡村的集地域性和开放性于一体的社会平台，构建起自主性建设、发展、服务体系。比如，医疗卫生，重病不出县城，大病不出镇城。再比如，基础教育水平和质量可以达到使其生源不外流于大中城市，使乡村教育与大中城市同步。

第二，应全面恢复乡村生物多样性，这是保护乡村、重建乡村和发展乡村的实际路径。

全面恢复乡村生物多样性，可以解决两个社会问题：一是通过恢复乡村生物多样性，能够最大限度地提升乡村环境自净化力，即提升地球环境对大气污染物和温室气体的吸收能力，这是恢复气候的基本途径；二是通过恢复乡村生物多样性，能够最大限度地提高人类可持续生存的安全度，这一过程的根本意义是培养起人类重新敬畏自然、尊重环境、向自然学习、回归自然的存在姿态、生存方式和生活习惯。这是恢复气候的人类主体条件或者说根本前提。

全面恢复乡村的生物多样性，是生境经济学方法对保护乡村、重建乡村和发展乡村的具体运用。恢复乡村生物多样性，有两种基本方式，即不作为方式和作为方式。

以不作为的方式来恢复乡村生物多样性，这是对**基本的**生境经济学方法的社会运用。这种运用的重心就是全面恢复湿地和荒野。因为湿地和荒野既是生物多样性的土壤，亦是地球环境恢复自净化功能的自然条件。

全面恢复湿地和荒野，　是退耕还湿地，退耕还沼泽，退耕还草地；二是让乡村植被化，绿色化，自然化；三是禁止城镇建设、工业建设征用湿地和荒野；四是培植湿地、荒野、沼泽。通过如上各方面的努力，为全面恢复生物多样性奠基。

以作为方式来恢复乡村生命多样性，这是对**重要的**生境经济学方法的社会运用，这种运用的重心是尊重和发展原始农业，繁荣绿色经济。

所谓原始农业，就是自然农业，即自然季节农业、有机土壤农业，或者说非杀虫剂农业、非地膜农业、非化肥农业、非人工技术培育的种子农业，或非转基因农业。恢复生物多样性之所以需要尊重原始农业和发展原始农业，是因为机械农业消灭了荒野和湿地，锐减了大地植被，更因为杀虫剂农业使生物丧失了栖居的起码条件，还因为非季节农业导致了地球生命钟的紊乱。

　　恢复乡村生物多样性，就是以原始农业为基础。尊重原始农业，发展原始农业，是全面恢复生物多样性的根本社会策略。只有当全面尊重原始农业，努力发展原始农业时，恢复生物多样性才成为可能。人类学家斯蒂芬·B. 布什（Stephen B. Bush）教授通过对秘鲁的生物性原始农业的观察研究指出："我计算了一下，通过他们的'原始农业'，Uchucmarca 的农民每人每天的分配能够产生 2700 卡路里的热量和 80 克蛋白质（蔬菜）的营养。一个非常有益的食谱和一个营养适度的人群。最糟糕的营养不良发生在必须依赖'现代'农业的城市中。"[1]

　　要使生物多样性得到全面恢复，尊重原始农业、发展原始农业是基本途径。因为，忽视和破坏农业的现代化、城市化、工业化进程，在事实上造成了生物多样性锐减，环境全面退化，气候失律和灾疫频发。这正如约翰·图克希尔（John Tuxill）所指出的那样："在工业化国家，伴随着 20世纪农业商业化与合并的稳定步伐的是作物多样性的已然下滑，更少的小农生产，以及提供更少品种以供销售的更少的种子公司，意味着田地里更少的作物品种或是在收获之后更少的品种得到保留。不管是在商业性农业生产还是任何重要的种子储藏设备中，1904 年以前在美国种植但已不复存在的品种比例，从番茄的 81％ 到豌豆和甘蓝的 90％……据估计，中国的小麦品种已从 1949 年种植的一万个降到 20 世纪 70 年代仅存的一千个，20 世纪 30 年代在墨西哥种植的玉米品种也只有 20％ 的仍能在那儿被发现。"[2] 不仅如此，农田的大面积丧失，同样归因于现代农业所造成的环境退化。郊区住房、城市建设、道路拓宽，尤其是超想象力的和高浪费的现代铁路业的无理性发展，不仅使农田大面积缩小，更是对农村的最大污染，现代铁路延伸到哪里，污染就扩张到哪里，农田、耕地的掠夺、破坏和荒废也就扩张到哪里……这些均构成了对原始农业的最大的破坏。要全

---

① Wendell Berry, *The Unsettling of America*：*Culture and Agriculture*，San Francisco：Sierra Club Books, 1977, p. 176.

② John Tuxill, "Appreciating the Benefits of Plant Biodiversity", *State of the World*，1999, p. 100.

面恢复生物多样性，必须尊重原始农业和繁荣原始农业，并在尊重和繁荣原始农业的基础上，才可发展绿色经济。

并且，以作为方式来恢复乡村生物多样性，也是**深度的**生境经济学方法的社会运用，这种运用的重心是培育森林和草原，畅通和净化江河湖泊，让海洋休养生息。

培育森林，一是恢复原始森林，二是荒山植树造林，三是退耕还林，四是以严格的法治保证林木砍伐率必须大大低于林木的生长率。

培育草原就是禁止放牧或实行草原间歇放牧，治理草原沙漠化，进行草原扩展建设。

江河湖泊是地球的"血液循环"系统。恢复乡村生物多样性，必须以地球本身"血液循环"畅通为基本条件。今天地球环境全面退化，气候失律更加恶化，各种环境灾疫频发不断，霾污染扩散，探究其深度原因，是地球本身患了严重"高血脂"病。作为大小血管的江河湖泊被人为地截流、断流，河床干枯，乱石、垃圾、淤泥遍布河床。要使生物多样性存在的土壤即大地的"血液循环"系统得以健康循环，必须畅通江河湖泊，这需要做三个方面的工作：一是清理河床，二是有计划有步骤地拆除江河之上的大小水坝电站，三是在江河流域恢复原始农业，恢复荒野、湿地和沼泽。

人有双肺，地球亦有双肺，这就是森林和海洋，并且，海洋是最重要的地球之肺。进入 21 世纪，气候加速失律、灾疫全球化和日常生活化、霾污染扩散，其深度机制是海洋的富氧化、深度污染和沙漠化，这是进入 21 世纪以来人类全面向海洋进军、向海洋要财富、向海洋要霸权所致。要卓有成效地治理灾疫、消除霾污染、恢复气候，必须治理海洋，让海洋休养生息。对于已进入能源、资源全面枯竭时代的当代人类来讲，要做到这一点异常艰难，但人类要想真诚的自救，就必须这样做，并且人类为了自救，最终必须做到这一点。否则，一旦海洋全面污染化，人类自救的最后可能性也就丧失了。

第六章 恢复气候的生境法治机制

为应对全球气候失律，联合国制定了《联合国气候变化框架公约》和将其具体化的《京都议定书》。法学界将这两个权威的国际气候文本视为是国际法律文件，并认为它与围绕此而形成的其他各种国际性的气候-环境文件共同构成了"应对气候变化问题的国际法律制度体系"①。其后续性的各种环境公约都以此为准则。根据《联合国气候变化框架公约》和《京都议定书》，这些后续性的环境公约都体现一个共同的主张，"在气候问题上，我们不采取积极的行动减少矿物燃料的使用，未来世代将存在失去生命本身的可能性"②。泛泛而论，确实是如此。但严谨地看，无论是《联合国气候变化框架公约》或《京都议定书》，或者是其他国际气候公约或文件，都**不是**国际法律。因为"凡是存在法律制度的地方，就必定有这样一些人或团体，他们发布以威胁为后盾、被普遍服从的普遍命令；而且，也必定有一种普遍的确信，即确信如果拒不服从，这些威胁就可能被付诸施行。同时，也必定有一个对内至上、对外独立的个人或团体。如果我们效仿奥斯丁把此种至上的和独立的个人或团体称为主权者，那么，任何国家的法律都将是以威胁为后盾的普遍命令，发出这种命令的人既可以是主权者，也可以是服从于主权者的那些下属们"③。《联合国气候变化框架公约》和《京都议定书》等国际气候文件，仅仅是国际社会众多国家首脑们为应对气候的一种共识性的、将付诸于共同行动的认知约定，这些认知约定虽然具有一定的法律约束力，但由于它们都是建立在完全自愿的基

---

① 郭冬梅：《应对气候变化法律制度研究》，法律出版社 2010 年版，第 2 页。
② ［英］迈克尔·S. 诺斯科特：《气候伦理》，左高山等译，社会科学文献出版社 2010 年版，第 202 页。
③ ［英］哈特：《法律的概念》，张文显等译，中国大百科全书出版社 2003 年版，第 27 页。

础上，没有任何强制和威胁，因为国际社会并没有形成一个这样的拥有强制和威胁力量与功能的主权者。所以，把《联合国气候变化框架公约》等国际气候文件视为是国际法律及其法律制度体系，这是一种泛法律观。这种泛法律观不利于气候法律的制定。

一方面，法律的制定，必须要有主权者和服从者，并且法律本身不是约定，而是必须**普遍服从的普遍命令**；法律本身也不是建立在自愿基础上的，更不是以自愿为实施前提，而必须是以威胁为后盾，以强制为实施的基本方式。以此来审视目前的人类存在状况和生存格局，能够产生法律制度并实施法律制度的主权者，尚只能是国家；作为法律制度产生的威胁后盾和实施法律制度的强制方式，只能是国家机器。所以，仅目前论，应对气候失律、恢复气候的法律制度建设，仍然最终要落实到国家法律制度建设这个层面上来。

另一方面，气候失律是全球性的，对于气候，不能像大地那样可以进行暴力瓜分和疆界定位，也不能像天空那样可以通过经纬度的计算而建立起各自的所属性领域。气候作为变换运动的天气过程，它本身是整体的、动态的和有规律地变化不息的。气候失律，是指气候变换不息的运动过程丧失了周期性的时空韵律，这种丧失意味着气候之内在秩序要求性的破坏，很大程度源于人力破坏地球环境和大气。这种破坏地球环境和大气的持续行动，往往是以国家为基本单位的。因为人类破坏地球环境和大气，并不是有意的，而是为了改变物质生存条件、全力发展经济而向地球索取资源和排放温室气体及污染物所造成。为改变物质生存条件、发展经济而改造自然、掠夺地球资源、排放因生产和消费而制造出来的温室气体和各种污染物，都以国家为单位。对不同的国家，不同的经济发展速度决定了改造国家境内的自然状貌的程度和开发国域内地球资源的广度与深度各不相同。对任何国家来讲，这种改造自然状貌的程度和开发地球资源的广度与深度，决定了其破坏本国境内的地球环境的程度和污染本国境内大气的程度。所以，虽然气候失律是全球化的，但气候的动态表现，比如暴雨、洪水、干旱、飓风、酷热、高寒、酸雨、霾等气候灾害的暴发与蔓延，却因为国家的地球环境破坏程度和其上空的大气污染程度的差异而各不相同。正是因为如此，恢复气候、重建环境生境又必须最终落实到国家层面，进行国家治理。

恢复气候，就是恢复大气生境和重建地球生境，使之重获周期性变换运动的时空韵律。这一行动直接地涉及到人类对自我利益的约束、节制，更涉及到人类对自我利益的损害，所以根本不可能尊重自愿，更不可能以约定为准则，必须制定以威胁为后盾、以强制为基本方式的国家法律制度。

一、恢复气候的法治伦理要求

1. 应对气候失律的法治要求

恢复气候，是当代人类重建可持续生存之基本条件的大工程，它需要国际协作治理。但恢复气候，更需要国家行动、国家治理，并且首先需要国家行动、国家治理。国家恢复气候，不能只停留于"共识"层面，虽然共识异常重要；更不能寄希望于意愿，虽然意愿很人性化。它必须诉诸**"普遍服从的普遍命令"**，必须走法律制度建设和法律治理的社会道路，这是任何一个国家都无法回避的现实问题。

这里的"法治气候"的概念，可能会引发两种疑问：

A. 为什么要法治气候？

B. 法治气候是否可能？

正视这两个问题，首先需要明确这里的"法治气候"的"气候"是指丧失周期性变换运动的时空韵律的气候，因而，法治气候是指依法治理**失律**的气候。

气候本身是天气变化的过程，只有当它丧失自身运行的时空韵律时才失律。气候失律的动态表达，是气候变暖或气候变冷的无序交替展开，因而，气候失律是不确定的。

　　导致气候失律的主要动因有两种，即自然动因和人为动因。[①] 本书所论的是后者，即导致当代气候失律的主要动力是人力，而非自然力。因而，我们所讨论的需要依法治理失律的气候，是人类活动持续不断地过度介入自然界所造成的破坏性影响以层累方式积聚的体现，更具体地讲，当代气候失律是人类长期以来持续不断地征服自然、改造环境、掠夺地球资源过程中向大气层排放温室气体及其他污染物所造成的层累性恶果，所以，气候失律是持续性的、恒久性的，更是普遍性的。

　　气候失律遵循的是层累原理，气候失律的暴发遵循突变原理，气候失律的扩散和恶化遵循边际效应原理。反之，恢复气候，需要从地球环境的生境化重建着手，仍然必须遵循层累原理。所以治理灾疫、降低污染、恢复气候，同样需要持续性、恒久性和普遍性的努力。

　　客观地看，气候失律最终以不断扩散和不断恶化的破坏性方式改变着自然界和人类社会，并给自然界和人类社会带来层出不穷的灾难，主要表现在四个方面。其一，气候失律既增加了大气的蒸发量，也改变了降雨，包括降雨的强度、频率、方式。其二，气候失律导致冰川融化和海洋膨胀，海平面上升。IPCC第二次评估报告指出，到2100年，海平面将升高约15—95厘米。IPCC第三次评估报告预测地球温度比第二次预测更高，海平面上升将持续几百年。2017年3月22日，国家海洋局发布《2016年中国海平面公报》，《公报》显示，2016年中国沿海海平面比2015年高38毫米，为1980年以来最高位；《公报》指出，根据统计，自1980年到2016年，中国沿海海平面上升速率为3.2毫米/年，远远高于同期全球平均水平。海洋专家表示，海平面上升直接威胁到沿海城市的安全。国外科学研究机构曾发布数据显示：全球冰山融化加速，格陵兰岛、南极等区域冰川全部融化后，全球海平面将上升7—10米，一旦如此，中国的长江口可能要内移到南京。其三，气候失律推动厄尔尼诺现象发生的频率更高、强度增加，热带地区和亚热带地区洪涝和干旱将更加严重。其四，气候失律如果得不到抑制，必将造成洪水、干旱、土壤干化、火灾、疾病、热带

---

　　① 参见唐代兴：《气候失律的伦理》第1章，人民出版社2017年版。

风暴、飓风、龙卷风、海啸等气候灾疫全球化和日常生活化。这四个方面不断恶化的气候灾害，又成为致灾因子而诱发出各种层出不穷的地质灾难和意想不到的疫病流行。

基于如上四方面因素的制约，恢复气候不可能一朝一夕实现，必须打持久战，必须全社会整体动员，并必须有法律制度的保障，有自洽、完备和严谨的法律的规范和引导。

更重要的是，恢复气候，实质上是重建人类环境生态，使越来越不适宜人类居住的地球环境能够重新适宜于人类生存。对此，联合国于1972年发表的《人类环境宣言》做了最好的概括："人类环境的两个方面，天然和人为的两个方面，对于人类的幸福和对于享受基本人权，甚至生存权利本身，都是必不可缺少的。"① 人类赖以存在和持续生存发展的地球环境和气候环境，实际上由自然力和人力两个方面的合力所推动生成。气候环境和地球环境问题从根本上涉及到人类幸福，但首先涉及到人类基本人权和生存权利能否得到普遍平等的配享，所以气候环境和地球环境问题构成了人类基本人权和生存权利本身。并且，气候环境和地球环境问题不仅仅涉及到人类基本人权、生存权利和幸福问题，也涉及到地球生命的存在和生存，涉及到地球上所有生物的存在权和生存权的问题。关注、维护气候环境和地球环境，不仅是保障人类自身的基本人权、生存权利和幸福，也是为地球生命负责，为地球生命多样性负责。正是基于如上认知，《人类环境宣言》提出了如下七项原则：

一、人类既是他的环境的创造物，又是他的环境的塑造者……

二、保护和改善环境是关系到全世界各国人民的幸福和经济发展的重要问题，也是全世界各国人民的迫切希望和各国政府的责任。

三、……人类改造其环境的能力，如果明智地加以使用的

---

① 万以诚、万岍选编：《新文明的路标：人类绿色运动史上的经典文献》，吉林人民出版社2001年版，第1页。

话，就可以给各国人民带来开发的利益和提高生活质量的机会。如果使用不当，或轻率地使用，这种能力就会给人类和人类环境带来无法估量的损害。……

四、在发展中国家中，环境问题大半是由于发展不足造成的。……在工业化国家里，环境一般同工业化和技术发展有关。

五、人口的自然增长继续不断地给保护环境带来一些问题，但是如果采取适当的政策和措施，这些问题是可以解决的。……

六、……为了在自然界里取得自由，人类必须利用知识在同自然合作的情况下建设一个较好的环境。为了这一代和将来的世世代代，保护和改善人类环境已经成为人类一个紧迫的目标，这个目标将同争取和平、全世界的经济与社会发展这两个既定的基本目标共同和协调地实现。

七、为实现这一目标，将要求公民和团体以及企业和各级机关承担责任，大家平等地从事共同的努力。各界人士和许多领域中的组织，凭他们有价值的品质和全部行动，将确定未来的世界环境的格局。各地方政府和全国政府，将对在他们管辖范围内的大规模环境政策和行动，承担最大的责任。……①

概括《人类环境宣言》这七项原则，可以提炼出如下五个方面的重要论点：

A. 人类既是环境的创造物，也是环境的塑造者。

B. 人类塑造环境的能力使用得当，环境就呈生境状态；人类塑造环境的能力使用不当，环境就会因为人力的滥用而呈死境状态。

C. 在近代以来的工业化、城市化、现代化进程中，人类以不恰当的方式塑造着地球和大气环境。这种"不恰当"被《人类环境宣言》概括为"在发展中国家中，环境问题大半是由于发展不足造成的。……在工业化国家，环境一般同工业化和技术发展有关"，但实际上，这种以不恰当的

---

① 万以诚、万岍选编：《新文明的路标：人类绿色运动史上的经典文献》，吉林人民出版社2001年版，第1—3页。

方式塑造环境的能力之于发达国家来讲，就是**过度**使用，即过度发展工业，过度发展技术，过度发展城市，过度发展现代化；这种以不恰当的方式塑造环境的能力对于发展中国家来讲，集中表现为**乱用**，即不顾一切地追求经济增长而无度开发环境、乱开发环境。所以，《人类环境宣言》关于"在发展中国家中，环境问题大半是由于发展不足造成的"这种观念，既不符合事实，也是对发展中国家的一种误导，是一种非常有害的错误观念和主张。

D. 人类要改变当前的环境状况，从根本上治理地球环境和气候环境，必须克制自己的利欲，恰当地使用塑造环境的能力，具体地讲，就是有限度地、亲生命性地和以重续与环境的血缘关联性的方式使用塑造环境的能力。

E. 为此，每个国家、所有的组织、每个人，都必须为治理地球环境和气候环境而担负责任。这需要制度引导，更需要法律的规范和强制。创建治理地球环境和气候环境的法律制度，构成了人类治理地球环境、恢复气候之实践行动的前提工作和保障力量。

2. 创建气候法律制度的目标

法治气候，是治理灾疫和地球环境、恢复气候的正确途径和根本出路。法治气候的前提，是必须有法可依。创建气候法律制度及实施规范体系，构成法治气候的基础工作。

孟德斯鸠（Baron de Montesquieu）讲："法律应该和国家的自然状态有关系。"[①] 创建气候法律制度，应该以国家为基本单位，以国家的具体气候环境和地球环境状况为出发点。

创建气候法律制度的首要目标，是为社会整体动员展开卓有成效的气候环境和地球环境的治理，提供"普遍服从的普遍命令"，即为整个国家恢复气候提供普遍服从的普遍规范、普遍引导、普遍方法。这一目标能否获得实在的指涉性，并不在于臆想和推测，而是缘于普遍的人性和人性敞开的历史化的存在事实。普遍的人性，就是人的自利性与利他性的对立统

---

① ［法］孟德斯鸠：《论法的精神》上册，张雁深译，商务印书馆2004年版，第7页。

一，"人在其生活目的、满足方面是一个理性最大化者——我们将称他为
'自得的'"①。依法恢复气候，这是理性的方式；创建气候法律制度，就
是为实现这种理性方式提供威胁性的和强制化的保障机制。在今天以及很
长一段时期的未来，不断恶化的气候正在迅速地剥夺人类生存的条件。人
类为了能够持续生存，必须恢复气候、获得清洁空气，这是对可持续生存
的基本条件的重建。恢复气候的行动，就是向人的自利斗争的过程，就是
进行人之自我利益革命的过程。要为重获最低生存条件而恢复气候，并使
治理行动最终实现对气候的周期性时空韵律的恢复，必须构建一种"普遍
服从的普遍命令"来强制规范。

更重要的是，创建气候法律制度，可以带动环境立法，促进环境立法
的完善。因为，气候是地球生命和人类存在的宇观环境，对气候这一宇观
环境的治理，既要受制于地球环境状况，又必然要指向对地球环境的治
理。创建气候法律制度，实质上是对整个国家环境治理的法治化建设。

其次，创建气候法律制度，就是要建立有效的气候产权制度和气候资
源市场制度。

气候与人类的联系，是通过存在安全和经济活动、目的、得失两个方
面来实现的。政治、法律、伦理、教育等与气候之间，都是通过存在安全
和经济活动、目的、得失两个方面而产生联系。除了存在安全外，气候对
经济的影响是最大的。但是，对经济本身来讲，气候是一个外部性问题。
气候之于经济的外部性，又总是导致人类经济产生重要的甚至起到某种决
定性的作用，它是人类经济无法避开的现实问题。因为气候是人类经济活
动所必需的外部条件、环境，又是人类经济活动所需要的最充足的资源，
当气候失律时，这个原本最充足的必需资源却又变成了最稀缺的资源。这
在于气候是**唯一的**，没有替代物。在气候全球失律的态势下，这个外部性
的问题不仅变成了稀缺资源，而且必然要走向内在化。气候失律导致气候
资源稀缺化和外部存在内在化的基本途径有二："一是对市场实行政府干

---

① ［美］波斯纳：《法律的经济分析》上册，蒋北康译，中国大百科全书出版社1997年版，
第3页。

预，即通过政府实施有关政策、法规和其他管理措施来解决外部性问题，以使某种资源成为稀缺资源；二是明确环境资源的所有权或财产权，即通过明确所有权或环境资源权、资源物权来解决外部性的问题，以便使某种资源成为稀缺资源。"①

将外部性的气候问题内在化的过程，就是使气候成为稀缺资源的过程。要使作为公共产品的气候内在化为稀缺资源，必须同时具备三个不可缺少的前提：一是建立气候产权法律制度，使作为稀缺资源的气候具备所属性要求；二是建立气候资源分配制度，使具有产权性质的气候这一稀缺资源获得真正的所属性；三是建立气候资源市场制度，这是因为只有市场才能够促进气候资源的最优使用，也只有市场才能产生气候资源的最优使用方式、方法。"要建立有效的市场、充分发挥市场机制的作用，关键在于确立界定清晰、可以执行而又可以通过市场转让的产权制度。如果产权界限不清或得不到有力的保障，就会出现过度开发资源或浪费、破坏、污染资源的现象。公有的气候资源管理最大的问题在于气候资源的公有财产制度，即所有者与管理者分开、权责不一。如果气候资源权利明确而且可以转让，气候资源所有者和使用者必然会详细评估资源的成本和价值，并有效地分配气候资源。"②

气候产权制度，必须通过气候法律制度的系统创建而得到确立。因为气候法律制度能够从两个方面规定气候产权制度：第一，从国际法律制度上规定气候产权属人类共同所有，任何人、任何国家、任何政府都不具有气候所有权；第二，从国际法律制度规定气候资源使用权，这就是气候排放权。国家气候法律制度亦必须从这两个方面完成对气候产权制度的定型与规范。

在气候产权制度中，对气候资源做所有权的定性，这是软性的，明确气候资源使用权，这才是硬性的。气候产权制度确立的核心是气候资源使用权，这亦是气候法律制度体系制定的核心内容。

---

① 郭冬梅：《应对气候变化法律制度研究》，法律出版社 2010 年版，第 60 页。
② 郭冬梅：《应对气候变化法律制度研究》，法律出版社 2010 年版，第 60—61 页。

气候资源使用权制度的法律定型和规范，落在实处就是气候排放权。气候排放权的具体表述，就是二氧化碳等温室气体排放权和污染物排放权，简称为**气候排放权**。气候排放权是**分配**的结果。对气候产权制度进行法律建设的关键，是气候排放权的分配，并由分配而产生交易，产生市场，产生政治-经济学，产生伦理和气候伦理，产生气候关系学——包括气候国际关系学和国家关系学，产生气候人权和气候发展权等问题。因为通过气候排放权的国际**初次分配**，必须实现国家范围内的气候排放权的**二次分配**，经过气候排放权的两次分配，才可通过排放二氧化碳等温室气体以及污染物或通过气候排放权的市场交易而实现经济价值。客观论之，一切形式的经济价值的本质，都是其存在权、生存权和发展权。以此来看，气候排放权之于个人来讲，就是存在人权，也是基本的生存权利；气候排放权之于国家、地区、社会经济组织（比如企业）来讲，是最具体而实在的发展权。

由此不难看出，创建气候法律制度的最终目的，就是遵循普遍平等和全面公正的伦理原则实现全球范围内的两个重建：一是重建人人平等的气候存在人权和气候生存权利，二是重建国家与国家、地区与地区以及企业与企业之间的普遍平等的气候发展权。

3. 创建气候法律制度的伦理准则

法律虽然是"普遍服从的普遍命令"，但它却不是任意的；法律虽然以威胁为后盾、以强制执行为基本方式，但并不是野蛮和暴虐、残暴与血腥的。因为法律虽然是限制，是禁止，是不准，但它却在本质上是维护公正、保障权益的。这是因为法律的本质是伦理的：法律必须以伦理为土壤，以道德为底线，以维护社会公正和保障人人权益平等配享为根本目的。这是创建气候法律制度所必须遵守的，亦是创建气候法律制度所必须做到的。

气候失律是人为的，但气候却是自然的，是宇观自然运行状态和变换运动进程，所以创建气候法律制度所必须遵循的伦理准则，是自然伦理准则。这一创建气候法律制度所必须遵循的自然伦理准则由四个要素构成，即宇宙律令、自然法则、生命原理和人性要求。

　　宇宙律令即自然宇宙创化世界的野性狂暴创造力与理性约束秩序力之间所形成的对立统一张力，这一对立统一张力构成了整个自然宇宙和生命世界生生不息的动态平衡规律，这一动态平衡规律所张扬的是存在自由和普遍平等。[①] 这一宇观层面的宇宙律令最终落实为宏观的自然法则，即自然世界的自创生与他创生的互励法则，可具体表述为"人、生命、自然"的共互生存法则。这一宇观的宇宙律令和宏观的自然法则最终在自创生和他创生的进程中灌注进它的创造物——地球物种生命之中，构成其按自然本性而存在而敞开生生不息的生存的生命原理，即物竞天择、适者生存原理。这一生生不息的生命原理的人质化表达就是共通的人性，即人以自身之力勇往直前、义无反顾的生命朝向，它在敞开生生不息的生存进程中被充实以"生、利、爱"内涵：个体化的人必因生而探求活路，为活而谋求生机，则必须利，利而必爱，爱则重生，并生生不息。所以，人性就是生己与生他、利己也利他、爱己与爱他的对立统一。[②]

　　创建气候法律制度必须遵循宇宙律令、自然法则、生命原理和人性要求，是因为恢复气候必然要通过减少二氧化碳等温室气体和污染物的排放，使气候重新按照自身时空运行方式有规律地变换运动，实现周期性变换运动的动态平衡。气候周期性变换运动的动态平衡，就是气候生境。气候运行的生境化，才使整个大气环境和地球环境获得生机，人、社会、地球生命、自然才可真正恢复共互生存的生境状态，人才重新配享可持续生存的气候条件和地球环境。

　　在宇宙律令、自然法则、生命原理和人性要求之自然伦理法则规范下，创建气候法律制度，必须接受的伦理规范原理是利益共互原理。这一伦理原理要求创建气候法律制度必须全面考虑并维护自然宇宙、生命世界、地球生命和人类的共同利益，因为无论是自然宇宙、生命世界，还是地球生命和人类，都是利益存在体，都需要利益的滋养才能合生存在和共

---

①　参见唐代兴：《气候失律的伦理》第1—3章，人民出版社2017年版。
②　唐代兴：《生境伦理的人性基石》，上海三联书店2013年版，第229—279页。

互生存。破坏地球生命圈，破坏地球环境，破坏大气，是在损害它们得以按自身本性而存在而变换运动的利益，最终结果是人得以可持续生存的基本条件丧失。人、社会、地球生命、自然，此四者构成利益共同体，并各自成为利益共同体的一分子，相互之间始终损益共享。创建气候法律制度就是规范引导人类重建这种融人、社会、地球生命、自然四者于一体的利益共同体，使其重获合生存在、共互生存的土壤。

利益共互原理的伦理本质是普遍平等。这里的普遍平等，不仅指人类范围内的国家与国家、民族与民族、阶层与阶层、人与人的生存完全平等，也指人与地球生命平等，即存在于自然世界里的所有生物、一切生命形式都平等地享有地球环境、大气环境。人必须维护这种平等的地球环境和大气环境，尤其是当因为自己的强力而破坏了这种原本平等的地球环境和气候环境的情况下，人类更应该为重新恢复这种平等的环境而重建地球生境和气候生境，这是创建气候法律制度所必须遵循的基本伦理规范。

恢复气候的人类行动，无论国际行动还是国家行动或国家范围内的社会行动，都必须落实到减排与化污两个方面的持久行动上来。无论减排还是化污，都涉及利害，涉及经济的增长，涉及经济价值的实现程度。总之，减排和化污涉及利益的分配和权利与责任的落实问题，这就需要社会公正，需要公正原理。公正原理是利益共互原理和普遍平等原理的具体操作规范原理，这是整个气候法律制度体系建设必须围绕气候产权制度而展开，并最终必须从不同层面、不同领域、不同方面解决和落实气候产权的根本伦理规范操作原理。

从整体讲，以宇宙律令、自然法则、生命原理和人性要求为基本内容所构成的自然伦理法则，是创建气候法律制度的自然依据；利益共互原理，是创建气候法律制度的宏观认知原理；普遍平等原理，是创建气候法律制度所必须遵守的价值导向原理；全面公正原理，则是创建气候法律制度的实践规范原理。

从实践操作层面看，全面公正原理构成了创建气候法律制度的核心伦理原理，它从两个方面规范气候法律制度的创建：一是气候法律制度创建必须全面考虑代内公正，包括国际公正和国家范围内恢复气候公正；二是气候法律制度创建必须充分考量代际公正，即"每一代人都同等地享有良好气候环境的权利；前一代人留给后一代人的良好气候环境应该不比其从上一代人继承的气候环境质量差；每一代人不仅要为下一代人保存良好气候环境，而且要有发展经济、提高福利的机会"①。以利益共互、普遍平等和全面公正（即代内公正和代际公正）为根本规范，才可考虑《联合国气候变化框架公约》和《京都议定书》里面所强调的"共同但有区别原则"。

二、恢复气候的法律制度伦理

1. 气候法律的一般伦理认识

讨论气候法律制度的创建时，还需要从整体上理解"制度"概念。概括地讲，制度产生于社会。社会成为社会，需要内外基本条件：其外在条件是国家，它为社会提供了明确的空间疆域；其内在条件是制度，它为社会构建起基本样态和程式。

制度对社会的构建功能主要体现在三个方面：第一，它规定了社会的存在性质、生存方向；第二，它规定了社会展开其存在的运作规范、运作程序、运作方式；第三，它规定了社会存在展开和生存运作的动力来源。概括此三者，制度对社会的本质规定是限度、界线、规范，制度对社会的功能定位是保障和限制。制度的限制功能发挥于制度的限度、规范、界线之外，即在共同体中，凡是逾越制度的任何行为、活动及事物，都将受到限制，这种限制具体表征为惩罚、制裁。制度的保障功能发挥于制度的限度、规范、界线之内，即在共同体中，凡是符合制度规范的所有活动、行为、事物，都将受到保障和维护，这种保障和维护表征为鼓励或奖赏。

制度始终以威胁为后盾、以强制为实施的基本方式。就人类文明所能达到的目前状态看，真正的具有威胁震慑力、强制功能和实际约束力量的

---

① 郭冬梅：《应对气候变化法律制度研究》，法律出版社 2010 年版，第 51 页。

制度，只有以国家为创建单位的制度。在这个视域范围内的制度，它的完整构成要素有三部分，即社会主要制度、社会基本结构和社会安排方式。法律制度是社会主要制度的构成内容。社会主要制度除法律制度外，还有国家的政治制度、公民制度、经济制度、财产所有权制度、劳动分配制度、社会福利制度、家庭婚姻制度、国民教育制度等。

　　法律制度是制度的具体构成内容，它既是社会主要制度的构成要素，又是国家制度的基本实施方式，是国家制度得以实施、维护和保障的强制方式。并且，法律制度是一国法律的核心内容，它是为了明确国家共同体及其内部成员（包括个人、社会组织和政府）的合法权利、责任、义务的框架性规范，是为了以有效地解决社会矛盾和利益冲突的方式，来实现法律的基本理念和价值的系统规范程序，它是法律规范的有机组合，但首先是一国法律体系构造和法律实施机制确立的价值导向和整体规范。法律制度作为法律体系构造、法律实施机制确立的价值导向和整体规范的最终依据，是法律的核心理念，这些核心理念就是美国法哲学家埃德加·博登海默（Edgar Bodenheimer）所指出的自由、安全、平等："任何值得被称为法律制度的制度，必须关注某些超越特定社会结构和解决结构相对性的基本价值。在这些价值中，较为重要的有自由、安全和平等。"① 气候法律制度的创建与确立，同样需要以这些核心法律理念为导向，并且同样需要贯穿自由、安全、平等的普世价值诉求。

　　一个国家要具有完整的法律制度的保障、规范、引导，国家的整个制度体系才可获得实在的运作。一个国家的完整法律制度由三部分内容构成，即立法制度、司法制度和法律体系。一个国家的完整法律制度的建设始终是一个过程，这个过程伴随着国家发展、社会变迁而不断得到充实、拓展，也伴随国家发展、社会变迁弃旧图新。正是在这样一个过程中，气候法律制度的创建才因为当代气候风险而被提上议事日程。

　　关于气候法律制度，郭冬梅在《应对气候变化法律制度研究》中做了

————————

① ［美］埃德加·博登海默：《法理学：法哲学与法律方法》"中文前言"，邓正来译，中国政法大学出版社 2004 年版，第 2 页。

如此定义："所谓气候法律制度，是指为了实现《联合国气候变化框架公约》的目的和任务，根据《气候变化法》的基本原则制定的具有实践意义和起管理作用的法律规则及法律程序，是调整某一类或某一方面能源社会关系的法律规范所组成的体系。"① 并认为气候法律制度由五部分构成：A.《联合国气候变化框架公约》及《京都议定书》；B. 应对气候变化的理念和原则；C. 应对气候变化的立法体系；D. 气候变化的具体制度；E. 气候变化责任机制。

郭冬梅关于气候法律制度的定义及对气候法律制度的构成设想，从整体上讲是成立的，它对我们思考和定位气候法律制度提供了有益的启发。但这种定义过于笼统，且关于气候法律制度的构成内容的界定又过于宽泛。因而，本书在此基础上对气候法律制度予以如下具体的规范定位。

其一，气候法律制度涉及两个维度的内容，即国际维度和国家维度：在国际维度上，气候法律制度是指国际气候法律制度；在国家维度上，气候法律制度是指国家气候法律制度。本书所讲的气候法律制度是对国家而论的，是指一国气候法律制度。

其二，制定国家气候法律制度，必须有现实的依据和规范，必须符合本国的气候状况并可有效地指导、规范本国恢复气候获得社会整体动员的实施。

其三，制定国家气候法律制度必须有明确的指导思想和价值导向，并且这个明确的指导思想和价值导向不是从政治中硬性推论出来的，而应该从气候失律与国家安全、气候失律与人民生存条件保障、气候失律与民族永续生存发展三个方面的整体考量中生发出来，换言之，制定国家气候法律制度必须以安全、平等、自由为基本的指导思想，以可持续生存式发展为整体的价值导向。

以此来看，气候法律制度是指以国家安全、社会平等、人人生存自由为指导思想，以可持续生存式发展为价值导向，以能够进行社会整体动员，并引导、规范、保障全民治理环境、恢复气候为根本目的的气候法律

---

① 郭冬梅：《应对气候变化法律制度研究》，法律出版社 2010 年版，第 16—17 页。

规范框架及实施体系。

其四，气候法律制度作为一个相对自洽和完备的法律体系，它主要由气候法律制定的依据、气候法律原则、气候法律规范、气候法律实施程序、气候法律运行机制等基本内容构成。

2. 气候法律创建的伦理依据

创建气候法律制度的国际依据 气候是全球共享的资源，气候失律是一个全球性问题，它对国家来讲，是一个**外部问题内在化**的问题。这是因为气候始终与每个国家的安全存在和可持续生存相关，并在事实上构成了任何国家的存在安全和可持续生存的基本条件，所以气候一旦失律，要获得重新恢复，则必须使之内在化。正是基于此基本认知，气候法律制度的制定和实施，必须国家化。本书所讲的气候法律治理，就是立足于国家而展开讨论的。创建气候法律制度，就是创建国家气候法律制度，更具体地讲，就是探讨如何有效地创建**中国**国家气候法律制度。

要创建卓有成效的中国国家气候法律制度，必须首先解决创建气候法律制度的依据问题，这就涉及到世界和国家两个维度。

首先看创建气候法律制度的国际依据。客观地看，创建气候法律制度的国际依据，主要是两个国际气候文件：一个是《联合国气候变化框架公约》，简称为《框架公约》；另一个是《联合国气候变化框架公约京都议定书》，简称为《京都议定书》。

1992 年 6 月，联合国在巴西里约热内卢召开了世界环境与发展大会，在此会上，150 多个国家的领导人聚集在一起共同制定了《联合国气候变化框架公约》。人们普遍认为，《框架公约》是国际法发展的一个重要里程碑，更是"创建气候控制的全球体制的第一步"[①]，因为该公约是第一部应对气候失律的全球公约，它较为系统地阐述了气候失律给人类社会及其经济、政治和存在安全带来的全方位的不利影响，并指出全面控制二氧化碳等温室气体排放，才是应对全球气候失律的核心主题，也是国际社会共

---

① Creg Kahn，"The Fate of the Kyoto Protocol Under the Bush Administration"，*Berkeley Journal of International Law*，Vol. 21，No. 258（2003），p. 549.

同合作应对气候失律的主渠道。并且，全面控制二氧化碳等温室气体排放，才构成应对全球气候失律、恢复气候生境的核心机制。《框架公约》的最终目标是将大气中的温室气体浓度稳定在不对气候系统造成破坏性影响的水平上："为当代和后代保护地球气候系统，将大气中温室气体浓度稳定在防止气候系统受到危险的人为干扰的水平上。这一水平应当在足以使生态系统能够自然地适应气候变化、确保粮食生产免受威胁并使经济能够可持续地进行的时间范围内实现。"① 这一目标的确立构成了气候法律制度构建的总体方向、规范范围和边界依据。并且，《框架公约》还提出了国际社会共同行动控制二氧化碳等全球性温室气体的排放，实行减排应该遵循的"共同但有区别原则"和缔约方采取减排行动的公平、预防、可持续发展等原则，这些原则构成了气候法律制度建立的具体立法原则。

《框架公约》诞生五年后，亦即 1997 年 12 月，世界 100 多个国家领导人又一次聚集在日本京都召开了《框架公约》参加国三次会议，并围绕如何实施《框架公约》而制定具体的措施和行动方案，其成果即《京都议定书》。《京都议定书》是针对《框架公约》如何变成实践行动而展开关于"温室气体减排义务"所制定的具体实施规则，其目标是"将大气中的温室气体含量稳定在一个适当的水平，进而防止剧烈的气候改变对人类造成伤害"。所以，《京都议定书》是世界上第一个具有法律约束力的国际环保协议，它不仅成为为发达国家规定了具有相应法律约束力的具体减排方案和责任的国际法律文件，也是国际社会共同担当气候失律责任、实施全球协作减排的所有法律制度得以有效制定的最终共识依据和最终操作规程依据。

除《框架公约》和《京都议定书》之外，国际社会还制定了许多其他的环境保护和环境治理公约，比如联合国《关于控制危险废物越境转移及其处置巴塞尔公约》（1989）、《联合国生物多样性公约》（1992）、《联合国防治沙漠化公约》（1994）、《持久性有机污染物斯德哥尔摩公约》

---

① 《联合国气候变化框架公约》，见曾贤刚、许光清编著：《城市应对气候变化政策研究》，科学技术文献出版社 2015 年版，第 16 页。

（2001）等全球性公约和《禁止向非洲进口危险废物并在非洲内管理和控制危险废物越境转移的巴马科公约》（1991）、《奥胡斯公约》（2001）等区域性环境和气候公约。① 这些全球性和地区性环保公约，也成为制定气候法律制度的智慧源泉和参照内容。

由人力过度介入自然界的负面影响持续层累所造成的气候失律，使气候本身变成一种具有稀缺性质的气候资源，并且它作为一种具有稀缺性质的资源，是任何国家都无力单独提供的全球公共资源。维护（和治理）这种全球公共资源，有限度地使用这种全球公共资源，是联合国所制定的诸如《框架公约》和《京都议定书》等公约和协议所无法达成的，进一步讲，目前格局的联合国及其现有制度机制是无法达成国际社会一致同意的治理框架和步调一致的实施措施的，因为联合国从根本上缺乏威胁命令的制度平台和强制实施的制度机制，而由联合国牵头制定的《框架公约》和《京都议定书》，不是"普遍服从的普遍命令"，而只是**公共约定**的协议。在这一现实状况下，要使具有**准**国际法律性质的《框架公约》和《京都议定书》等国际公约所提出的全部内容能够得到最终的实施，需要将《框架公约》和《京都议定书》等气候-环境方面的国际文件最终落实为每个国家恢复气候的法律制度体系建设的有机内容。因而创建国家气候法律制度体系并使之有效实施，才是全球恢复气候的根本前提。

创建国家恢复气候的法律制度体系，不仅要获得与国际社会同步的法律依据，而且还应该体现本国的气候状况和文化、政治、经济等具体的国情，因而，制定恢复气候的法律制度体系，还应该有本国的法律依据。

创建恢复气候的法律制度体系的本国法律依据有两个方面：一是基本的方面，这就是我国现有的由宪法、实体法、程序法以及其他法律法规所构建起来的法律体系；二是具体的方面，这就是《中国应对气候变化国家方案》和《大气污染防治行动计划》。

《中国应对气候变化国家方案》正式发布于 2007 年 6 月 4 日，它是对

---

① 黄晶、李高、彭斯霞：《当代全球环境问题的影响与我国科学技术应对策略思考》，《中国软科学》2007 年第 7 期。

《框架公约》的具体国情化，可看成是**中国的**"气候变化框架公约"。

　　《中国应对气候变化国家方案》的制定和出台，基于如下两个方面的气候状况以及由此气候状况所形成的国家环境状况。

　　首先是中国气候失律的现状与趋势：

　　　　在全球变暖的大背景下，中国近百年的气候也发生了明显变化。有关中国气候变化的主要观测事实包括：一是近百年来，中国年平均气温升高了 0.5℃—0.8℃，略高于同期全球增温平均值，近 50 年变暖尤其明显。从地域分布看，西北、华北和东北地区气候变暖明显，长江以南地区变暖趋势不显著；从季节分布看，冬季增温最明显。从 1986 年到 2005 年，中国连续出现了 20 个全国性暖冬。二是近百年来，中国年均降水量变化趋势不显著，但区域降水变化波动较大。中国年平均降水量在 20 世纪 50 年代以后开始逐渐减少，平均每 10 年减少 2.9 毫米，但 1991 年到 2000 年略有增加。从地域分布看，华北大部分地区、西北东部和东北地区降水量明显减少，平均每 10 年减少 20—40 毫米，其中华北地区最为明显；华南与西南地区降水明显增加，平均每 10 年增加 20—60 毫米。三是近 50 年来，中国主要极端天气与气候事件的频率和强度出现了明显变化。华北和东北地区干旱趋重，长江中下游地区和东南地区洪涝加重。1990 年以来，多数年份全国年降水量高于常年，出现南涝北旱的雨型，干旱和洪水灾害频繁发生。四是近 50 年来，中国沿海海平面年平均上升速率为 2.5 毫米，略高于全球平均水平。五是中国山地冰川快速退缩，并有加速趋势。

　　　　中国未来的气候变暖趋势将进一步加剧。中国科学家的预测结果表明：一是与 2000 年相比，2020 年中国年平均气温将升高 1.3℃—2.1℃，2050 年将升高 2.3℃—3.3℃。全国温度升高的幅度由南向北递增，西北和东北地区温度上升明显。预测到 2030 年，西北地区气温可能上升 1.9℃—2.3℃，西南可能上升

1.6℃—2.0℃，青藏高原可能上升 2.2℃—2.6℃。二是未来 50
年中国年平均降水量将呈增加趋势，预计到 2020 年，全国年平
均降水量将增加 2％—3％，到 2050 年可能增加 5％—7％。其中
东南沿海增幅最大。三是未来 100 年中国境内的极端天气与气候
事件发生的频率可能性增大，将对经济社会发展和人们的生活产
生很大影响。四是中国干旱区范围可能扩大、荒漠化可能性加
重。五是中国沿海海平面仍将继续上升。六是青藏高原和天山冰
川将加速退缩，一些小型冰川将消失。①

其次是中国二氧化碳等温室气体排放状况：

　　根据《中华人民共和国气候变化初始国家信息通报》，1994
年中国温室气体排放总量为 40.6 亿吨二氧化碳当量（扣除碳汇
后的净排放量为 36.5 亿吨二氧化碳当量），其中二氧化碳排放量
为 30.7 亿吨，甲烷为 7.3 亿吨二氧化碳当量，氧化亚氮为 2.6
亿吨二氧化碳当量。据中国有关专家初步估算，2004 年中国温
室气体排放总量约为 61 亿吨二氧化碳当量（扣除碳汇后的净排
放量约为 56 亿吨二氧化碳当量），其中二氧化碳排放量约为 50.
7 亿吨，甲烷约为 7.2 亿吨二氧化碳当量，氧化亚氮约为 3.3 亿
吨二氧化碳当量。从 1994 年到 2004 年，中国温室气体排放总量
的年均增长率约为 4％，二氧化碳排放量在温室气体排放总量中
所占的比重由 1994 年的 76％上升到 2004 年的 83％。

　　中国温室气体历史排放量很低，且人均排放一直低于世界平
均水平。根据世界资源研究所的研究结果，1950 年中国化石燃
料燃烧二氧化碳排放量为 7900 万吨，仅占当时世界总排放量的
1.31％；1950—2002 年间中国化石燃料燃烧二氧化碳累计排放
量占世界同期的 9.33％，人均累计二氧化碳排放量 61.7 吨，居

　　① 中国国家发展和改革委员会组织编制：《中国应对气候变化国家方案》，见 http：//
www.ccchina.gov.cn/WebSite/CCChina/UpFile/File189.pdf。

世界第 92 位。根据国际能源机构的统计，2004 年中国化石燃料燃烧人均二氧化碳排放量为 3.65 吨，相当于世界平均水平的 87%、经济合作与发展组织国家的 33%。

在经济社会稳步发展的同时，中国单位国内生产总值（GDP）的二氧化碳排放强度总体呈下降趋势。根据国际能源机构的统计数据，1990 年中国单位 GDP 化石燃料燃烧二氧化碳排放强度为 5.47kg CO_2/美元（2000 年价），2004 年下降为 2.76kgCO_2/美元，下降了 49.5%，而同期世界平均水平只下降了 12.6%，经济合作与发展组织国家下降了 16.1%。[①]

基于如上气候失律状况、趋势及排放状况，《中国应对气候变化国家方案》明确规定了 2010 年前中国应对气候变化的基本原则、具体目标、重点领域和政策措施。其基本原则是"'共同但有区别的责任'原则""减缓与适应并重的原则""应对气候变化的政策与其他相关政策有机结合的原则""依靠科技进步和科技创新的原则"和"积极参与、广泛合作的原则"。**其具体目标有四：**一是有效"控制温室气体排放"，二是"增强适应气候变化能力"，三是"加强科学研究与技术开发"，四是"提高公众意识与管理水平"。其重点领域是能源、冶金、建材、化工行业。其恢复气候的重心有三：一是加快转变经济增长方式，二是大力发展可再生能源，三是大力推广低排放的农业种植产品、栽培技术和进一步加强退耕还林还草、植树造林，保护天然林资源，加强农田基本建设。力争"到 2010 年，努力实现森林覆盖率达到 20%，力争实现碳汇数量比 2005 年增加约 0.5 亿吨二氧化碳"。

《中国应对气候变化国家方案》是中国响应国际社会应对气候变化的第一部体现国家责任的框架性政策文件，为创建中国恢复气候法律制度体系提供了总体的认知依据、实际出发点和整体的框架要求。以此国家方案为基本依据，2013 年 9 月，国务院办公室针对加速恶化和更为严峻的气

---

① 中国国家发展和改革委员会组织编制：《中国应对气候变化国家方案》，见 http://www.ccchina.gov.cn/WebSite/CCChina/UpFile/File189.pdf。

候失律状况，具体地讲是针对席卷全国的霾污染，对外发布了国家《大气污染防治行动计划》。这是中国应对气候失律在实际执行措施的制定方面所迈出的重要一步，因而可以看成是中国自己的"京都议定书"，它为创建具有"普遍服从的普遍命令"性质的气候法律制度体系，提供了可实施的方法和具体的实践规范与行动的时间指南。国家《大气污染防治行动计划》明确了治理大气污染的五年行动方案，这一行动方案的总体奋斗目标是"经过五年努力，全国空气质量总体改善，重污染天气较大幅度减少；京津冀、长三角、珠三角等区域空气质量明显好转。力争再用五年或更长时间，逐步消除重污染天气，全国空气质量明显改善"。其具体的防治成效指标是"到 2017 年，全国地级及以上城市可吸入颗粒物浓度比 2012 年下降 10％以上，优良天数逐年提高；京津冀、长三角、珠三角等区域细颗粒物浓度分别下降 25％、20％、15％左右，其中北京市细颗粒物年均浓度控制在 60 微克/立方米左右"①。

3. 气候法律的核心伦理内容

制定国家气候法律制度的立法原则 制定国家气候法律制度的基本原则，就是其立法原则。制定气候法律制度的首要立法原则，就是气候法律制度构建的自治原则。这里的"自治"是指气候法律制度与现行的国家宪法、实体法、程序法以及各单项法令、法律法规之间应形成**内在的统一性、有机融贯性和互补性。**

其二是主权原则。制定国家气候法律制度体系，虽然要考虑与国际法律制度接轨，要接受《框架公约》和《京都议定书》的规范导向，但必须根据本国的气候国情和境内的地球环境状况，制定出自治的气候法律制度体系，并且所制定出来的气候法律制度体系，一定要在恢复气候、二氧化碳减排以及由此展开地球环境治理与生境重建等方面，全面充分地体现中国国家主权。

其三是安全原则。制定中国气候法律制度体系，安全是首要目标。这

① 《大气污染防治行动计划》，见 http：//www. gov. cn/zwgk/2013-09/12/content_2486773. htm。

里所讲的"安全"有三层含义：一是指国家气候安全；二是指国家环境安全；三是指国家存在安全，主要包括国民生存安全、国家政治安全和经济安全。并且，国家气候安全是国家环境安全的前提，国家环境安全是国家存在安全的基础。

其四是平等原则。制定国家气候法律制度体系，其根本目的是进行全社会整体动员，引导、规范全社会工农业生产活动和全民生活行动，必须为全面实现二氧化碳减排和降解污染而努力，并通过这种努力恢复气候，实现本国境内地球环境生境重建。为此，制定国家气候法律制度必须遵循普遍平等的原则。普遍平等应该从两个方面贯穿在制定国家气候法律制度体系全过程中，一是必须贯穿生命世界里所有生命完全平等的原则，二是必须将普遍平等的伦理原则贯穿在国家范围内恢复气候、重建地球生境的所有领域、全部过程之中。

其五是可持续生存式发展原则。恢复气候、重建地球生境，不是发展问题，而是生存问题，是整个国家和民族能够可持续生存和永续存在的问题，是各个阶层、各个领域的人能够在普遍平等的平台上获得安全存在和可持续生存的问题。只有在这两个方面的问题得到真正解决的基础上，才可论及可持续发展的问题。所以，制定国家气候法律制度体系，决不能把它看成是简单的发展问题，而应该明白这是**可持续生存式**发展问题，即在可持续生存基础上的发展，所以必须遵循可持续生存式发展原则。

制定国家气候法律制度的基本规范　制定国家气候法律制度体系的基本规范具体展开为两个方面：一是立法规范，二是司法规范。

确定制定国家气候法律制度的立法规范，就形成了恢复气候的立法制度。创建恢复气候的立法制度，其核心内容就是创建恢复气候立法的权威制度。创建恢复气候的立法权威制度有两个重点。一是气候法律的制定机构，只能是国家立法机构，而不是政府或政府部门。具体地讲，凡是由政府或政府部门出台的法规、规章、制度，只具有准法律的性质取向，并不是严格规范的法律。真正的、具有严谨规范和操作权威的法律，只能出自于国家立法机关。要使所制定的国家气候法律制度权威化，气候法律制度的创建工作，应该由国家立法机关来进行。并且，过去已有的且从整体上可实施的由政府或政府部门制定出台的有关于气候-环境治理和保护的法规性文件，都需要重新修订，使之转换为由国家最高立法机关通过的正规的法律文本。二是由国家最高立法机关所制定出来的气候法律文件、法律制度，在实施过程中必须获得法律权威，这要求气候法律制度的创建活动本身必须使所创建出来的气候法律文件和法律制度能够获得实质的法律权威。

从立法角度，使所创建的气候法律制度和法律体系本身获得法律权威，这是法律和法律制度走向实践获得实质法律权威的自身前提。但一种法律或一项法律制度本身具有了这种权威性质和权威内涵，并不等于它在实践过程中就一定能获得权威效果。要使具有权威性质和权威内涵的法律和法律制度能够真实地并且不折不扣地产生实施的权威效果，还需要司法制度的保障。因而，创建卓有成效的气候法律制度体系，必须重视司法规范，即必须构建起恢复气候的司法制度。

构建卓有成效的法治气候的司法制度，需要从如下几个方面努力：

首先，创建和完善恢复气候的司法制度，是司法气候治理的前提。但创建和完善恢复气候的司法制度，需要所实施的法律本身的完善，即法律自身没有漏洞，具有完全的可操作性。这不仅需要气候法律制定必须有针对性，必须目标明晰，原则必须符合普遍的伦理要求，有明确的价值导向，更为根本的是，所制定的气候法律必须逻辑规范化和细则化。气候法律的逻辑规范化是指气候法律与一般法律之间、气候法律与气候法律制度之间、气候法律与气候法律之间以及气候法律的具体内容之间，必须有严谨的逻辑生成关系和逻辑推论关系，即必须形成严谨的上下位关系，使之不出现任何漏洞、歧义性解释或利益操作空间。气候法律制度和法律文件内容的规范细则化，一是指对法律和法律制度内容的语言表述必须严谨；二是指对具体的法律制度或法律文件的制定，必须使其具体内容有实施的严格规则和程序，并使规则和程序细则化到没有任何可操作的主观空间、理解歧义和理解漏洞的地步。因为没有严谨的规范细则化的法律条文，始终只是一纸空文，不具有可实施性，既或勉强实施，也会制造出源源不断的司法漏洞，它所带来的负面影响和危害比没有法律更大。

其次，应该制定严谨的气候法律实施的程序制度。所谓严谨的气候法律程序制度，是指气候法律实施必须严格依法进行的司法制度。这一司法制度包括：第一，创建气候法律制度体系时，必须有明确定位和规范严格的司法机构，在法治社会里，明确而严格的司法机构只能是依法建立的法院，而不是法院之外的其他机关，在我国，以宪法为指南和框架的法律体系规范下，哪怕是政府，也不能替代法院或成为法院，更不能使政府统摄下的行政机关取代法院成为气候法律的实施部门；第二，创建气候法律制度体系时，必须有明确定位和规范严格的司法主体，在社会主义法治社会里，明确严格的气候司法主体，只能是具备合法的司法资质、司法品质、司法精神和司法能力并取得国家司法资格的法官，除此之外，其他任何人，哪怕是政府官员或最高行政长官，也不能替代或取代法官而任意进行气候司法；第三，以宪法为指南和规范，创建气候法律制度体系时，必须制定出独立的气候司法制度。所谓独立的气候司法制度，就是以中华人民共和国宪法为规范和准则实施国家气候法律，必须将其实施权从政府或政府主管部门全部转移给法院，让政府、政府主管部门从气候法律实施领域中抽身出来，使气候法律的实施更严谨和权威，使依法恢复气候-环境真正卓有成效。更具体地讲，独立的气候司法制度，就是法官独立办理任何气候-环境责任案件的制度，或可换言之，任何涉及具体的气候-环境责任的案件，都应该交送法院，由具有气候-环境司法资质和能力的法官独立司职；第四，以宪法为指南和规范，创建气候法律制度体系，还应该构建起由立法机构、政府、社会公众三者构成的气候司法的"反馈—督导—规范—矫正"的法律制度，以保障法治气候的普遍平等、客观和完全公正。

基于如上方面的基本要求，创建气候法律制度体系时，必须创建国家气候法律制度实施的运作制度。创建气候法律实施的运作制度，应该考虑如下方面的内容：一是制定气候法律制度实施的法院运作机制，二是制定气候法律制度实施的政府运作机制，三是制定气候法律制度实施的企业运作机制，四是制定气候法律制度实施的公民运作机制。

三、恢复气候的国家法律体系

1. 国外气候法律创建态势

创建恢复气候的法律制度体系，国外有许多成功的经验值得借鉴，其中最值得借鉴的是英国和美国所制定的气候法律制度及法律体系，以及其历程与做法。

首先看英国。英国是世界上创建恢复气候法律法规最早的国家之一。英国创建的第一部恢复气候的法律是《清洁空气法》。英国制定《清洁空气法》的直接原动力，是1952年的伦敦烟雾灾难。当时，英国政府面对伦敦烟雾造成的巨大灾难以及由此所造成的严重后果，迅速推出措施严厉的污染控制方案，在此污染治理方案实施两年以后，伦敦即于1954年通过治理污染的特别法案，即《伦敦城法案》，将控制烟雾排放列入法律管制程序。1956年，英国将这一举措普及全国，颁布了《清洁空气法》。《清洁空气法》成为全国通行的环境法律。1967年，英国政府发布提高烟囱高度的通告，规定全国所有工厂烟囱高度必须是其建筑物的2.5倍。《清洁空气法》于1968年修订，修订后的《清洁空气法》禁止使用多种烟雾排放燃料。1974年，英国国会颁布并实施《空气污染控制法》，该法律规定了工业燃料里的含硫上限，并以立法的方式将所有的发电站搬出城市。同时，英国政府以《清洁空气法》为依据，制定清洁泰晤士河的实施方案。1973年，英国国会通过并实施新的《水务法案》，使全国水污染治理有更严厉的法律依据和治理的法律程序，全国水务管理从此清晰、简单、高效，水污染得到社会化的治理。1974年，英国国会出台并实施《工作场所健康和安全法》，该法规定污染工业场所必须以最有效手段避免将有害气体排入大气，违反者将依法予以严厉处罚。

可以这样讲，《清洁空气法》是英国气候法律制度体系创建的母体性法规，是英国气候法律制度体系创建的基本法。根据《清洁空气法》，

1995 年，英国政府制定出台了国家空气质量战略，并制定了空气质量评估体系，规定全国所有城市必须进行空气质量评估，凡达不到国家标准的城市，当地政府必须划定空气质量管理区域，并制定实施措施，在限期内达到质量标准。20 世纪 80 年代后，英国政府依据《清洁空气法》，出台严格限度小汽车尾气排放的一系列措施，与此同时，全面开发和推广各种新能源交通，包括公共交通和自行车交通。1995 年通过《环境法》，并以该法为指导规范，制定治理污染的全国战略，该战略规定：减少一氧化碳、氮氧化物、二氧化硫等 8 种常见污染物的排放量，工业部门、交通管理部门和地方政府必须共同努力。2001 年出台《空气质量战略草案》，该草案旨在进一步消除大气污染对公众健康和日常生活的影响。2008 年，国会颁布了《气候变化法》，该法旨在确保政府采取气候变化减缓策略。为此，《气候变化法》对政府提出了两项基本要求：第一，要求政府必须制定对该法的具体实施政策来实现既定的目标；第二，要求政府必须按照该法设定的时间表来完成既定的目标，并向国会提交实施的相关报告，并且，政府向立法机关所提交的所有报告，都必须确定缓解气候变化的每项政策给经济部门造成的影响。

英国为治理空气，治理污染，治理河流、城市、交通及公民工作和生活的环境所出台的法律，以及实施其法律的所有法规和措施，都源于《清洁空气法》，都以《清洁空气法》为指导法规。

英国恢复气候的率先努力，带动了欧盟其他国家。欧盟其他国家在气候法律制度建设和实施方面，也大步向前。比如挪威政府自 20 世纪 80 年代后期开始，就把温室气体减排和环境保护作为基本国策，并以预防原则和自然容纳极限原则为基本指导，制定国家气候安全政策、气候安全目标、气候保护责任，并以此实施国家气候资源和环境治理的有效管理。为了更好地落实如上气候安全目标并全面担当起气候保护责任，挪威制定出台了《水资源法》《污染控制法》《能源法》等一系列气候法律制度。再比如瑞士，根据《框架公约》，从 1994 年开始，先后制定并实施了《二氧化碳减排法》《环境保护法》《空气污染防治条例》等法律。瑞士的《二氧化碳减排法》规定二氧化碳减排采取自愿协议和辅助性地对化石燃料征收二氧化碳税相结合的原则和方法。瑞士《二氧化碳减排法》充分体现了本国国情，将二氧化碳减排主要锁定在交通、工业、住宅三个领域，因为瑞士的国家能源结构主要由核能和水电构成，其中，核能在能源结构中占40％，水电占其能源结构的60％，所以，瑞士的能源开采、使用和储存，几乎不存在二氧化碳排放的问题。在《二氧化碳减排法》中，瑞士的二氧化碳税的征收对象范围主要是家庭取暖，并且其征收的碳税用于补助节能建筑开发。

欧盟各国对气候环境治理的历程，首要表征为对气候法律制度及法律体系的建设历程，在这个历程中，最终走向了恢复气候的统一道路，其根本标志就是2008年底，欧盟各国领导人在布鲁塞尔通过了欧洲《统一气候变化方案》，该方案的生效不仅使欧盟成为政治经济的共同体，也成为了恢复气候、重建地球环境的共同体。

其次看美国。美国政府在全球气候治理的国际舞台上形象不佳，因为美国政府于1998年11月签署了《京都议定书》，但两年后（即2001年3月）又单方面退出了《京都议定书》。美国单方面退出《京都议定书》的理由有三：一是认为气候变化有不确定性，即科学没有为气候失律源于人为提供充足的依据；二是认为不公平，具体地讲就是它认为印度等发展中大国没有承担减排责任；三是认为履行《京都议定书》规定的减排目标责任，美国所付出的成本太大，具体地讲，如果要全面履行《京都议定书》规定的减排目标责任，就会给美国造成至少4000亿美元的经济损失，与此同时还将可能因此而减少490万个就业岗位。

在应对全球气候失律的大棋盘面前，美国政府在国际协作减排方面扮演了极不光彩的角色，由此失信于国际社会。但这仅是问题的一面，另一面却是美国的国内作为。在国内，美国政府特别关注环境生态，尤其特别关注气候失律问题，并为此而探索出独具特色的应对气候失律的方法和实施气候环境治理的道路。在这条道路上，其相关的法律制度建设特别引人注目。

客观地讲，美国是世界上最早关注环境和治理环境的国家。独立战争后，美国经济得到快速发展，由此形成对自然资源的无限度开发和浪费，造成环境生态遭受严重破坏，生物灭绝、生物多样性丧失，由此引发有识之士的关注，掀起 19 世纪末的环境资源保护运动。其后，亨利·大卫·梭罗（Henry David Thoreau，代表作《瓦尔登湖》）、奥尔多·利奥波德（Aldo Leopold，代表作《沙乡的沉思》）等环保思想家推动这个运动继续向前展开，促使美国于 20 世纪 50 年代开始环境立法，其最早的环境法是1948 年实施的《联邦水污染控制法》，并通过对水污染的法律治理而拓展开去，形成对空气污染治理的立法。1955 年，美国创立了第一部大气治理法律，这就是《联邦大气污染控制法》，随后又推出并实施《联邦有害物质法》（1960）。美国加速气候-环境立法和实施气候-环境治理是在 20世纪 60 年代后期。1962 年，《寂静的春天》出版，该书作者是美国生物学家雷切尔·卡森（Rachel Carson），她在此书中以充分的事实揭露了DDT 对环境生态的破坏和对人的健康生存的危害，由此打开了人们的视野，发现了日常生存的危机，它为环境关怀成为一种日常方式提供了契机，因为《寂静的春天》揭露杀虫剂对生物和人类的威胁，引发了巨大的社会震动，并形成由下而上的普遍社会共识，美国由此加快了气候-环境治理的法律建设的步伐，《鱼类和野生生物协调法》（1965）、《空气质量法》（1967）、《自然和风景河流法》（1968）等相继问世。1969 年，美国联邦政府颁布了《国家环境政策法》，此法的颁布和实施，开启了美国国家气候和环境战略实施的两个转向：一是开始从以治为主转向以防为主，二是开始从防治污染转向保护整个环境生态。由此两个方面的战略转型，美国国会先后颁布了《环境质量改善法》（1970）、《美国环境教育法》（1970）、《海岸带管理法》（1972）、《海洋哺乳动物保护法》（1972）、《海洋保护研究及禁渔区法》（1972）、《联邦环境杀虫剂控制法》（1972）、《噪声控制法》（1972）、《安全饮用水法》（1974）、《濒危物种法》（1973）、《联邦土地政策及管理法》（1976）、《有毒物质运输法》（1975）、《资源保护与回收法》（1976）、《有毒物质控制法》（1976）、《酸雨法》

(1980)、《机动车燃料效益法》(1980)、《生物量及酒精燃料法》(1980)、《固体废物处置法》(1980)、《核废弃物政策法》(1982) 等几十个气候-环境法律和上千个气候-环境保护条例，形成一个完善的气候-环境法体系。在这一气候-环境法体系中，最重要的是 2007 年由美国国会通过并正式实施的《美国气候安全法案》，该法案规定了全国温室气体排放总量的上限，具体地讲，就是以 2005 年的温室气体排放量作为 2012 年的温室气体排放的控制目标，然后逐年减少，到 2050 年，其温室气体排放总量应比 1990 年的排放总量减少 65%。在这一总体目标设定的规范下，《美国气候安全法案》还做了如下四个方面的社会安全规定：第一，采取先进的技术措施减少温室气体排放；第二，保护中低收入阶层的美国公民不受能源涨价的影响；第三，全面缓解由不可避免的气候变暖形成的对中低收入的美国公民的影响；第四，通过解决全球变暖所造成的对其他资源紧张国家的人口的负面影响，避免或缓解一切威胁美国国家安全的政治不稳定因素和国际冲突。[①]

客观地看，美国自 20 世纪 50 年以来卓有成效的环境治理和应对气候失律的积极措施，都有赖于对气候-环境法律制度的前瞻性建设。正是对不断充实的气候-环境法律及其制度体系的前瞻性建设和实施，才使美国在气候清洁、环境生境维护方面走在世界的前面。

2. 中国气候-环境法律前期成果

中国在气候-环境方面的相关法律建设已经取得相当的成就。从整体讲，中国在气候-环境方面的相关法律法规政策建设，初步形成了整体与局部、一般与具体（部门）相结合的系统性构建。从前者论，就是中央政府与地方政府或者说国家与地方两个层面对气候和环境方面的相关法律建设形成互补之势；从后者看，就是气候-环境方面的一般法律建设与部门法规建设的相互映衬。为节约篇幅，我们仅将国家立法机关、中央政府及主管部门所制定的气候-环境法律法规的主要（而不是全部）成果罗列于后，它可概括归纳为两个方面：一是能源利用法律法规，二是资源环境保

---

① 郭冬梅：《应对气候变化法律制度研究》，法律出版社 2010 年版，第 118 页。

护法律法规。

主要的能源利用法律法规

1995 年 12 月颁布《中华人民共和国电力法》，2015 年 4 月修订。

1997 年 11 月颁布《中华人民共和国节约能源法》，2007 年 10 月和 2016 年 7 月两次修订。

2005 年 2 月颁布《中华人民共和国可再生能源法》，2009 年 12 月修订。

2012 年 10 月发布《中国的能源政策（2012）》白皮书。

......

主要的资源环境保护法律法规

1984 年 5 月颁布《中华人民共和国水污染防治法》，1996 年 5 月和 2008 年 2 月、2017 年 6 月三次修订。

1984 年 9 月颁布《中华人民共和国森林法》，1998 年 4 月修订。

1985 年 6 月颁布《中华人民共和国草原法》，2002 年 12 月、2013 年 6 月修订。

1986 年 6 月颁布《中华人民共和国土地管理法》，1988 年 8 月、2004 年 8 月修订。

1987 年 9 月颁布《中华人民共和国大气污染防治法》，1995 年 8 月、2000 年 4 月和 2015 年 8 月三次修订。

1991 年 6 月颁布《中华人民共和国水土保持法》，2010 年 12 月修订。

1993 年 10 月颁布《中华人民共和国水生野生动物保护实施条例》，2011 年 1 月、2013 年 12 月两次修订。

1994 年 10 月颁布《中华人民共和国自然保护区条例》，2011 年 1 月修订。

1995 年 10 月颁布《中华人民共和国海洋环境保护法》，1999 年 12 月、2013 年 12 月、2014 年 3 月、2016 年 11 月四次修订。

1995 年 10 月颁布《中华人民共和国固体废物污染环境防治法》，2004 年 12 月、2013 年 6 月、2015 年 4 月、2016 年 11 月四次修订。

1996 年 10 月颁布《中华人民共和国环境噪声污染防治法》。

1996 年 8 月颁布《中华人民共和国煤炭法》，2011 年 4 月、2013 年 6 月、2016 年 11 月三次修订。

1986 年 3 月颁布《中华人民共和国矿产资源法》，1996 年 8 月修订。

1988 年 1 月颁布《中华人民共和国水法》，2002 年 8 月、2009 年 8 月、2016 年 7 月三次修订。

1989 年 12 月颁布《中华人民共和国环境保护法》，2014 年 4 月修订。

1998 年 11 月颁布《建设项目环境保护管理条例》，2017 年 7 月修订。

2002 年 6 月颁布《中华人民共和国清洁生产促进法》，2012 年 2 月修订。

2002 年 10 月颁布《中华人民共和国环境影响评价法》，2016 年 7 月修订。

2003 年 6 月颁布《中华人民共和国放射性污染防治法》。

2006 年 9 月颁布《风景名胜区条例》。

2006 年 2 月颁布《环境影响评价公众参与暂行办法》。

2007 年 6 月发布《中国应对气候变化国家方案》。

2009 年 12 月颁布《中华人民共和国海岛保护法》。

2013 年 9 月发布《大气污染防治行动计划》。

......

仔细研究这些法律法规，可以从整体上把握我国在气候-环境法律及其制度建设方面的自身特点与局限。

首先，在气候-环境法律建设上面，其整体性、系统性、体系性的思想认知与国家气候-环境的急剧变化或者恶化，以及如何有效应对气候环境恶化之间，存在着一定的认知差距。这种认知差距形成了气候-环境立法的相对滞后。这具体表现为五个方面：一是没有一部立足于当前而指涉未来的能够使国家永续存在发展的**国家气候-环境基本法**；二是没有一部如何减少二氧化碳排放、恢复气候的**气候安全法**；三是已有的关于气候-环境的相关法律法规之间，没有形成有机性、衔接性、互补性的内在机制；四是大多数气候-环境方面的法律法规，是政府和相关的政府主管机构制定的，而不是国家最高立法机关颁布实施的；五是关于气候-环境的相关立法，还只停留于细节思维、局部认知层面，没有将其与国家的现有（由宪法、实体法、程序法组成）法律体系形成对接。

其次，通观这众多的气候-环境相关法律、法规、条例、办法的具体内容，可以发现这些零散的、互不照应的法律、法规、条例、办法，普遍存在操作实施方面的困难或窘迫。这种操作实施上的困难或窘迫主要源于这些法律、法规、条例、办法本身存在着缺陷。这些缺陷主要表现在如下三个方面：

一是现有的气候-环境方面的法律、法规、条例、办法，大都停留在**定性**层面的抽象描述或宏观定格，却相对忽视**定量**的实施细则制定。由此形成不少气候-环境方面的法律、法规、条例、办法缺少实际的可操作性，或可说这种缺乏定量化的实施细则规范的法律、法规、条例、办法，往往一旦付诸实施，就显示出操作上的巨大主观空间或漏洞。比如《中华人民共和国可再生能源法》第25条规定："对列入国家可再生能源产业发展指导目录、符合信贷条件的可再生开发利用项目，金融机构可以提供财政贴息的优惠贷款。"这实际上是一种定性的法律规定，而实施它却需要具体的细则规范，这些细则规范包括具体的信贷条件、优惠贷款的财政贴息率等。由于缺乏这样的法律细则规范，所以实施此条法规就显得特别地难以把握。再比如《中华人民共和国可再生能源法》作为我国可再生能源的根本大法，第 14 条规定"国家实行可再生能源发电全额保障性收购制度"，但却因为没有关于如何"全额保障性收购"的实施细则而使之成为"一纸空文"。修订出台并于 2015 年 1 月 1 日起实施的《中华人民共和国环境保护法》，被媒体炒作成为"世界上最严厉的环境法"，但实际上也存在这样的问题。比如，最具有实质性内容的第 25 条"企业事业单位和其他生产经营者违反法律法规规定排放污染物，造成或者可能造成严重污染的，县级以上人民政府环境保护主管部门和其他负有环境保护监督管理职责的部门，可以查封、扣押造成污染物排放的设施、设备"①，如何区分"严重的污染"和"非严重的污染"？这中间没有任何量化的标准，执行起来就存在没有任何边界的弹性空间，即既可以将"不严重的"判定为"严重的"，更可把"严重的"判定为"不严重的"，一切都在于的人主观意愿或偏好，甚至为执法者与污染者之间产生利益勾结提供了可能性。总之，没有量化细则的法律法规，是难以有效实施的法律法规，所以这些法律法规往往只能成为纸上法律，对现实生活缺乏强有力的约束功能和客观的规范力量。博登海默指出："如果包含在法律规则部分中的内容仍停留在纸上，而并不是对人的行为产生影响，那么法律只是一种神话，而非现实。"②

二是法律实施机制的缺陷。有关于气候-环境方面的法律法规的执行机制的缺陷，主要表现在法律执行机关、执行主体不明确或者错位。比如修订实施的《中华人民共和国节约能源法》的最后一部分"法律责任"共 29 条，其中每条所说的是违反此条的不同情况、不同情节所应该承担的法律责任。但这些法律责任都只是经济责任，而且其经济责任的最高承担数额是"五十万以下"的经济处罚，其法律责任的执行主体除了"政府监管机构"，就是"节能主管部门"。一部由国家最高立法机构制定的法律，司法机关却被置于一边，这是明显的法律执行主体的错位，这种错位导致

---

① 《中华人民共和国环境保护法》，中国法制出版社 2014 年版，第 7 页。
② ［美］埃德加·博登海默：《法理学：法律哲学与法律方法》，邓正来译，中国政法大学出版社 1999 年版，第 239 页。

了该法执行不力也就理所当然。潘伟尔在《我国能源管理体制问题讨论》中指出，导致我国《节约能源法》执行机制的缺陷的根本原因，是现行能源管理体制多头化和分散化，缺乏统一的国家层面的宏观管理、协调制度和运行机制，所以能源管理能力异常薄弱。① 但实质上，我国能源管理的薄弱在于执法不力，而执法不力的根本原因在于执法主体的错位，即执法主体的行业管理化；执法主体的错位，又是制定该法律时完全受行业化思维的限制所造成的。一部《中华人民共和国环境保护法》也是如此，整个法律的执行主体只有"各级政府"和"各级环保部门"，却没有司法机关的到场。当缺乏司法机关到场时，再"严厉的"法律，在其执行的过程中也会缺乏实质的严厉性。

三是法律责任设置缺乏规范引导的制裁效果。比如《中华人民共和国节约能源法》第 85 条规定"违反本法规定，构成犯罪的，依法追究刑事责任"，然而却没有具体规定违反该法的哪些规定才构成犯罪，没有进一步讲违反该法的哪些性质、情节的行为才可构成犯罪。并且，构成犯罪的行为，属于什么性质，什么情况，什么社会破坏性、影响性的行为，应该给予什么量级的刑法处罚，这些都没有具体的细则规定。这种根本不能实施法律制裁的法律，最终在执行过程中可能因为缺乏明确具体的责任落实而不了了之。再比如《中华人民共和国可再生能源法》第 29 条规定凡是违反该法第 14 条规定的行为人，"由国家电力监管机构责令限期改正，拒不改正者，处以可再生能源发电企业经济损失额一倍以下的罚款"；第 30 条规定凡是违反该法第 16 条第 2 款的行为人，"由省级人民政府管理能源工作的部门责令限期改正，拒不改正的，处以燃气、热力生产企业经济损失额一倍以下罚款"；第 31 条规定违反该法第 16 条第 3 款规定的行为人，则"由国务院能源主管部门或省级人民政府管理能源工作的部门责令限期改正，拒不改正者，处以生物液体燃料生产损失额一倍以下的罚款"，这些违法行为的唯经济处罚方式和畸形的轻度处罚程度，根本达不到处罚和制裁的目的，因为它在事实上会使企业可以因为这种无关痛痒的经济处罚

---

① 潘伟尔：《我国能源管理体制问题的讨论》，《中国能源》2002 年第 9 期。

而弃《中华人民共和国可再生能源法》于不顾。因为"法律责任是与法律义务相关的概念。一个人在法律上要对一定行为负责，或者他为此承担法律责任，意思就是，他做相反行为时，他应受到制裁"①，如果一个行为人的行为事实上造成违法和犯罪，却因为法律本身的原因而可以使接受的处罚达不到被制裁的效果，也就是他接受处罚的成本远远低于他的违法行为所牟取到的利益时，他也就会无所顾忌地继续违反这一法律。

3. 气候-环境法律的体系性设计

英国和美国的气候立法及实施成效，应该给予气候-环境立法起步较晚的我国以巨大启示。恢复气候就是实施空气治理、污染治理、地球环境生态治理。恢复气候必须有法可依。因而，必须创建国家恢复气候法。创建国家恢复气候法，必须具有战略眼光，形成体系思路，即必须从体系构建入手来制定国家恢复气候法，创建国家恢复气候法律制度体系。

创建恢复气候法律制度体系，须在已有的立法成果基础上着眼于整体性、系统性、体系性、层次性和实施的可操作性，对已有的气候-环境法律、法规、条例、办法予以系统的梳理和整合修订，使之纳入国家气候-环境法律体系而构成其逻辑化的有机内容。美国著名法学家本杰明·卡多佐（Benjamin Cardozo）指出："法律体系的匀称性、其各部分的相互关系以及逻辑上的协调性，这些都是深沉蕴涵在我们法律及法哲学之中的价值。"②

首先，应该根据我国可持续生存的实际国情和永续发展的必然走向，创建《国家生境基本法》。《国家生境基本法》应该构成我国可持续生存和永续发展的宏观指导法规。因而，《国家生境基本法》应构成国家宪法的基本内容，即当代宪法应增加"生境法"修正案。生境基本法就是对宪法"生境法"修正案的系统阐述和构建。

《国家生境基本法》是以国家可持续生存和永续发展为主题，从宏观

---

① ［澳］凯尔森：《法与国家的一般理论》，沈宗灵译，中国大百科全书出版社 1996 年版，第 73 页。

② ［美］本杰明·卡多佐：《法律的成长：法律科学的悖论》，董炯等译，中国法制出版社 2002 年版，第 130 页。

上制定国家与气候、国家与环境生态之间的生境关系，确立如何恢复并怎样维护国家气候生境，怎样治理、提升、发展国家气候生产力和环境生产力的整体思路和宏观规范，制定政府、国家社会组织、企事业团体、个人在涉足自然界、地球环境、大气生态时的利益原则、活动边界与行为规范。

《国家生境基本法》的基本构成内容应该包括五个部分：

第一，明确《国家生境基本法》的自身定位，它涉及两个方面：一是明确《国家生境基本法》与生境社会制度体系的内在关系构成，这是对生境社会制度体系的具体化；二是明确《国家生境基本法》的创建目标，这是立足于世界风险、全球生态危机和社会转型发展三者整合构成的当代境遇而服务于国家生境文明的实现。

第二，明确《国家生境基本法》的构成基础与基本理念，它同样涉及两个方面：一是《国家生境基本法》的创建必须遵循宇宙律令、自然法则、生命原理和人性要求，二是《国家生境基本法》的创建必须以"人、生命、自然"合生存在和"人、社会、环境"共互生存为基本价值导向。

第三，明确实施《国家生境基本法》所必须遵循的伦理原理，它包括以自由为土壤的利益共互原理、普遍平等原理、权责对等原理和全面公正原理。

第四，制定《国家生境基本法》实施的具体规范原则、责任细则、执行程序和操作方法体系。

第五，制定实施《国家生境基本法》的评价指标体系，包括大气环境生境化指标体系、地球环境生境化指标体系和社会环境生境化指标体系。

其次，应以《国家生境基本法》为指导规范，创建气候-环境法律制度体系。这一气候-环境法律制度体系应该由如下五部分内容构成：

《国家气候安全法》　《国家气候安全法》是《国家生境基本法》的首要构成内容，它是国家空气治理、污染治理、环境治理的宏观法规，是国家制定相关领域的空气治理、污染治理、环境治理法规的指导法规。

制定《国家气候安全法》应考虑如下方面的内容；一是国家气候安全

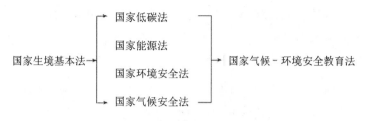

图 6-1　国家气候-环境法体系

法制定的指导思想、伦理原则、总体目标、法律方法；二是国家气候安全法制定的基本依据，包括国际依据和国家依据；三是国家气候安全法的适用范围、基本对象、重心内容；四是国家气候安全法的基本构成内容；五是国家气候安全法制定的基本规范、细化规则、判断尺度；六是国家气候安全法实施的制度机制、执行主体、权力范围；七是国家气候安全责任法，包括责任类型、责任机制、责任履行与违责制裁；八是国家气候安全的评价体系，包括评价机构的资格论证、评价机制的构建和评价工具、评价方法的制定。

制定和实施《国家气候安全法》的基本目标，就是为恢复国家境内的气候生境而努力，通过恢复国家境内的气候生境而为全球气候生境化做出应有的贡献。基于这一基本目标，必须以《国家气候安全法》为指导法规，制定国家气候安全法律体系。

构建国家气候安全法律体系，应围绕两个基本方面展开：一是应该面对气候失律而构建**国家恢复气候法**，它涉及国家气候环境生态治理的许多方面，但最重要的是两个方面，即二氧化碳等温室气体和其他污染物质的排放控制，所以制定恢复气候法的重心有两个领域，即制定卓有成效的二氧化碳等温室气体的减排法和制定卓有成效的化污法；二是应该围绕国家安全存在和可持续生存式发展而构建**国家气候安全持久维护法，**它具体落实为对国家境内的**清洁空气法**的制定。

以《国家气候安全法》为指导法规而制定国家气候安全法律体系，不仅涉及法律法规的系统制定，更涉及到法律制度的完善。仅以后者论，为国家气候安全必须构建如下四个具体的法律制度：

第一，构建国家气候安全可行性论证制度。该制度的重心内容是国家气候安全的前瞻性研究、实施监测、系统预防、组织避险等。

第二，构建国家气候安全实施报告咨询制度。该制度规定政府在国家气候安全方面所必须担当的责任，这些责任应该从三个方面规范政府理性地和有远见地、有步骤地展开国家气候安全作为：首先，政府应该以法律制度的方式要求和规范制定配套的政策来实现既定的国家气候安全预设目标；其次，应该通过具体的法律制度的构建和完善，激励政府按照既定的时间表完成既定的国家气候安全目标，并在法定时间内向国家立法机关提交国家气候安全的相关报告，并且所提交的所有报告都应该确定气候变化减缓政策给工农业领域、城市和乡村，以及国家安全防务等领域造成的影响；其三，在依法实施国家气候安全法的全过程中，政府必须依法接受公民关于国家气候安全方面的任何咨询，并定期向公民公布国家气候安全进程报告，即政府的气候安全预设目标实施的气候变化减缓情况，以及国家气候变化——气候恢复或气候恶化——的进程状态对整个社会的实际影响程度，包括对经济领域、生活领域、健康领域、国家安全防卫等领域的实际影响，要以国情咨询报告的形式定期向国民公布。

第三，构建恢复气候责任制度。"法是人们赖以导致某些行动和不做其他一些行动的准则或尺度。'法'这个名词由'约束'而来，因为人们受法的约束而不得采取某种行径。"① 责任制度的本质是对行为者的行为的实际约束，制定恢复气候责任制度，实际上是对社会公民、组织机构、政府在排放与化污两个方面所做出的规范的硬性约束，即强制执行的奖惩性约束。基于这一实质性定位，构建恢复气候责任制度，必须先厘定"恢复气候"的适用范围，即凡是与气候变化相关的所有方面都属于恢复气候的范畴，具体可概括为六个主要的方面：一是二氧化碳等温室气体排放、污染物排放，这仅是恢复气候的基本方面；二是江河治理；三是土壤治理；四是大地的植被治理；五是海洋治理；六是城市和乡村的环境生态治理。制定恢复气候责任制度，必须具体落实到不同层次的责任主体上来，

---

① ［意］阿奎那：《阿奎那政治著作选》，马清槐译，商务印书馆1963年版，第104页。

由此明确恢复气候责任制度必须由四部分内容构成，即恢复气候的政府责任制度、企业及其他社会组织责任制度、各个领域的任职责任制度和公民责任制度。

第四，构建二氧化碳等温室气体和其他污染物的排放责任制度。客观地看，在恢复气候所涉及的如上六个方面的基本内容中，后五个方面的内容是治本，而对二氧化碳等温室气体和其他污染物的排放治理，是治表，但为迅速改变气候失律不断恶化之现状，恢复气候的重中之重是二氧化碳等温室气体和其他污染物的排放治理，因而，必须加重这方面的专项法律制度建设，制定二氧化碳等温室气体和其他污染物的排放责任制度。这一制度应规定任何人、任何组织和机构，都只能在法律规定的限度内排放，一旦超过了法律规定的排放限度，就必须为此担当相应的惩罚性质的法律责任。概括地讲，二氧化碳等温室气体和其他污染物排放责任制度主要由如下四个方面构成，即二氧化碳等温室气体和其他污染物排放的公民责任制度、企业责任制度、政府责任制度和任职责任制度。

制定二氧化碳等温室气体和其他污染物质排放责任制度，应围绕温室气体和其他污染物的排放空间和排放权而展开。

空气清洁的前提和必须保障，是对二氧化碳等温室气体和其他污染物的排放控制。温室气体和其他污染物的排放控制是指温室气体和其他污染物的**排放空间限制**。温室气体和其他污染物的排放空间与其存在发展空间之间构成现实的和直接的关联性，无论对国家而言还是对企业、其他社会组织机构以及个人论，温室气体和其他污染物排放空间越大，其存在发展空间就越大；反之，温室气体和其他污染物排放空间越是受到限制，其排放空间越小，存在发展空间就越小。从这个角度看，温室气体和其他污染物排放空间的限制，实质上是对存在发展权的分配。

温室气体和其他污染物排放空间限制的实质，是对温室气体和其他污染物排放权的具体规定。温室气体及其他污染物排放权与存在发展权相对应：温室气体及其他污染物排放权越大，其存在发展权就越大；反之，其存在发展权就越小。

概括归纳如上内容，《国家气候安全法》体系可以简图的方式呈现于下：

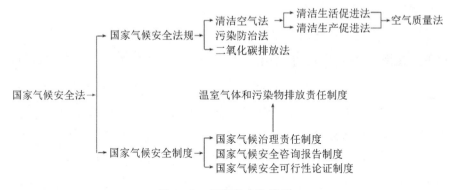

图 6-2　气候安全法体系

《二氧化碳排放法》是国家气候安全法的分支法律之一，它是以《国家气候安全法》为规范指导而对二氧化碳等温室气体排放所制定的专项法律。此专项法律制定的核心内容有七：一是二氧化碳等温室气体排放控制的依据、原则、标准、方法，二是二氧化碳等温室气体排放控制的范围、适用领域、责任对象，三是二氧化碳等温室气体排放权指标制定及排放权配置的依据、原则、方法，四是二氧化碳等温室气体排放权配享及实施责任，五是二氧化碳等温室气体排放治理的评估准则及指标体系，六是二氧化碳等温室气体排放超标的违法责任，七是二氧化碳等温室气体排放权的交易规则、程序、方法。

《污染防治法》是国家气候安全法的分支法律之二，它是以《国家气候安全法》为规范指导而针对污染问题的专项立法。《污染防治法》应该由五部具体的法规构成。第一部法规是《污染防治基本法》，它主要由四部分内容构成。第一部分是严格定义"污染防治"概念，然后在此定义基础上明确定位《污染防治法》的效力范围、适用对象。污染防治涉及两个方面内容，即污染治理和污染预防。污染治理的核心是污染排放控制，污染预防的核心是防止污染。《污染防治基本法》必须对这两个方面进行法律规范。第二部分是《污染防治法》制定的主要依据、指导思想、基本原则、制定方法。第三部分是《污染防治法》的具体内容及实施细则。第四部分是《污染防治法》实施的评估准则及指标体系；第五部分是《污染防治法》实施的责任制度及担责细则。

以《污染防治基本法》为指导规范，形成四部具体的分支法规：它们分别是《大气污染防治法》《水污染防治法》《固体废弃物污染防治法》和《噪音污染防治法》。在我国，污染防治法律法规的制定是最成熟的，因为已经制定出这四个方面的分支法律文件及实施制度。具体讲就是 1984 年 5 月颁布并于 1996 年 5 月、2008 年 2 月和 2017 年 6 月先后三次修订实施的《中华人民共和国水污染防治法》，1987 年 9 月颁布并于 1995 年 8 月、2000 年 4 月和 2015 年 8 月三次修订实施的《中华人民共和国大气污染防治法》，1995 年 10 月颁布并于 2004 年 12 月、2013 年 6 月、2015 年 4 月、2016 年 11 月修订实施的《中华人民共和国固体废物污染环境防治法》和 1996 年 10 月颁布的《中华人民共和国环境噪声污染防治法》。但这四部关于污染防治的分支法律，从整体上讲还缺乏严谨的体系化的实施细则，而且各分支法之间缺少有机统一性和互补性。所以，应该以《国家生境基本法》和《国家气候安全法》为规范指导，加快制定《污染防治基本法》，并以《污染防治基本法》为依据和准则，从目标一致性、体系化、细则规范、严谨的操作程序、明确具体责任和执法主体等方面对《水污染防治法》《大气污染防治法》《固体废物污染环境防治法》和《环境噪声污染防治法》予以修订、补充、完善。

以《中华人民共和国大气污染防治法》为例，该法于 1987 年制定，其后进行了四次修订，但修订后的实施效果非常有限。究其原因当然有许多，但该法本身的局限是其重要原因，即它已不能适应和引导大气污染治理和预防的现实需求。比如，由于科学研究的滞后和环境观念的落后，在制定和修正此法时，尚不知道有"PM2.5""PM10"等概念，所以该法自然不会有相应的"PM2.5""PM10"的排放约束条文。再比如，该法对大气能见度、霾污染、光化学烟雾污染现象等都缺乏法律监管方面的内容规范。再有，该法对污染企业的处罚太轻。比如"对违反本法规定，造成大气污染事故的企业事业单位……处直接经济损失 50％ 以下罚款，但最高不得超过 50 万元"，这种几乎没有处罚力度的处罚条款，从法律上给企业制定了排污的低成本指数，自然很难形成对企业的法律约束力，其依法治理污染和大气的法律效力实际上相当有限。所以，现行的《中华人民共和国大气污染防治法》基本上是一部没有多少实施价值的过时法律，必须予以重建性的再修订。

首先，再修订《大气污染防治法》，应该明确大气环境污染与地下环境污染（具体地讲是水污染）、地面环境污染（具体地讲是固体废弃物污染、江河流域污染、湖泊海洋污染等）之间的相互生成、相互转换的关系，明确污染治理必须立足于整体、实施于具体。

其次，为有效治理污染，再修订《大气污染防治法》，必须明确规定需要防治的污染源，这样使污染治理有明确对象和领域的法律规定和法治规范。概括地讲，《大气污染防治法》所必须适用的基本范围包括六个方面：一是煤炭、石油、天然气等化石能源燃烧活动，这既涉及到制造业、建筑业、交通运输业，更涉及到人的日常生活，尤其是城市居民生活使用化石能源，都构成了污染排放源；二是化石能源开采、储存、运输过程中所发生的飞逸性排放，比如煤炭开采中排放出来的瓦斯，天然气输送、储存过程中的泄漏等；三是钢铁、水泥、化工、石灰、制铝等工业生产过程亦成为污染排放源；四是农业污染，比如农业土壤、水稻种植、农作物残留物的田间燃烧、人畜粪便管理、草原烧荒等，都成为污染排放源；五是废弃物，比如废水处理、固体废弃物焚化或处置等；六是土地利用变化，也会成为污染的源头之一。大气污染防治应从这六个方面入手。

再次，应该建立《大气污染防治法》实施的法律制度体系：一是制定对温室气体排放超标的企业，实施巨额罚款或刑法处罚的法律制度；二是制定构建温室气体排放指标市场的法律制度；三是制定允许排放量低于标准的企业向超标企业出售排放指标的法律制度。

《清洁空气法》是《国家气候安全法》体系的分支法律之三，是《国家气候安全法》体系的重要组成部分。《二氧化碳排放法》和《污染防治法》都属于恢复气候法律，而《清洁空气法》却属于大气维护法律。

《清洁空气法》应该由三部具体的法规构成：一是《清洁空气基本法》，该法主要明确《清洁空气法》制定的依据、原则、基本规范内容、责任制度和空气清洁的评估，包括空气清洁评估的科学依据，空气清洁评估机制，空气清洁评估原则、评估细则、评估工具、评估程序、评估方法；二是《清洁生产促进法》；三是《清洁生活促进法》。

在清洁空气立法方面，我国已经制定了《中华人民共和国清洁生产促进法》，并于 2003 年 1 月 1 日正式实施，2012 年修订并在同年 7 月 1 日正式实施。这是我国第一部以预防污染为主要内容的专门法律。该法总则第二条定义"清洁生产"："本法所称清洁生产，是指不断采取改进设计、使用清洁的能源和原料、采用先进的工艺技术与设备、改善管理、综合利用等措施，从源头削减污染，提高资源利用效率，减少或者避免生产、服务和产品使用过程中污染物的产生和排放，以减轻或者消除对人类健康和环境的危害。"该法从关注污染物转向对污染源头和生产过程的关注，其根本目的是"为了促进清洁生产，提高资源利用效率，减少和避免污染物的产生，保护和改善环境，保障人体健康，促进经济与社会可持续发展"①。但该法在实施中要达到完全的预期效果，还须克服自身存在的如下方面的缺陷。第一，清洁生产的推广涉及政府与企业权责的协调与配合两个方面的问题，而这两个方面却没有在该法中得到明确的法律定位，因而，给该法的具体实施带来了巨大的困难。第二，实施清洁生产，既需要鼓励措施，也需要责任落实。该法第四章"鼓励措施"缺乏具体的实施细则；第五章"法律责任"同样缺乏责任细则，比如第 38 条规定："违反本法第二十四条第二款规定，生产、销售有毒、有害物质超过国家标准的建筑和装修材料的，依照产品质量法和有关民事、刑事法律的规定，追究行政、民事、刑事法律责任。"② 其实，民事法律责任、刑事法律责任、行政法律

---

① 《中华人民共和国清洁生产促进法》，见 http：//www.npc.gov.cn/npc/xinwen/2012-03/01/content_1695202.htm.

② 《中华人民共和国清洁生产促进法》，见 http：//www.npc.gov.cn/npc/xinwen/2012-03/01/content_1695202.htm.

责任，此三者在性质和量化处罚上是完全不同的。违反此条规定的什么性质、什么后果才可担当民事法律责任，违反此条规定的什么性质、什么后果才可担当刑事法律责任或行政法律责任，这应该有明确的细则规范，但该法的最大缺陷，就是缺乏明确的可操作的实施细则规范。对任何法律法规而言，缺乏实施规范细则的笼统表述，实际上是没有实施可能性的纸上法律。而且，在经济处罚方面，该法也缺乏实施的具体细则。比如，第36条规定"违反本法第十七条第二款规定，未按照规定公布能源消耗或者重点污染物产生、排放情况的，由县级以上地方人民政府负责清洁生产综合协调的部门、环境保护部门按照职责分工责令公布，可以处十万元以下的罚款。"① 这"十万以下的罚款"，可以"下"到什么程度，"下"到十元、五元、一元，均无不可。如果是这样的话，还叫做"承担法律责任"吗？同样，该法第37条和第39条分别规定："违反本法第二十一条规定，未标注产品材料的成分或者不如实标注的，由县级以上地方人民政府质量技术监督部门责令限期改正；拒不改正的，处以五万元以下的罚款。"② "违反本法第二十七条第二款、第四款规定，不实施强制性清洁生产审核或者在清洁生产审核中弄虚作假的，或者实施强制性清洁生产审核的企业不报告或者不如实报告审核结果的，由县级以上地方人民政府负责清洁生产综合协调的部门、环境保护部门按照职责分工责令限期改正；拒不改正的，处以五万元以上五十万元以下的罚款。"③ 这"五万元"与"五十万元"之间的差别是多大？这样的法律处罚条款，要么是不能实施，

① 《中华人民共和国清洁生产促进法》，见 http://www.npc.gov.cn/npc/xinwen/2012-03/01/content_1695202.htm。

② 《中华人民共和国清洁生产促进法》，见 http://www.npc.gov.cn/npc/xinwen/2012-03/01/content_1695202.htm。

③ 《中华人民共和国清洁生产促进法》，见 http://www.npc.gov.cn/npc/xinwen/2012-03/01/content_1695202.htm。

要么实施起来就会使法律本身丧失客观、权威，就会使司法本身产生腐败。①

更重要的是，该法与其他的环境法规一样，存在着司法执行主体的错位或司法执行主体不明朗的问题。客观地讲，作为一部法律，其执行机关在一般情况下应该是司法机关，并且其司法执行机构应该是法院，而不应该是政府，更不应该是政府所属的行政职能部门。政府或政府所属的行政职能部门担当执法机构，这是法律实施的执行机构的错位，这种错位是导致法律不能客观实施的最大障碍。

所以，为使《清洁生产促进法》能够全面发挥预防大气污染、维护大气清洁、促进公民健康的功能，应该对该法做进一步的完善工作。其一是明确政府和企业在清洁生产方面的关系，厘定政府与企业在清洁生产方面的具体责任；其二是对鼓励清洁生产的措施要具体化、细则化；其三是对违反《清洁生产法》的行为的处罚，要严格具体地明确不同的责任性质、不同的责任类型、不同的责任承担内容，并以细则条文的方式做出标准化的量化规定；其四是重新确定该法的合法执行机关和执行主体，杜绝法律执行主体的错位；其五是制定违反本法的重罚法律制度，其基本原则是违法者的担责成本必须要几倍或者几十倍于守法的成本，使人们不敢轻易违法。

要使《清洁生产促进法》能够通过修订而达到清洁生产促进气候恢复之社会目的，必须有基本法规的规范指导，因而，必须加快《清洁空气基本法》的制定。

空气清洁生产，这仅仅是大气清洁维护的一个方面，即从社会生产领域和社会生产活动来维护大气清洁。除此之外，还有更重要更广阔的一个方面，就是社会生活。客观地看，如果社会生活行为能够担负起空气清洁

---

① 制定这种要么不能实施、要么实施起来很可能产生腐败的法律处罚条款，自有其"法理依据"。这个依据就是"政府本位"的法律传统，这个传统落实在司法中，就是行政治理本位。所以，在我国，大多数有关环境的法律法规中，其司法主体基本上是政府及相关的政府部门，即行政管理机构，而不是法院。进一步看，支撑环境立法政府本位和环境司法行政治理本位的，却是"性本善"的人性论。

维护的功能，那么空气清洁维护就获得了立体效果。所以，应加快《清洁生产促进法》的配套立法，这就是制定《清洁生活促进法》，引导社会生活清洁空气、清洁环境，引导人们养成清洁空气的生活习惯、生活方式，同时也促进《清洁空气》法的体系化建设。

建设《清洁空气法》体系，还有一部更重要的并且是有综合促进效用的具体法律，就是《空气质量法》。该法的主要任务有七：一是制定全国境内空气中主要污染物的最大含量标准；二是制定政府实施空气质量管理目标和政府实施空气质量达标的明确期限；三是规定各行业具体而明确的空气质量责任；四是规定公民"从自身做起"的空气质量责任；五是空气质量及空气质量管理实施的科学研究机制；六是空气质量评估，包括空气质量评估的科学依据、科学机制、科学原理、社会原则，空气质量评估工具、评估程序、评估方法；七是空气质量动态变化和空气质量担责、空气质量管理的信息通报和信息公开的法律制度、社会机制和咨询平台。

《国家环境安全法》　　《国家生境基本法》体系构成的第二部重要的基本法律就是《国家环境安全法》。客观地看，我国一直注重于环境立法建设。自 1989 年全国人大通过第一部《中华人民共和国环境保护法》以来，经过 30 多年的努力，已经制定或修订了主要的环境保护法律 9 部、自然资源管理法律 15 部，初步形成了比较完善的环境法律体系。制定《国家环境安全法》应在已有的环境法和资源管理法基础上，进行整体化、系统化、协调化、内生机制化的完善建设。

以如上基本认知为出发点，制定《国家环境安全法》，首要考虑是该法的制定应该与《国家气候安全法》有适用范围的严格区别和实践功能发挥上的互补。概括地讲，《国家气候安全法》，主要是对国家的宇观环境或者说大气环境展开生境化治理的系统法律规范；《国家环境安全法》，则主要是针对国家的地面环境，具体地讲，就是对国家疆域内的江河、海洋、森林、草原、耕地，包括城市和乡村的地面环境生态等予以生境化治理的系统法律规范。

其次，制定《国家环境安全法》，应在已有的环境法律成果基础上予以整合性重构建设。其整合性重构建设应着重从如下方面着手：

第一，对 2014 年修订并于 2015 年实施的现行的《中华人民共和国环境保护法》予以再修订，其再修订后可更名为《国家环境安全法纲要》。该纲要应该成为《国家环境安全法》的总论性法规，主要从七个方面对《国家环境安全法》予以宏观的定性规范。一是制定《国家环境安全法》的可行性论证制度；二是制定《国家环境安全法》的科学依据、总体目标、伦理指导和基本原则；三是进行国家环境安全法律制定的基本方法、统一规范、实施细则等的尺度构建；四是制定《国家环境安全法》制度和实施的制度机制、执行主体、权力范围、责任类型；五是制定卓有成效地对现有环境法律法规进行规范修订、责任量化细则充实、补充完善的原则，实施的基本要求及具体的操作方法、规程，使之有机体系化、功能互补化、涵盖普适化；六是制定国家环境安全的评估制度，包括国家环境安全评估的科学依据、科学方法、评估机制、评估工具、评估程序等；七是制定国家环境安全的政府报告制度、信息公开制度和公民咨询制度。

第二，以《国家环境安全法纲要》为原则规范和宏观要求，修订完善《中华人民共和国土地管理法》，修订完善后应将其更名为《国家土地安全法》。该法的修订完善应该考虑四个方面的基本内容：一是国家土地所有权法、国家土地流转权法；二是国家土地的生境治理法；三是国家土地的征用与开垦法；四是国家土地管理法，包括国家土地管理报告法，国家土地状况及使用、动态变化等信息公开法，国家土地情况咨询法。

第三，以《国家环境安全法纲要》为原则规范和宏观要求，修订完善《中华人民共和国森林法》，修订后应将其更名为《国家森林环境安全法》。

第四，以《国家环境安全法纲要》为原则规范和宏观要求，修订完善《中华人民共和国草原法》，修订后将应将其更名为《国家草原环境安全法》。

第五，以《国家环境安全法纲要》为原则规范和宏观要求，修订完善《中华人民共和国海洋环境保护法》，修订后应将其更名为《国家海洋环境安全法》。

《国家低碳法》 如前所述,《国家生境基本法》应是由《国家气候安全法》《国家环境安全法》《国家低碳法》《国家能源法》和《国家气候-环境安全教育法》等构成的法律体系,《国家低碳法》是该体系的第三部重要的基本法律。

值得注意的是,与《国家低碳法》平行的《国家气候安全法》,由《二氧化碳排放法》《污染防治法》和《清洁空气法》三个子法构成。表面上看,《二氧化碳排放法》与《国家低碳法》重复,但实际上并非如此。《二氧化碳排放法》专注于大气中的二氧化碳等温室气体的治理,是大气治理法的基本构成法律,所以它属于《国家气候安全法》;《国家低碳法》却专注于低碳生产和低碳生活的法律建设,所以它的指涉领域根本不同。并且二者的对象内容和重心也不同:《二氧化碳排放法》指涉天空,即大气,并且以治理为主;《国家低碳法》指涉地面,并且以预防为主,兼及治理。

《国家低碳法》应由两部分组成,《国家低碳生产法》和《国家低碳生活法》。

制定《国家低碳生产法》,其主要目的是通过法律的形式来实施如下三个方面的社会环境治理:第一,强制关闭高碳企业,指导、规范企业向低碳领域转型,鼓励创办低碳企业;第二,引导、鼓励、保护低碳技术、低碳产品的全面开发;第三,规范、指导、培育低碳市场,包括低碳资料市场、低碳生产市场、低碳消费市场的开发、建设、完善。

制定《国家低碳生活法》,其主要目的是通过法律的方式来指导整个社会建立低碳生活方式和低碳生活新秩序。制定国家低碳生活的法律制度,应该从三个方面努力:一是构建国家交通运输低碳化制度,二是构建产品消费低碳化制度,三是构建家庭生活低碳化制度。

为保证《国家低碳生产法》和《国家低碳生活法》得到全面实施,必须建立起相关的低碳法律制度,这些相关的法律制度主要有五:

第一,建立温室气体排放指标制度。此制度的核心内容有三:一是建立对温室气体排放超标的企业实施巨额罚款的经济惩罚制度,二是建立温室气体排放指标市场，三是允许排放量低于标准的企业向超标企业出售排放指标。

第二，建立碳排放信息统计监测考核法律制度。该法律制度建设的重点有四：一是构建准确计算和监测企业碳排放量的网络平台和追踪系统的制度机制，二是构建碳排放、交易的审核调整的系统运行机制，三是构建提高和完善碳排放量的监测水平和监测能力的制度平台和技术条件，四是构建公正的碳排放交易制度和质量控制制度。为此，应该制定《碳排放交易监测管理法》和《碳排放监测相关量化考核办法》。

第三，建立碳排放权交易制度。在气候失律、环境生态日益恶化的状况下，要彻底转变单纯的经济增长发展模式，走可持续生存式发展道路，积极展开恢复气候和环境治理，实现国家气候安全和地球环境安全，必须将气候纳入资源战略，制定并全面推行《二氧化碳减排法》和《污染防治法》。全面实施《二氧化碳减排法》和《污染防治法》，必须充分借鉴发达国家的经验，接轨《联合国气候变化框架公约》和《京都议定书》，建立二氧化碳排放配额制度、二氧化碳排放交易市场制度和二氧化碳排放权交易制度。这是有效控制和减少二氧化碳排放总量的市场化措施，也是在有效控制、减少二氧化碳排放总量的过程中促进企业转轨、经济发展的有效方式。

第四，建立碳税制度。碳税是以二氧化碳排放为征税对象的一种新型税种。征收碳税的基本目的，不是为了发展经济，而是为了通过有效控制，减少二氧化碳等温室气体排放，实现恢复气候，治理环境生态。国际上最早征收碳税的国家是丹麦。丹麦在1991年开始征收二氧化碳排放碳税。加拿大不列颠哥伦比亚省于2008年2月公布年度财政预算案，该预算案规定：从该年度七月开始对石油、柴油、汽油、煤、天然气以及家庭取暖用燃料等所有燃料征收碳税，而且还规定五年内对所有燃油将逐渐提高其碳税率。同年8月，加拿大政府对外宣布积极应对气候变化的国家方案，其中包括向工业企业征收二氧化碳排放碳税。欧盟国家则在进一步筹划和设计在其成员国内统一征收碳税。我国要改变经济增长方式，必须彻底改变"先发展后治理"和"先排放后治理"的老路，亦应该积极探索制定征收碳税的法律制度。

第五，探索碳金融市场，建立森林碳汇相关制度。

《国家能源法》　　《国家生境基本法》体系构成的第四部基本法律是《国家能源法》。

对我国来讲，快速经济发展造成了资源耗竭和能源极度短缺。在这种情况下，为适应国家经济可持续的需要，我国能源战略意识越来越强，并先后出台了许多相关能源战略政策。比如，2004 年，国务院通过《能源中长期发展规划纲要（2004—2020）》；2004 年，国家发展与改革委员会发布了《节能中长期专项规划》；2005 年 2 月，全国人大审议通过了《中华人民共和国可再生能源法》；2005 年 8 月，国务院下发了《关于做好建设节约型社会近期重点工作的通知》；2005 年 8 月，国务院下发了《关于加快发展循环经济的若干意见》；2005 年 12 月，国务院发布了《关于发布实施〈促进产业结构调整暂行规定〉的决定》；2005 年 12 月，国务院发布了《关于加强环境保护的决定》；2006 年 8 月，国务院发布了《关于加强节能工作的决定》；2007 年 9 月，国家发展与改革委员会发布了《可再生能源中长期发展规划》……这些由政府颁布的能源政策，对国家能源的有序开发和理性运用无疑起到了积极的推进作用，但它始终不能替代能源法律制度。尤其是气候-环境越发恶劣的当代境况下，更加表明加快《国家能源法》体系建设的紧迫性。

加快《国家能源法》体系建设，是全面恢复气候、重建环境生境的重要措施。《国家能源法》是国家以实践理性方式有序调整能源开发、利用活动中的复杂社会关系的法律法规体系的简称。我国已经建立起国家能源法的两部核心法规：一是《中华人民共和国可再生能源法》，简称《可再生能源法》，该法于 2005 年 2 月 28 日通过，其生效日期是 2006 年 1 月 1 日，但其实施日期却是 2010 年 4 月 1 日；二是《中华人民共和国节约能源法》，简称《节约能源法》，该法于 2007 年 10 月 28 日审议通过，并于 2008 年 4 月 1 日实施。

客观地看，《可再生能源法》和《节约能源法》这两个法规的实施效果并不理想，追溯其根本原因，是这两个法律本身存在着多方面的局限。要使这两个基本的能源法规的实施达到预期法律效果，应该做如下方面的法律制度完善工作：

首先，应该加快创建《国家能源法纲要》。创建《国家能源法纲要》应立足整体、着眼于一般，制定国家能源战略基本法规，以指导《节约能源法》和《可再生能源法》的修订与完善。

制定《国家能源法纲要》主要应该围绕如下基本内容而进行：一是确立国家能源战略的依据，包括科学依据、人口依据、经济学依据、社会学依据以及文化传统、生存方式、发展方法等方面的依据；二是确立国家能源战略的社会目标，包括长远目标、中期目标、近期目标，具体地讲，包括经济目标、政治目标、社会目标和国家永续存在发展目标；三是制定国家能源战略的国家原则、伦理原理、行动规范；四是制定国家能源战略的具体内容，规范规则、实施程序、实施方法；五是制定国家能源战略的管理法律制度，其中最重要的是政府能源管理的预算目标制度，政府能源管理的定期报告制度和真实信息的及时公布制度，政府能源管理的明细责任制度，国家能源管理的评估法律制度。

其次，以《国家能源法纲要》为规范指导，对现行的《可再生能源法》和《节约能源法》予以修订。其修订应特别充实如下几个方面的内容：一是明确《可再生能源法》和《节约能源法》的法律主体，在此基础上明确区分两法实施的权责主体和执法主体，使其各司其职；二是对《可再生能源法》和《节约能源法》实施内容予以细则制定，尤其是权责规范的细则制定；三是需要将现行的《可再生能源法》和《节约能源法》予以体系化，具体地讲，就是对《可再生能源法》和《节约能源法》予以配套建设，使其获得整体上的贯通和逻辑上的自洽，形成实施上的互补。比如，《节约能源法》的第一部配套法规的制定，就是节能技术法，即节约能源必须从开发新技术着手。因为在当代社会，开发新技术是节能的最好方法，也是最受欢迎的普遍节能方法。从节能角度出发并为了实现最大限度地节能而开发新技术，必须围绕低碳展开，即在严峻的气候环境面前，新技术的开发与革新必须为恢复气候而努力。因而，所要全面开发的节能技术只能是低碳技术，节约能源法的实施所需要配套的第一个法律就是《低碳技术法》。《节约能源法》的第二部配套法规应该是《国家节能管理法》，该法的基本内容包括如下方面：其一，国家支持节能管理法及实施内容和实施责任细则制度；其二，企业节能管理法及实施内容和实施责任细则制度；其三，建筑-住宅节能管理法及实施内容和实施责任细则制度；其四，交通（包括公路、铁路、航空、河运、海运）行业节能管理法及实施内容和实施责任细则制度；其五，生活节能管理法及实施内容和实施责任细则制度；其六，固定投资节能评估制度和审查制度及实施责任细则；其七，落后能源产品淘汰制度；其八，重点能源单位节能管理制度；其九，能效标识管理制度。第三部配套法规应该是《节约能源法律责任制度》。第四部配套法规应该是《节约能源标准法》，具体地讲，该法应该制定十二个有用产品能效标准，八个高耗能产品能耗限度标准，四个重点耗能计量器具配备管理标准。

对《可再生能源法》的再修订，应该从六个方面着手：其一，明确再生能源开发的国家目标，再生能源发展的范围和领域，再生能源开发的持久战略、长效机制；其二，再生能源开发的可行性论证制度，包括再生能源开发的科学依据，实施条件，预算效益目标、实施预期目标的科学机制、管理制度；其三，再生能源开发的管理制度，包括效益目标管理制度、定期的管理报告制度、目标管理的问责制度、管理的咨询审问制度、目标管理的信息公开制度；其四，再生能源开发、运用的社会评估-审查制度；其五，再生能源开发、运用的社会责任制度；其六，《再生能源法》内容的充实和实施细则的体系化制定，使其实施细则体系化、标准化。通过如上内容的修订性补充，才可避免《再生能源法》实施"政府埋单，企业狂欢"的现象再发生。

《国家气候-环境安全教育法》 《国家生境基本法》的第五个基本法律就是《国家气候-环境安全教育法》。制定《国家气候-环境安全教育法》

的根本目的，是将气候失律所带来的所有环境死境化问题予以内在化解决，为此通过教育的方式，对国民进行整体动员，积极投入到气候环境、地球环境、生活环境的治理之中，重建国家环境生境，重建生活环境生境。

制定《国家气候-环境安全教育法》，应该从三个维度来构建气候-环境安全教育的体系：一是实施国家气候-环境安全重建的认知教育；二是实施国家气候-环境安全重建的行动教育；三是实施国家气候-环境安全重建的生活方式教育，或可表述为实现气候-环境安全而实施生活方式的生境化教育。

制定《国家气候-环境安全教育法》，应将《国家生境基本法》的宏观理念、社会目标、伦理原理、基本原则、行动方法等作为其教育的基础内容。在此基础上，应将《国家气候安全法》《国家环境安全法》《国家能源法》和《国家低碳法》的基本内容作为气候-环境安全教育法的具体内容。

《国家气候-环境安全教育法》应该制定国家气候-环境安全教育的实施途径，构建开放性的国家气候-环境安全教育的社会平台体系，这个社会平台体系应该是由家庭教育、学校教育、社区教育、社会教育、自我教育五者构成五位一体的体系。并且，应该将国家气候-环境安全教育纳入学校教育课程体系，小学、中学、大学均应该开设认知水准不同、内容不同、教学方法不同的国家气候-环境安全教育课程。

《国家气候-环境安全教育法》还应该制定全面推进实施气候-环境安全教育法的促进制度、奖惩制度和保障制度，该法尤其应该具体制定国家气候-环境安全教育的政府责任制度、社区责任制度、企业责任制度、学校责任制度和家庭责任制度，包括实施国家气候-环境安全法教育的政府管理目标制度、定期报告制度和社会问责制度，国家气候-环境安全教育的社会评估制度，以及忽视、抛弃、违反气候-环境安全教育法的社会问责制度和法律处罚制度。

总之，通过制定《气候-环境安全教育法》并全面实施，才可实现治理灾疫、恢复气候的社会整体动员，《国家生境基本法》体系的创建与实施，才有基本的社会土壤和社会主体能力。

四、国家气候-环境法律实施机制

1. 气候-环境法实施的政府机制

展开社会整体动员，实施《国家生境基本法》体系，全民恢复气候，重建环境生境，政府始终居于主导地位。在实施全民恢复气候的持久战役中，政府的主导地位主要体现在两个方面：一是全面发挥法治气候-环境的领导、决策、导向作用，二是全面发挥法治气候-环境的管理、规范、督促、评估指导功能。

政府要全面发挥这两个方面法治气候-环境的功能，必须依法建立起法治气候-环境的国家管理机构，并为使国家管理机构能够高速、高效地运行，还必须制定系统的法治气候-环境的国家管理运行机制。

在这两个方面，我国已经做了大量的工作，在国家层面初步建立起了气候变化议事机构和专家委员会。

国家层面的气候变化议事机构即是国家气候变化对策协调小组，该协调小组由十七个部委组成，其中，国家发展与改革委员会是组长单位，国家环保总局、科技部和中国气象局是副组长单位。国家气候变化对策协调小组下设两个具体的工作职能机构，一是国家气候变化对策协调小组办公室，亦即国家气候变化对策协调小组的秘书处，主要负责对策协调小组的日常事务性工作；二是气候变化工作小组，这是国家气候变化对策协调小组的职能工作机构，主要负责气候变化的科学评价、气候变化的影响、气候变化与经济发展、社会发展的关系等方面的研究。从整体讲，国家气候变化对策协调小组的基本职能有四：一是讨论国家气候变化所带来的重大问题，二是协调各部门积极应对气候变化的政策及其活动，三是组织气候变化的对外谈判，四是对气候变化引发的一般性跨部门的问题进行决策、咨询和报告。

已经建立的气候变化专家委员会成立于 2007 年 1 月 12 日，由国家气候变化对策协调小组讨论通过，隶属于国家气象局，专家委员会办公室设在国家气象局科技发展司。专家委员会由来自中国科学院、中国气象局、清华大学、国家海洋局、中国建筑科学院、中国环境总局、国土资源部、中国农业科学院、中国社会科学院、国家发展与改革委员会的 12 位成员组成。该专家委员会的主要职能是为政府制定应对气候变化的相关战略方针、政策、法规、措施提供科学咨询和建议。

　　无论是从机构建设还是从工作职能方面看，国家气候变化对策协调小组，都只是一个临时的气候工作机构，而且就气候变化出现的各种情况只有对策建议或部门协调的功能，此机构本身不具备国家气候-环境安全的权威职能。同样，气候变化专家委员会的成立情况、机构设置和主要职能，都体现其局限性。首先，它的权限相当有限，它仅仅是隶属于国家气象局科技发展司的一个**非常设**机构，不具有国家功能。其次，它的成员构成领域狭窄，不能全面担当起气候变化的科学咨询功能。再次，也是更重要的一个方面，无论是气候变化对策协调小组还是气候变化专家委员会，都不具有政府功能。正是气候变化机构的如此设置及其权限与职能的如此定位，从根本上表明我国政府在应对气候恶化方面始终体现出滞后性和穷于应付已发生的气候事件的"就事论事"的应付式思维模式、行动模式，在气候-环境安全问题上缺乏前瞻性预防和疏导功能，究其根本原因，就在于缺乏能够整合各种力量和各部门职能前瞻性地对应气候变化的政府运行机制。关于此，日本的灾害管理体制的设置和应对的运作机制，值得我们借鉴。

　　日本政府应对灾害的中央政府和各级地方政府的灾害管理体制及其运作机制，可用三个简图表示：

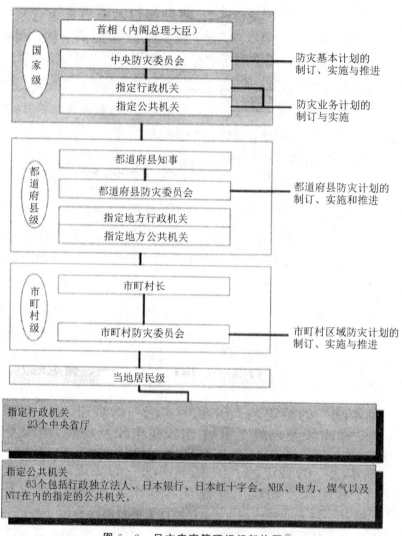

图 6 - 3　日本灾害管理组织架构图①

①　姚国章:《日本灾害管理体系》，北京大学出版社 2008 年版，第 20 页。

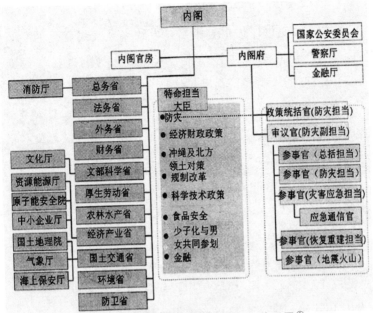

图 6-4　日本中央政府和内阁防灾体系图①

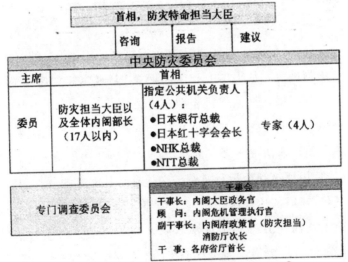

图 6-5　日本中央防灾委员会组织体系图②

① 姚国章:《日本灾害管理体系》,北京大学出版社 2008 年版,第 21 页。
② 姚国章:《日本灾害管理体系》,北京大学出版社 2008 年版,第 22 页。

2. 建立气候-环境信用评级机制

IPCC 五次气候变化评估报告指出，导致当今气候变化的主要因素是人类活动，并且 IPCC 第五次评估报告指出，人为因素在气候变化中占 97%。由于无限度的人类经济活动过度地介入自然界，导致地球环境极端恶化，形成气候失律，引发频繁的气候灾疫和其他灾害，对人类经济发展和社会生活带来极大的破坏性影响，尤其是气候失律、霾污染扩散，剥夺了人类生存的基本条件。要从根本上扭转这种气候-环境状况，必须加速《国家生境基本法》体系的创建和实施。要加速《国家生境基本法》体系的创建和实施，除了应建立起高效实施《国家生境基本法》体系的政府运行机制外，还应该建立起恢复气候的信用评极的社会运行机制。建立国家恢复气候的信用评级社会运行机制，应从两方面努力。

首先，应建立企业气候-环境信用评级社会运行机制，包括制定企业气候-环境信用评级制度，然后以此为规范建立企业气候-环境信用评级的社会机构，构建企业气候-环境信用评级工作程序、评价工具和严谨科学的操作方法。

建立企业气候-环境信用评级社会运行机制，根本目的是有效控制二氧化碳和污染物排放，从根本上改变企业"守法成本高，违法成本低"的社会土壤和运行环境，全面促进企业自觉遵守《国家生境基本法》体系，尤其是严格遵守国家《二氧化碳减排法》和《污染防治法纲要》，真正形成"守法成本低，违法成本高"的法治社会环境和法治价值导向。建立企业气候-环境信用评级社会运行机制，必须有与其配套的气候-环境评级机构。企业气候-环境信用评级机构应是依照《国家生境基本法》成立的社会化的非政府组织，并且必须依法具有客观、公正、严谨的信用评级资质、权责精神和道德能力。通过社会化的专门的企业气候-环境评级机构，对所有企业的气候-环境信用进行持续不断的跟踪评级，并随时向社会公布其跟踪评级的真实信息，以此信息作为金融服务行业对企业的信贷服务的信用依据，并通过金融信贷规范企业守法。比如，广东省制定《重点污染源环境保护信用管理试行办法》，初步建立起企业气候-环境信用评级制度。该气候-环境信用评级制度共制定环保信用评价指标 13 项，包括污染控制、执行环保法律程度、公众监督等，每项采取一票否决制。实施这一环境信用评级制度，针对污染排放大、环境隐患大的 200 多家企业进行评估，并以绿牌、黄牌、红牌标示环保信用，进行环保警示，加强环保的严格管理。被示以环保信用黄牌和红牌的企业，强制实施清洁生产审核，限期整改，限期整改不合格者将由地方政府责令停业或关闭，并报请国家证监会不准其首次公开发行股票和再融资。如果能连续三年获得环保信用绿牌的企业，其股票上市或融资进行环保核查初审，可免专家现场审核，并可优先申请环保专项资金补助。[①]

其次，建立地方政府、主管部门气候-环境管理信用评级社会运行机制，该机制的建立涉及三个方面：一是制定地方政府、主管部门气候-环境管理信用评级制度，二是建立地方政府、主管部门气候-环境管理信用评级社会机构，三是构建地方政府、主管部门气候-环境管理信用评级工作程序、评价工具和严谨科学的操作方法。

建立地方政府、主管部门气候-环境管理信用评级社会运行机制的根本目的，同样是有效控制二氧化碳和污染物排放，从根本上改变地方政府"守法成本高，违法成本低"的社会土壤和运行环境，全面促进地方政府、主管部门自觉遵守《国家生境基本法》体系，尤其是严格遵守国家《二氧化碳减排法》和《污染防治法纲要》，真正形成"守法成本低，违法成本高"的法治社会环境和法治价值导向。建立地方政府、主管部门气候-环境管理信用评级社会运行机制，是通过社会化的非政府的气候-环境管理信用评级机构，对地方政府、主管部门在气候-环境管理信用方面进行持续不断的跟踪评级，并随时向社会公布跟踪评级的真实信息。以此信息作为中央政府评价地方政府、主管部门实施《国家生境基本法》体系的管理工作业绩，并以此业绩作为中央政府财政转移支付比例的客观依据。以此改变地方政府、主管部门的地方主义、本位主义和唯经济增长政绩观及其

---

① 广东省人民政府：《广东省将加快建立企业环境信用制度》，转引自郭冬梅：《应对气候变化法律制度研究》，法律出版社 2010 年版，第 208 页。

评价模式。

3. 完善低碳产品认证法治机制

贯彻实施《国家生境基本法》体系、恢复气候、重建环境生境的重要环节，就是全面落实《国家低碳法》和《国家能源法》。为全面落实《国家低碳法》和《国家能源法》，需要建立客观、标准、完善的国家低碳产品认证制度。"所谓低碳产品认证，是以产品为链条，吸引整个社会在生产和消费环节参与到应对气候变化中来。通过向产品授予低碳标志，从而向社会推进一个以顾客为导向的低碳产品采购和消费模式。以公众的消费选择引导和鼓励企业开发低碳产品技术，向低碳生产模式转变，最终达到减少全球温室气体的效果。"①

我国已经初步建立起低碳产品认证制度和运行机制，并且通过认证制度的实施。应该在此基础上进一步完善低碳产品认证制度和运行机制，全面推动企业实现产品低碳化转型。要进一步完善国家低碳产品认证机制，需要从五个方面展开工作：

一是建立低碳产品认证的法律制度，以法律为工具和方法进行规范引导，并且所创建的低碳产品认证法律制度，一定要具有推动《国家生境基本法》体系的有效实施的动力功能，促进气候-环境的全面治理。

二是建立完善的低碳产品认证制度与运行机制，必须以《国家低碳法》和《国家能源法》为依据，以引导、规范企业全面实施《二氧化碳排放法》和《清洁空气法》为根本任务。

三是建立低碳产品认证制度及有效的运行机制，必须与企业气候-环境信用评级制度及运行机制相衔接，即低碳产品认证必须以企业气候-环境信用为根本保证和前提。

四是建立低碳产品认证的社会机构，即使低碳产品认证机构非政府化、非行业主管部门化，使低碳产品认证机构成为企业、政府及行业主管部门之外的第三方，并且作为第三方的低碳认证机构必须且只能向社会负责，低碳产品认证必须全面面向社会。为此，必须同时建立和健全低碳认

---

① 郭冬梅：《应对气候变化法律制度研究》，法律出版社 2010 年版，第 209 页。

证机构成立的法律制度和认证机构的信用评级制度、信用评级机制和信用评级公布制度。

五是建立低碳产品认证运行机制，包括低碳产品认证的科学机制、公开机制、社会大众评价-反馈机制等。

4. 建立气候-环境责任保险制度

实施《国家生境基本法》体系，重建国家气候安全和环境安全，需要构建社会化的气候-环境责任保险制度。构建社会化的气候-环境责任保险制度，在我国已有先例。云南昆明从 2009 年 11 月开始推行污染责任保险。第一批购买这种新险种的企业有 396 家，但都是采取强制保险方式来实现的。云南昆明的尝试，为建立社会化的气候-环境责任保险机制，提供了很好的借鉴。至少展示了推行气候-环境责任保险制度，是一种必不可少的全面实施《国家生境基本法》体系的社会途径和方法。

建立社会化的气候-环境责任保险制度和运作机制，要深入理解其认知理念，扩大对气候-环境责任保险的全新理解。在气候-环境日益恶化的当代社会，气候-环境治理成为整个国际社会和国家存在发展的主题，亦日益成为国家治理的重心，如何全面恢复气候、重建环境生境，将进一步深化认知而拓展到从社会生产到个人生活的每个领域。以前瞻性的眼光来看，气候-环境责任保险绝不是现有的保险体系里面的一种新险种，它将成为一种新型的保险行业，并且这一新型的保险行业将构筑起国家安全、社会安全、经济安全和生活安全的防护墙。所以，气候-环境责任保险不仅限于企业，也广泛地适用于非企业机构、社会组织、家庭和个人。

以此为认知基础和认知视野，建立社会化的气候-环境责任保险制度和运作机制，所面临的基本任务有四：一是建立起与各种气候-环境安全法律相配套的气候-环境保险法律制度；二是以此法律制度为规范，建立气候-环境责任保险机构，即依法建立国家气候-环境责任保险有限公司；三是建立气候-环境责任自愿保险和强制保险相结合的运作机制；四是建立完善的气候-环境责任保险险种，比如气候-环境安全责任保险、气候-环境污染责任保险、气候-环境风险责任保险等。

建立社会化的气候-环境责任保险制度及其运作机制的根本目的有三：一是强化《国家生境基本法》体系的社会化实施，加速恢复气候、重建环境生境的社会步伐；二是充分发挥保险机制的社会功能，促进企业以及其他社会组织、机构甚至家庭加强气候-环境风险管理，提升气候-环境管理水平；三是通过社会化的气候-环境责任保险机制的良性运行，维护社会秩序，稳定社会经济、减轻政府负担，并促进政府转换职能，使其从全面包揽社会、全权安排社会，转向全面培育社会，引导经济建设、生活服务融进恢复气候和进行生境建设的过程中来展开，这种方式将开辟生境文明的康庄大道。

第七章 恢复气候的生境伦理教育

　　奥尔特加·加塞特（Ortega Gasset）在《大学的使命》中指出："一个伟大的国家，一定有伟大的学校；同样，没有伟大的学校，也就成不了伟大的国家。"① 在气候失律、地球环境遭受全面破坏、人类存在发展和可持续生存条件逐渐丧失的当代社会，一个伟大的国家所需要的伟大的学校，必须把气候-环境安全教育贯穿在教学中，忽视或者轻视气候-环境安全教育的国家，无论它过去怎样强大和辉煌，都成不了伟大的国家。因为要从根本上恢复气候、重建环境生境，不仅需要改变政治运作方式、经济发展方式、社会生存方式和个人生活方式，更需要社会整体动员，但这一切的改变都首先且最终通过人的自身改变而得到实现，这就涉及到气候-环境安全教育，并且必须从伦理角度入手来展开气候-环境安全教育。

一、气候-环境安全教育的伦理问题

　　气候作为地球生命和人类安全存在的宇观环境，在事实上囊括了地球环境，它是地球和宇宙整体运行所形成的对地球生命和人类安全存在的必须环境条件。气候-环境安全教育是一种全新的教育内容和教育形式。要进行气候-环境安全教育，首先须解决气候-环境安全教育的基本认知问题。气候-环境安全教育的基本认知问题有两个方面，即为何要进行气候-环境安全教育和展开气候-环境安全教育何以可能。

---

　　① ［西班牙］奥尔特加·加塞特：《大学的使命》，徐小洲、陈军译，浙江教育出版社 2002年版，第43—49页。

1. 为何要进行气候-环境安全教育

为何要进行气候-环境安全教育的问题涉及三个方面的内容。

首先，实施气候-环境安全教育，是当代人类自我拯救堕落灵魂的基本方式。

苏格拉底认为："从广义上说，教育就是对灵魂的治疗。"① 我们之所以将恢复气候、重建环境生境与教育联系起来讨论，并提出气候-环境安全教育本质上是对人的灵魂进行自我拯救的教育，这是因为，导致地球环境破坏和气候失律的最终动力是人类活动，是人类活动无度介入自然界，违逆自然本性和宇宙律令而征服自然、改造环境、掠夺地球资源造成了地球环境破坏和气候失律。人类行为之所以违逆自然本性，是因为人的物欲膨胀；造成人类物欲膨胀并达向行动泛滥的最终根源，是人心的遮蔽、人性的扭曲和灵魂的堕落。人类要重获存在安全和可持续生存的物理条件，必须重建地球生境、恢复气候；重建地球生境、恢复气候的根本前提是重塑人性、重振人心，这就需要灵魂的自我拯救，或可说，重塑人性、重振人心的努力本身就是灵魂拯救的行动方式。所以实施气候-环境安全教育，就是为恢复气候、重建地球生境而拯救灵魂的基本方式。

其次，实施气候-环境安全教育，是当代人类重建学习能力的基本方式。

奥尔特加·加塞特指出："缺乏学习能力是教育的基本原理。由于学习者不会学习，就必须要为教学做好恰如其分的准备。"② 加塞特所论揭示了人类教育的根本动因：如果人类具备了学习能力，会学习和善学习，教育将不会产生。教育产生的根本理由及根本任务，就是教给人何以要学习的内在认知、应怎样学习的方法和如何获取学习的能力的正确途径。

在现代教育认知体系中，"学习"概念的含义很狭窄，它一般指接受知识或经验，并最终在学校教育的范围内使用它。其实，学习这种行为方

---

① ［英］罗素：《西方的智慧》，马家驹、贺霖译，世界知识出版社1992年版，第81页。
② ［西班牙］奥尔特加·加塞特：《大学的使命》，徐小洲、陈军译，浙江教育出版社2002年版，第67页。

式在原初意义上并不以追求知识或经验为动力，以追求知识或经验为动力的学习，是后来的衍生含义。原初的"学习"是指对陌生事物或现象的惊诧、好奇，后来才演变成为对自然的关注，其目的不是对智力的训练，而是在严酷生存环境中对生存方法的无意发现再到自觉探求。换言之，学习有古代意义和现代意义的区分：古代意义上的学习，其源泉、对象、动力均是自然，其目的是遵循自然和适应自然；现代意义上的学习，其源泉、对象、动力是知识或经验，其目的是征服环境、改造自然、驾驭对象，这个被驾驭的对象可能是自然、事物，也可能是人。从古代到现代，人类在学习方式上越来越远离学习的本来意趣，越来越淡忘学习的真谛与本质，所以现代文明把人类引上越来越不会学习的道路，这条道路的具体体现就是人与事物疏远、人与自然隔膜，最后形成人向自然的战争，对人类来说，这场战争的最终成果有两个：其正面成果是建立起日益繁荣的而且是越来越技术化的物质文明和文化体系，其负面成果就是自然失律、气候失律、灾疫频发、人类和其他生命赖以存在的环境生态遭受全面破坏而滑向死境状态。

化石考古证明，大约 75 万年前左右，人类在对石器的制造和使用过程中偶然碰撞出火花，这火花成为最初的火种。[①] 人类无意间对火种的发现和运用，从根本上改变了自己的生存条件，但最重要的改变却是人类使生活的敌人由自然转换成了强大的野兽，自然则逐渐成为人类学习的对象。因为自从无意间发现和使用火种以后，人类从火种使用的好处中重新认知到自然的智慧，人类由此改变了自己，开始由抵抗自然转向了向自然学习。这一认知方向和生存态度的转变虽然是一个异常艰难的历程，但却

---

① 以色列希伯来大学学者盖谢尔·贝诺特雅各布（Gesher Benot Ya′aqvo）对以色列北部距今 79 万年前的阿舍利石器文化遗址中似经过燃烧的种子和木头、燧石石器等人类用火证据进行了分析，其分析结果显示有火灶遗迹，这是迄今发现的最早的人类用火证据。N. Goren-Inbar, N. Alperson and M. E. Kislev, "Evidence of Hominid Control of Fire at Gesher Benot Ya'aqvo", Science, Vol. 304 (2004), pp. 725—727。另外，中国周口店遗址也有使用火的证据，对周口店遗址的新的测年结果显示距今约 77 万年。Guanjun Shen, Xing Gao, Bin Gao & Darryl E. Granger, "Age of Zhoukoudian Homo Erectus Determined with 26Al/10Be Burial Dating", Nature, Vol. 458 (2009), pp. 198—200。

缓慢地结下丰硕而永恒的果实。人类本能地从对付自然转向学习自然，其学习自然所结下的最具有革命性意义的成果，就是对种子的发现。由于对种子的发现和尝试运用，使土地进入了人类的视野，土地逐渐成为人类生存的根本资源。土地一旦被作为生存的根本资源被意识到和被运用，人类生存就踏上了文明阶梯：开垦土地，耕种粮食和蔬菜，定居生活，开发新的生产技术，制作生活所用的器具等。这一切都是人从自然中学习得来的。自然不仅是人类最好的老师，更是最好的教科书。人类全部的存在法则、生存智慧和生活方法，都蕴含在自然之中，人就是从自然那里学会了如何生存、怎样成为不同于其他动物的人。在这个时期，人不是从自然那里学习怎样更好地同自然作斗争，而是从自然那里学习如何模仿自然，如何遵循自然的法则，如何接受自然的引导使自己更加人化。

向自然学习，向事物学习，引发出人类整个生存方式的改变，也引发出人类对周围世界的认知态度的改变。人类这一艰难而伟大的发现与变革的历史时期，后来称之为新石器革命。新石器革命，是人类发展史上影响最深远的一步。向自然学习、向事物学习，人类使自己的生存进入了历史领域，因为通过对种子的发现到开垦土地耕种，人类才真正发现了**时间的意义**所在，即不应该把种子吃掉，应该把它交给土地，以便一年之后得到更多的果实。因为"想象中的将来所取得的比目前的饥饿更重要。于是居民通常的品行，操持生活，事先准备、保养照料代替了狩猎和漫游，取代勇敢和生气勃勃的是坚持、努力和忍耐"①。坚持，就是对已有的坚守，不放弃；忍耐，就是对财物的珍惜以及增殖观念；努力，就是重视生活、忧虑和辛勤地劳作，以及对周围世界的变化的关心等，开始成为人的主要生存品格。

然而，在向自然学习、向事物学习的自我进化过程中，人类最终踏上了反自然的道路。弗朗西斯·培根（Francis Bacon）曾经说过这样的话：自然是通过对其服从而被战胜的。在向自然、向事物的不断学习过程中，人思虑的主要对象不再是自然本身，而是人自身和所耕种的土地，即如何

----

① ［德］汉斯·萨克塞：《生态哲学》，文韬等译，东方出版社1991年版，第4页。

通过所耕种的土地，储备更多的粮食，播种更多的财富，如何通过交换得到更贵重的物品。这样一来，财产的出现和财产观念的普及，自然引发了人心的变化和欲望的强烈。嫉妒和不满、争夺与战争、竞争与发展等，构成了人类生存奋斗的主题。而自然，则在人的想象中成为了被驯服的对象。确实，土地可以按照人的意愿方式而得到驯服，从而成为人类生活资源的根本来源：树木矿石变成了人类制作工具的材料，飞禽走兽被驯养成了家禽家畜。日益积累起来的农业文明，使人类建立起一个相对自足的人的世界：耕种土地，兴修水利，修建宫殿和城堡、纪念碑和教堂、兴建学校，以及发挥大脑的天赋智慧去探究哲学、科学和艺术……向自然学习，必然开辟出这样一条不可避免的道路，它激发人们对物质财富的持久热情。人类无限地释放对物质财富的持久热情的动力的方式，就是通过自己的努力创造更美好生活的想象；人类对无限想象的激情的释放，变成了强有力的实践方式，其中最有力的、最直接的实践方式，就是工具开发和空间拓展。由此，把自然看成是秩序、和谐、完美象征的农业文明生存方式，无法挽回地朝向工业文明方向转移，高技术化生存成为人类所向往和追求的目标。人类由此跨入了高技术化生存的工业文明时代。高技术化生存的人类历史即是**全面开发工具**的历史。全面开发工具的时代，不再是以向自然学习、向事物学习为主要原动力，而是以人的已有经验成果和丰富想象为策源力。在这一历史进程中，人类相信自己才是一切智慧的来源，自然在人的视野中由神圣的榜样蜕变成为单纯的利用开发的对象，或者说成为人类生存发展的使用价值物。工具开发的重心不是向时间渗进，而是向空间拓展。向空间拓展的雄心使人类发现了一个客观的事实，那就是自然世界成为人类自由地进行生存空间拓展的障碍，而且这个障碍无法回避。因而，人类要自由地进行生存空间拓展，必须扫除这个障碍。这样一来，自然无可回避地成为了人类的首要征服对象，人最终想象化地把自己变成了自然的主人。做了自然主人的人，也就非常自然地忘却并丧失了学习自然的能力，这种能力恰恰是当代人类自我拯救、重获存在和可持续生存条件的主体前提。所以，通过气候-环境安全教育，人类可以重新学会以一种谦卑的姿态拜自然为师，向自然学习，通过向自然学习，重新领悟自然的本性、法则和这种存在本性、法则所蕴含的生存智慧和方法，以引导人类自我矫正，生境化地存在，可持续地生存。

再次，实施气候-环境安全教育，是当代人类重建生境、重获存在安全和探索可持续生存式发展方式的必然社会途径。因为气候-环境安全教育的本质是伦理的，气候-环境安全教育的核心是教会人们重新向自然学习；重新向自然学习的实际目的，是学会启用生命的内在力量来抑制无限的欲望，有限度地生存。

2. 气候-环境安全教育何以可能

气候失律的人类存在状况和地球环境逆生化的人类生存处境，迫使人类为展开生存自救而不得不需要气候-环境安全教育。但需要气候-环境安全教育并不等于能够进行气候-环境安全教育，因为前者只表明外部环境对它的要求性，后者却意在强调获得这种要求性满足的实际条件构成。因而，"气候-环境安全教育何以可能"的问题，实质上是指能否具备实施气候-环境安全教育的基本条件的问题，即展开气候-环境安全教育需要具备相应的人类条件，这些条件对于人类来讲已经具备。

首先，实施全民气候-环境安全教育，具有主体性前提。这种主体性前提可以从两个方面讲。第一，人天生是自然的杰作，并且自然本身是人的无机机体："自然界，就它自身不是人的身体而言，是人的无机的身体。人靠自然界生活。这就是说，自然界是为了人不致死亡而必须与之处于持续不断的交互作用过程的人的身体。所谓人的肉体生活和精神生活同自然界相联系，不外是说自然界同自身相联系，因为人是自然界的一部分。"① 人与自然之间具有原初的血缘关联性，这种血缘关联性的本质是亲生命性和亲自然性，即自然具有本体意义上的亲生命性，人具有原初意义上的亲自然性。正是这种亲自然性和亲生命性，使人和自然获得了本原意义上的统一性："社会是人同自然界完成了的本质的统一，是自然界的真正复活，

---

① 《马克思恩格斯选集》第 2 卷，人民出版社 1995 年版，第 45 页。

是人的实现了的自然主义和自然界的实现了的人道主义。"① 第二，人生而具有向事物学习、向自然学习的天赋能力，虽然这种能力在现代文明进程中被弱化，甚至被压抑性地丧失了，但这种天赋能力仍然因为生命本身的存在而保存在人的生命之中，并且人身上这种天赋能力也因为始终生存在自然界中而获得了滋养的土壤，一旦人类的存在和生存遭遇来自自然界的危机和风险而不能保持安全存在和可持续生存时，这种向自然学习、向事物学习的天赋能力会自然地得到内在生命的启动。

其次，当代人类有实施气候-环境安全教育的人类学动力，并且这种人类学动力还具备自然宇宙学原理的支撑，这就是天赋人类的本性。天赋人类的本性，就是其生生不息的生、利、爱本性，这就是因生而求利、由利而滋爱。并且生、利、爱之于人类来讲，是己与他的对立统一，即生己与生他、利己与利他、爱己与爱他的对立统一。这个所生、所利、所爱的他者，既可能是他人，也可能是他物，更可能是作为整体的地球、宇宙。人类生生不息的生、利、爱本性之所以是天赋的，是因为人类是自然宇宙和生命世界的创造物，并且自然宇宙和生命世界创造人类物种的行为本身，把自创化的野性狂暴创造力与理性约束秩序力及其对立统一张力灌注进了人类生命之中，使其构成人类生命的内在本性。正是这种得自于自然宇宙和生命世界之自创生与自秩序的对立统一张力，才使人性要求与生命原理、自然法则、宇宙律令之间获得了内在统一，使人类向事物学习、向自然学习、向宇宙学习获得了原动力。

再次，由于天赋人类以野性狂暴创造力与理性约束秩序力及其对立统一张力，所以人类既是创造的人类，并因此使其自身存在发展的想望能得到最大程度的满足而勇往直前，征服一切，开拓一切，创造一切，占有一切；同时也使人类成为自然界中唯一具有理性力量和智慧的生命物种，因其存在安全和可持续生存的需要而能够节制一切，并成为自然世界里自我约束的生存者。

---

① 《马克思恩格斯全集》第 3 卷，人民出版社 2002 年版，第 301 页。

概括如上三个方面的内容：在发生学意义上，人类是自然宇宙的创造物，但在生存论意义上，人类始终是接受自然引导的自我创造者。人类身上所具有的这一双重天性与潜力，使气候-环境安全教育成为现实。因为从本质讲，气候-环境安全教育就是**恢复气候、重建生境**的教育。

恢复气候、重建生境的气候-环境安全教育有两种方式，即自然方式和人为方式。从整体观，自然方式的恢复气候、重建生境教育，就是自然强迫我们接受教育，改变我们的生活和行为。具体地讲，就是气候以失律的暴虐方式，比如以暴雨、洪涝、干旱、暴风雪、飓风、海啸、疫病、酸雨等气候灾疫方式或以霾污染之类的极端大气污染方式教育我们要尊重气候、尊重自然。人为方式的恢复气候、重建生境教育，就是按照如何有效恢复气候，使气候环境生境化，而理性地设计教育目的、教育内容、教育方法的方式。我们所讲的气候-环境安全教育是对此两种教育方式的综合运用，即只有通过人为的教育方式才能实现对自然的教育方式的开启。这是因为人为方式的气候-环境安全教育，是一种产生了严重的或者破坏性、毁灭性的生态学后果之后的教育，是较之气候失律的暴虐方式的教育相对滞后的教育，这种教育方式本身就是巨大的代价。所以，这种教育是被动的、被迫的，并必须通过政治的方式——社会整体动员的方式——才可获得展开。自然方式的气候-环境安全教育，是一种预防性教育，其教育的目的有二：一是通过教育而使人恢复气候，使整个环境生境化；二是避免气候失律。因而，自然方式的气候-环境安全教育是一种预防性的和生境化的教育。这种气候-环境安全教育方式之所以获得人们的认同，并体现其选择的深层认知智慧，是缘于人类以最小的成本、最小的牺牲谋求最好的生存条件和最大的生存利益的本性和渴望。这种本性和渴望成为强大的智慧力量，推动人们愿意接受气候-环境安全教育。但是，在当前气候失律、地球环境异常恶化的情况下，自然的气候-环境安全教育方式必须要借助人为的教育方式才可能得到启动，然后获得自觉地遵循气候的本性，维护地球环境和气候生境，配享生境幸福。

3. 气候-环境安全教育的基本视野

基于如上"必须如此"和"能够如何"的可能性与现实性考察，展开气候-环境安全教育，必须获得如下三维视野。

气候-环境安全教育不是知识教育，尽管气候-环境安全教育也要学习气候安全和环境安全方面的相关知识。气候-环境安全教育必须抛弃僵化的书本知识、抽象的观念知识、无用的词典式知识，而是关注自然、地球生命、人三者的存在状况、生存联系和本质关联。以此来看，实施气候-环境安全教育，必须具备自然、地球生命、人三者共互生存的基本视野。

自然、地球生命、人共互生存的三维视野，决定了气候-环境安全教育既不是简单的自然教育，也不是单纯的地球环境教育，更不是片面的人的自我塑造教育，而是遵循宇宙律令、自然法则、生命原理和人性要求而展开的整体引导教育和整合规范教育，是一种以生态整体的方式引导和规范人们在最深刻维度上重新认知自然、重新认知地球生命和地球环境、重新认知人的关联存在和整体生存的教育。而且，以自然、地球生命、人共互生存为三维视野要求的气候-环境安全教育，需要在普遍平等的认知平台上展开，并必须遵循自由原理。因为自由是宇宙的本质、自然的灵魂、地球生命和人类的本性，遵循自由原理，就是尊重宇宙的本质、遵循自然和生命的本性。人类自由的前提是地球生命的自由和自然的自由。人类自由、地球生命自由、自然自由和宇宙自由的前提，是平等，所以普遍平等和自由，才构成了气候-环境安全教育的本质。

气候-环境安全教育不是以训练人的智力为目的，而是以训练人的实际生存能力为目的。

对任何人来讲，其所具备的一切生存能力都是为了应对实际的生活，包括应对当下生活所需和应对未来的生活所需。所以人的生存能力的实际表达就是应对当下生活的实际操作能力和应对未来生活的实际预设能力。生活之于人，无论是向当下敞开还是向未来敞开，都需要行动，并且都是行动的杰作。因而，行动才构成生活本身，既构成应对当下生活本身，也构成对未来生活的想象化预设本身。

有机论哲学家怀特海曾说过："大学必须同行动结成眷属。"[①] 岂止于

---

① ［英］怀特海：《怀特海文录》，陈养正等译，浙江文艺出版社1999年版，第161页。

大学，所有的学校教育，或者说所有形式的教育，包括家庭教育和自我教育，都应该与行动结成眷属。然而，对人类来讲，除非在特殊的情境下，行动始终不是本能的驱动，而是自由意志的驱动，是理智或理性的导向。理智是人基于现实而对利害得失的权衡方式和表达方式，因而，理智是功利的；与此不同，理性却是基于现实对利害权衡方法的超越所形成的对其思考对象予以合于事物本性的判断方式和表达方式。相对地讲，理智更多地出于应对当下、应对利害的认知方法；理性却更多地出于达向完美（亦即理想状态）而追求合律令、合法则、合原理、合本性的认知方法。但无论是理智还是理性，都是认知，是两种基本的生活认知方法。

　　行动必以理智或理性为导向，实际上要求行动必借助或依赖认知，即任何行动都是认知的行动，都是以认知为先决条件和直接启动力的行动。以此来看，气候-环境安全教育虽然不是以智力训练为目的，但必以引导训练人的认知为前提。气候-环境安全教育引导训练人认知的，主要不是书本知识，不是观念判断，不是抽象的推论逻辑，而是引导人们认知人、社会、自然宇宙、生命世界之间的本原性关联、内在联系、互动规律、共生原理，更是引导人们认知气候周期性变换运动的时空韵律，认知气候与地球生命、人类生活之间的变动关系，认知气候的失律如何影响人的存在和生存，而人的存在和生存的方式又怎样潜在地影响气候，引导人认知气候生态和地球生态与生物活动、人类行为之间的相互影响所形成的诸如气候灾害、地质灾害、污染疾病等异动现象背后的自然原理，比如认知气候失律、地球死境化生成的层累原理，灾疫暴发的突变原理以及破坏性影响扩散的边际效应原理等。但这仅是一方面，通过气候-环境安全教育展开的认知引导，还有更重要的一方面，那就是对人，人的社会，人所组织构建起来的社会政治、经济、法律、教育等的运作方式、方法的认知，即人类自己的行为和活动如何形成了对宇观气候环境的破坏性的负面影响，这种破坏性的负面影响的持续强化和不断扩张以怎样的方式在消解地球生命的存在安全和人类的可持续生存，人类应该怎样行动才可真正自救、避免毁灭。

认知始终是行动的导向力和矫正器，以认知为导向采取生存行动，涉及到如何行动才是最佳的，即最少伤害、最低成本、最见成效且最富长远性和持久性的行动，就是最佳的行动。这种效果的行动需要智慧方法的武装，因而，气候-环境安全教育的认知引导培养必须具体落实为行动方法的训练和武装，唯有如此，气候-环境安全教育才可获得引导当下生活和未来生活的功能。

气候-环境安全教育不仅需要具备认知自然、地球生命、人三者共互生存的基本视野，也不仅需要展开引导安全、训练行动、指导生活的功能，更需要家庭、学校、社区、社会的四维配合，搭建家庭、学校、社区、社会四维平台，构建家庭、学校、社区、社会四维展开的整体视野。因为，气候问题作为全球性存在安全问题和作为国家化的可持续生存问题，最终把家庭、学校、社区、社会联结成一个气候-环境安全教育的整体，使气候-环境安全教育不能仅限于学校，更不能把教育抛给社会。气候-环境安全教育必须落实在家庭教育、学校教育和社区教育的所有领域和全部过程之中，唯有如此，气候-环境安全教育才富有实效。因为气候-环境安全教育既是学校的事，更是社会的事，也是家庭的事。比如，家庭的二氧化碳等温室气体的排放，直接影响到大气；家庭对财富对物质生活富裕的追求和向往程度，决定了地球生态和大气生态的状况。所以，气候-环境安全教育必须由家庭、学校、社区、社会四者共同努力。

二、气候-环境安全教育的伦理导向

具备自然、地球生命、人共互生存的认知视野，构建家庭、学校、社区、社会四维平台，实施认知、行动、生活的三维引导，这是使气候-环境安全教育获得伦理诉求的内在规定性和外在行动要求。

1. 气候-环境安全教育的伦理认知

在气候-环境安全教育中，对人进行伦理导向和培养，其内容具有选择性，即并不是所有的伦理内容都可以成为气候-环境安全教育的伦理导向内容，只有具有生境品质和诉求的伦理才构成气候-环境安全教育的有机内容。所以，气候-环境安全教育的伦理导向，就是进行生境伦理认知引导。

在气候-环境安全教育中展开生境伦理认知引导，根本任务是引导人们获得生境伦理的存在论认知，具备世界平等论和生命自由论的基本思想。这需要从三个方面展开。

首先，应该引导培养人们重新认知人和重新认知生命。在过去，我们将人看成是一种社会存在，一种国家主义的政治存在、经济存在、文化存在或者人类主义的历史存在，而把地球生命看成是一种物种存在和自然存在，一种没有意识、没有目的、没有想望的本能存在，并且还认为，人的存在和地球生命的存在，是两种根本不同甚至是毫不相关的存在物，并且他们是以两种毫不相关的方式而存在的存在物。这种看法并没有错，因为人和地球生命确实是各以不同的姿态和方式而存在的。但是，这种并没有错的看法，却又有绝对的片面性，并因其绝对的片面性而导致了人类的错误。因为人和生命的存在方式在其本原意义上确实是同构的，即人和地球生命都是以世界性的方式存在于世界之中的，人是世界性存在者，地球生命也是世界性存在者，并且，作为世界性存在者的人和地球生命，相互之间在存在现象上是有区别的，是各不相同的，但在存在本质上有血缘关联，并都具有亲生命本性。

基于如上认识，气候-环境安全教育引导人重新认知人和地球生命，就是引导人认知自己是世界性存在者，地球生命也是世界性存在者。人和地球生命作为世界性存在者，首先体现在它们的生命的诞生有直接的和最终的来源，并具有最终的同构性归宿，那就是回到自然宇宙的永恒创化进程之中，与自然宇宙同在。仅就人而论，每个人的诞生都直接来源于某个女人，并因此获得了家庭的所属性，社会的所属性，国家的所属性和民族的、物种的所属性。同时，每个人的生命诞生，又最终得益于自然宇宙和天地万物的共同造化。所以，人的生命诞生实际上得之于天，受之于地，承之于（家庭、家族、种族、物种）血缘，最后才形之于父母，并且，人的生命最终要归属于自然宇宙和大地之中。不仅如此，每个人的日常生活都离不开空气、阳光、水、大地，更离不开能种植的土壤，这五种东西却是世界性的。虽然大地、土壤和水可能被人力的强暴方式进行所属性的划分，但阳光和空气永不会屈从于任何人为的力量。唯一能够全能地调配这几种物质形态的存在和运动方式的，只有自然宇宙和生命世界的整体力量，这种力量就是自然宇宙和生命世界野性狂暴自创造力与理性约束自秩序力的对立统一张力。

人是世界性存在者，但人的存在并不能按自己的意愿而随心所欲，他必须接受宇宙律令、自然法则和生命原理的规范和引导，因为在最终意义上，人性的本质规定是生命原理、自然法则和宇宙律令，社会的暴虐、国家的野蛮、政治的非人道等现象在人类生存史中出现的根源，是人性的扭曲和沉沦。人性的扭曲和沉沦的实质，是人的生存无视宇宙律令、违背自然法则、践踏生命原理所致。当代气候失律、地球环境死境化就是人性扭曲和沉沦的典型表现。

人作为世界性存在者，不仅要遵循宇宙律令、自然法则、生命原理的规范和引导，更要向自然宇宙和生命世界学习，因为人类所拥有的和不断探求得来的知识、思想、智慧、方法，都来源于自然宇宙和生命世界，都蕴含在自然宇宙和生命世界之中。一直以来，人类持一种自我狂妄姿态和认知方式，认为人类是世界上唯一的创造者，不仅仅创造物质世界，而且创造文化、创造思想、创造智慧和方法。其实，人类所创造的这一切，都蕴含在自然宇宙和生命世界之中，蕴含在天地之中，人类的伟大，并不在于他创造，从本质上讲人类最终并没有创造出什么来，因为创造是无中生有。人类的伟大，在于他对蕴含在自然宇宙和生命世界中的律令、法则、原理、规律的发现，并将这些发现变成观念、思想、智慧和方法而予以个性化的运用。比如，我们可以说人类创造了轮船、飞机，但实际上是人类在进化中发现了水中鱼游弋的原理和空中鸟飞翔的原理，然后进行创造性的运用，轮船和飞机就是对这些自然原理的人为运用的成果。所以，气候-环境安全教育引导人们认知世界、认知生命、认知人，就是使人获得一种更新的生存论观念，这就是"自然为人立法，人为自然护法"的认知智慧和生存方法论。

"自然为人立法"，是指自然宇宙和生命世界为人提供了存在的法则和生存的智慧，人只有遵循宇宙律令、自然法则和生命原理，才可真诚而谦卑地向自然学习，才可在谦卑的学习中发现自然的智慧，获得存在的思想和生存的方法。不仅如此，人唯有遵循宇宙律令、自然法则和生命原理时，才可敬畏宇宙、敬畏自然、敬畏生命，才可自觉地担当起为自然护法的生存责任，使自然不因为人的原因而遭受伤害、破坏。在"自然为人立法，人为自然护法"命题中，"自然为人立法"是"人为自然护法"的依据、前提，"人为自然护法"是"自然为人立法"的实现与展开。"自然为人立法"，讲的是自然宇宙和生命世界本身就存在着自身的法则，这种法则构成了人类存在的根本尺度和生存的最高律令。人定胜天，可以看成是人类自我鼓励的方式，人力无论怎样强大，也不能让自然宇宙和生命世界服从人的意愿、接受人力的安排。比如降雨，虽然我们有了人工降雨的技术，但对这种技术的运用，第一，只能解一时干旱之困；第二，只在局部进行；第三，不能使人、生物、大地"生"。自然才是**生生**之神，自然降雨才可使大地、生物、人生且生生不息。并且，哪怕是作用、功能绝对有限的人工降雨技术，也是对自然降雨方式的蹩脚模仿，人工降雨的原初智慧和方法还是自然教给人的。所以，气候-环境安全教育的根本任务，就是引导人们在重新认识自然宇宙和生命世界的过程中，重新确立起"自然为人立法，人为自然护法"的存在论理念和生存论信仰。

人是世界性存在者，这是生境伦理的存在论认知；"自然为人立法，人为自然护法"，这是生境伦理的生存论认知；生境伦理实践论认知，是"人、生命、自然"合生存在和"人、社会、环境"共生生存。气候-环境安全教育必须引导人们认知人、社会、地球生命、自然之间的动态生成关联：人不仅在社会中生存，更在地球上存在，在自然里生活，自然充满创生活力，地球生境化，才使人和社会生生不息。

基于"人、生命、自然"合生存在和"人、社会、环境"共生生存的现实，人的安全存在和可持续生存必须遵循生境逻辑的引导。所谓生境逻辑，是指事物按自身本性而敞开存在的逻辑。生境逻辑的宏观表达，就是宇宙和地球遵循自身律令而运行，自然按照自身的法则而生变，地球物种按照物竞天择、适者生存的法则生生不息。生境逻辑的微观表达，就是任何具体的事物、所有的个体生命和一切具体的存在，均按照自己的本性展开生存，谋求存在。比如平澹而盈、卑下而居是水的本性，水总是按照自身这一本性而流动不息、生生不已。再比如日月运行有时、寒暑交替有序，这亦是日月、寒暑按其自身本性运作的呈现。反之，当日月运行无时，寒暑交替无序时，就是气候丧失自身本性并违背自身之生境逻辑的体现。

气候-环境安全教育引导人们遵循生境逻辑，其最终行动指南就是引导人们学会在实际生活过程中理性地追求生境利益。所谓生境利益，是指能够促进人与他者（他人、种群、社会、地球生命、自然）共生并生生不息的利益。它有三层含义：第一，生境利益乃**生境关系化**的利益，并且是构筑这种生境关系的个体或群体所共享的利益；第二，生境利益是一种在现实的生境关系中使双方（或多方）的利益获得真实的生殖的利益；第三，生境利益既是一种谋取的利益，也是一种给予的利益，它是一种谋取与给予同时生成、同时展开的利益形态。所以，在气候-环境安全教育过程中引导人们认知生境利益，才可真正理解二氧化碳减排遵循"谁排放谁付费"和"谁减排谁受益"的减排原则的根本理由。

2. 气候-环境安全教育的伦理原理

气候-环境安全教育不仅要引导和规范人类获得生境伦理认知导向，更要引导和规范人类学会在实际生存选择行动中具备生境伦理原理导向。

在气候-环境安全教育中，需要引导人们学习的首要生境伦理原理，是生生不息的生、利、爱原理。

生、利、爱原理是人性原理，它的具体敞开方式是生己与生他、利己与利他、爱己与爱他的对立统一。这里"他"既指他人、他事、他物，更指地球、宇宙、自然世界和环境，从本质讲，生、利、爱原理就是人、社会、地球生命、自然之共互生存原理。

以生、利、爱原理为人性基石，气候-环境安全教育还应该引导人们学习三善待原理。如果说生、利、爱原理是生境伦理的存在论原理的话，那么三善待原理则是生境伦理的生存论原理，这一伦理原理具有宏观和微观两个层面的伦理指涉：在微观层面，三善待原理是指善待自己、善待他人、善待生命；在宏观层面，善待原理是指善待地球、善待自然、善待大气环境。三善待的气候-环境安全教育应该从这两个方面着手展开，并且，对人们进行三善待教育和引导时，必须在普遍平等的平台上展开，培养人们学会平等地善待自己、他人和地球生命，学会平等地善待地球、自然和大气环境。

不仅如此，气候-环境安全教育还应该引导训练人们学会在生活行动上遵循权责对等原理。在气候安全教育中展开权责对等教育，就是引导人们重建人、社会、自然的关联认知，真正理解和运用权责对等原理的核心思想和方法论智慧。首先，仅就"我"本身论，在实际的生活行动中，我的权利与我的责任对等，这就是我获得一份权利就必须为此担当一份责任；反之，我担当一份责任就应该配享一份权利。唯有如此，我的权责行为才是道德的。其次，就我与他者（包括他人、他物、地球环境、自然）的关系论，在实际的生存行动中，我从他者那里获得了一份权利，我就应该向他担负一份与之对等的责任。比如，我从自然那里获得了一份权利，我就应该为此担负一份维护自然生态的责任。由此两个方面的规定，权责对等原理实际上蕴含着两种关系结构，即**我与我**的关系结构和**我与他者**的关系结构。在这两种关系结构中，权利与责任的对等这一必然的逻辑关系，必然衍生出我的权利与他人的责任的关系，即"我的权利得到实现，必然要以他人对对等责任的履行为前提；他人的权利要得到实现，也要求我对对等的责任的担当为标志。这样，我的权利构成了我的责任，或者说我的责任也构成了我的权利：我所享有的权利与我所该担当的责任对等；同理，他人的权利构成了他的责任，他人的责任构成了他的权利：他人所享有的权利与他所应该担当的责任对等"①。

3. 气候-环境安全教育的道德规范

气候-环境安全教育的生境伦理导向，不仅是存在认知论的和生存论的，而且还必须达向实践之域，获得道德规范引导教育。气候-环境安全教育中的道德规范引导教育的核心，是**利用厚生**教育。如第五章所述，气候失律、霾污染扩散，最终缘于人类向地球要财富、向自然索取物质幸福的经济活动，这种没有限度的经济活动得以持续展开的强大驱动力，是消费主义经济发展观，这种以消费主义为驱动力的经济发展观，是违反传统的经济生存观的。传统的经济生存观是利用厚生的经济生存观，它在《尚书·虞书》的《尧典》和《舜典》中得到最初呈现，其后在《大禹谟》中获得系统表达：

> 钦、明、文、思、安安，允恭克让，光被四表，格于上下。克明俊德，以亲九族。九族既睦，平章百姓。百姓昭明，协和万邦。黎民于变时雍。（《虞书·尧典》）
>
> 浚咨文明，温恭允塞，玄德升闻，乃命以位。慎徽五典，五典克从；纳于百揆，百揆时叙；宾于四门，四门穆穆。（《虞书·舜典》）
>
> 帝曰："契，百姓不亲，五品不逊。汝作司徒，敬敷五教，在宽。"（《虞书·舜典》）
>
> 禹曰："吁！帝念哉！德唯善政，政在养民。水、火、金、木、土、谷唯修，正德、利用、厚生唯和。九功唯叙，九叙唯歌。戒之用休，董之用威，劝之以九歌，俾勿坏。"（《虞书·大禹谟》）

在中国上古文化传统中，使政治成为善业，这是帝王之德的真正体现。然而，在古人看来，实现政治善业的根本任务就是滋养人民，其基本方法是实施"九功"。《左传·文公七年》记载晋国上卿郤缺对执政者赵宣

---

① 唐代兴：《生境伦理的规范原理》，上海三联书店 2014 年版，第 334—336 页。

子的进言，表明"九功"思想已成为春秋早期的治国思想。历史地审视，这一已趋成熟的治国思想应该经历了夏商周三代的实践探索发展而来。

> 晋郤缺言于赵宣子曰："日卫不睦，故取其地，今已睦矣，可以归之。叛而不讨，何以示威？服而不柔，何以示怀？非威非怀，何以示德？无德，何以主盟？子为正卿，以主诸侯，而不务德，将若之何？《夏书》曰：'戒之用休，董之用威，劝之以九歌，勿使坏。'九功之德皆可歌也，谓之九歌。六府、三事，谓之九功。水、火、金、木、土、谷，谓之六府。正德、利用、厚生，谓之三事。义而行之，谓之德、礼。无礼不乐，所由叛也。若吾子之德莫可歌也，其谁来之？盍使睦者歌吾子乎？"宣子说之。（《左传·文公七年》）

"九功"乃六府三事的整合称谓，实施"九功"的基本步骤是先修六府，后治三事。"六府"者，水、火、金、木、土、谷是也，修"六府"，就是治理水、火、金、木、土、谷，以实现社会物质资源的丰富和人民生活资料的充盈。治"三事"则是指宣扬正德、利用、厚生。六府三事从经济和伦理两个方面构建起古代**德政**的标准：经济方面修六府，就是顺应自然（五行），平治水土，使万物生长，才可发展生产，充足生活资源，使人民获得物质方面的滋养；伦理方面治三事，就是正德、利用、厚生，使人民获得精神和德性方面的滋养。

上古的"九功"政治思想，实际上是包括了经济学和伦理学于一体的政治思想，或者说经济和伦理是古代政治的两个基本维度，并且生活资料充盈和生活道德化，既构成政治昌明的两条标准，也构成政治昌明的两个原则，还构成政治文化的基本传统。孔安国传曰："**正德以率下，利用以阜财，厚生以养民**，三者和，所谓善政。"[1] 正德、利用、厚生，唯有当此三者协调贯通时，政治才获得德性，成为美好的善业。

"正德以率下"是上古政治实践的黄金法则，即只有正德才能表率臣

---

[1] ［清］阮元校刻：《十三经注疏·尚书正义》，中华书局 2008 年影印版，第 135 页。

民。什么叫"正德"呢？舜做了最好的概括："克勤于邦，克俭于家，不自满假。……人心唯危，道心唯微，唯精唯一，允执厥中。"① 并且，率下须先正德，正德必先自修德，自修德就是做到"宽而栗，柔而立，愿而恭，乱而敬，扰而毅，直而温，简而谦，刚而塞，强而义"②。

"利用以阜财"是上古的政治经济学原理，这是向自然学习并遵循自然律谋求生存的生境经济学原理，即只有遵循开源节流、止役禁夺的法则才可多生其财。这里的"阜财"即生财、多财之义，这一语义源于"阜"字的自我蕴含性："阜"的词源本义是"土山"，它含有"大""肥硕""盛多、繁多""生长"等含义。土山乃起伏不平的土地，土地乃生生之所，它意味着生长与繁衍，所以，土地是"阜"的存在本体，生长构成"阜"的生存本质。《国语·鲁语上》："助生阜也。"韦昭注曰："阜，长也。"这就是说，在生生不息的土地上，凡物皆生长。生长的个体形态，就是大，就是肥硕；生长的群体状貌，就是繁多、盛多。"阜"要生长出财，并使"阜"本身成为财的来源（即成为"阜财"），既需要利用，即平治水土，使万物生长；又需要节源，这就是止役禁夺。所以《后汉书·刘陶传》曰："无欲民殷财阜，要在止役禁夺，则百姓不劳而足。"③ 由此看来，"利用以阜财"的经济学原理，蕴含了"正德以率下"的政治学智慧，即正德以率下的经济实践法则，就是"利用以阜财"。

"厚生以养民"，是指以尊重和善待的方式来滋养人民。尊重和善待什么呢？尊重和善待物、土地、自然，因为它是财的来源，它就是财，更因为它是生的来源，它原本是生。只有尊重和善待生，尊重和善待生的来源、生命，自然、土地才成为财的来源，人民才可因此而获得滋养。但厚生仅仅是实现养民的手段、方法。以此观之，厚生以养民的实质政治学努力，就是爱民，爱民即是"临下以简，御众以宽；罚弗及嗣，赏延于世。宥过无大，刑故无小；罪疑唯轻，功疑唯重；与其杀不辜，宁失不经；好

---

① ［清］阮元校刻：《十三经注疏·尚书正义》，中华书局 2008 年影印版，第 136 页。
② ［清］阮元校刻：《十三经注疏·尚书正义》，中华书局 2008 年影印版，第 138 页。
③ ［南朝宋］范晔：《后汉书》，岳麓书社 1983 年版，第 792 页。

生之德，洽于民心，兹用不犯于有司"①。厚生以养民的实质道德努力，就是"在安民"，因为"安民则惠，黎民怀之"②。厚生以养民的实质精神引导方向就是教民："天叙有典，敕我五典五惇哉！天秩有礼，自我五礼有庸哉！同寅协恭和衷哉！"③

概括如上内容，政治作为善业的根本治理功能，就是表率臣民；要表率臣民，其根本前提是治理者必须正德；正德的基本实践方式是"利用以阜财"和"厚生以养民"。所以，正德、利用、厚生，此三者之间的内在逻辑生成关系，更可以具体表述为：要抓德治，统治者必自正德并使其德正；统治者自正其德的德正路径，就是既要引导民开源，更要自我节流。开源节流要有序展开并富有实效，根本前提就是统治者必须带头止役禁夺。开源节流、止役禁夺的目的，是养民，因为只有真正做到了开源节流、止役禁夺，才能真心实意地养民；唯有真心实意地养民，为政才真正有德，邦国的治理才是善业。所以，正德，是实现政治善业的前提；利用和厚生，是实现政治善业的基本途径和方法。

如果从生命和人本的双重视角来审视利用和厚生。开源节流、止役禁夺，仅仅是利用的展开理路，利用的本质规定是性和生。如前所述，"利用以阜财"中的"阜"之本体是土地，本质是生长，即唯有凭借土地而生长，才生财，才使得财货、财物、财富繁多。这就是利用是**生**的根本理由。然而，生，既是自然的本性，也是万物的本性。告子曰："生之谓性。"④ 乃是对"生"字的准确把握和精辟概括。儒家经典《中庸》云："故天之生物，必因其材而笃焉。故栽者培之，倾者覆之。"⑤ 宋儒朱熹注此句曰："笃者，厚，天生之物，必厚之，厚生，乃天性。"都指出了**生源于性**：自然世界里，生物的多样性最终源于自然的生之本性；万物繁衍、物物相生，也缘于物的自生本性。以此观之，利用与厚生之间，蕴含本原

① ［清］阮元校刻：《十三经注疏·尚书正义》，中华书局 2008 年影印版，第 135 页。
② ［清］阮元校刻：《十三经注疏·尚书正义》，中华书局 2008 年影印版，第 138 页。
③ ［清］阮元校刻：《十三经注疏·尚书正义》，中华书局 2008 年影印版，第 139 页。
④ 杨伯峻：《孟子译注》，中华书局 2000 年版，第 254 页。
⑤ ［宋］朱熹：《四书集注》，中华书局 2003 年版，第 26 页。

性的生成关系：利用既源于生也为了生，并最终指向生。但"厚生"的首要语义却是**重生**，即尊重、善待土地、自然、万物、生命以及人的生之本性，唯有如此，才有可利用者；其次，"厚生"亦指**使其生**，这就是滋养的含义。客观论之，"厚生"所滋养的对象，不仅是人，首先是地球上的生命、物，以及整个自然世界。所以，重生和使其生，最终不过是生之本性的两种不同表述，这就是"厚生，乃天性"的原生语义。

概括"利用厚生"的词源学语义，其本质诉求是伦理学的："利用"所张扬的是经济伦理思想，体现的是经济道德原则。这一经济伦理学思想和经济道德原则所强调的不是"开源"（以工业化、城市化、现代化为基本诉求的现代文明所张扬的是开源，它所表现出来的经济道德原则是消费主义原则），而是"节流"，即强调实用节俭原则。这一经济道德原则的伦理依据是"物尽其用"，但物尽其用的本质却是"物尽其性"。与此不同，"厚生"所张扬的是生命伦理思想，体现的是生命道德原则，即**生生**原则：尊重自然本性、生命本性、事物本性，尊重自然、事物、生命的自生生本性。所以"厚生"蕴含的是生命原理、自然法则和宇宙律令。整合地看，利用厚生恰恰是普遍的人性要求、生命原理、自然法则、宇宙律令的简洁表述。利用厚生就是遵循自然宇宙的本性、自然的本性、万物的本性，追求物尽其用、物尽其性，追求人厚其生，并且最终是人尽其性。所以，利用厚生思想构成了生境伦理的核心思想，也构成了生境伦理的实践道德原则，这即是实用节俭的经济道德原则和敬畏尊重的生命道德原则。以利用厚生伦理思想为导向，"实用节俭"和"敬畏尊重"的道德原则应该成为恢复气候、重建地球生境的基本道德规范。展开气候-环境安全教育的道德规范引导，必须以利用厚生为基本主题，具体地讲，就是通过气候-环境安全教育，引导整个社会重建善待环境、善待地球、善待地球生命和人自己的道德生活原则，这即是利用厚生之"实用节俭"的经济道德原则和"敬畏尊重"的生命道德原则。

利用厚生教育，重在利用：利用是厚生的前提，只有拥有了利用意识，才有厚生观念；只有充分地利用，才可真正地厚生。利用的行为表现就是节俭、简朴，前提是杜绝浪费。以此来看，利用涉及到生产和生活两个领域。就生产领域论，利用意识和观念主要落实在社会生产过程中对能源、资源的节约和俭用。具体地讲，就是不断探索和提高能源、资源的最终利用率。客观地讲，在生产领域我们还处于以高浪费带动经济高增长的阶段，资源高浪费主要表现在三个方面。一是能源利用率很低，国家能源研究中心 2005 年公布的数据显示，在我国，每创造 100 万美元的国内生产总值的能源消耗，是美国的 2.5 倍、欧盟国家的 5 倍、日本的 9 倍。我国的能源利用效率不仅比发达国家低，而且单位产品能耗，要比发达国家高出 10％至 400％。① 二是资源回收利用率低，我国的资源回收利用率不到 30％，反观发达国家，它们的资源回收利用率却达到了 80％以上。三是再生资源利用率低。从这三个方面可以看出，在生产领域，我国对能源、资源、再生资源的利用空间特别大。在生活领域，我国更有一个浪费的"优良"传统，这一"优良"传统主要表现在四个方面：一是居家生活资源的浪费普遍，二是房屋修建、装修方面的浪费惊人，三是饮食浪费，四是重复购置浪费。我们在生产领域和生活领域的浪费，不仅有文化传统的支撑（比如中国人的面子传统、摆阔传统、大爷传统等），更因为控制和垄断，形成了制造浪费的土壤。比如生产浪费、重复建设浪费、社会化的建材浪费，甚至包括吃喝玩乐方面的浪费，其实主要是后一种浪费。居家生活资源浪费和饮食浪费，主要是生活方式、生活传统、生活习惯性浪费。面对这诸多方面的浪费，利用厚生教育，应特别注重物的利用教育和生活的简朴、节俭教育。

物的利用教育，应该遵循"物尽其用"的道德原则。

生活简朴、节俭教育，应该遵循"人尽其性"的道德原则。

三、中小学气候-环境安全教育的实施

气候-环境安全教育虽然要以家庭、学校、社区、社会为四维平台和

---

① 高飞：《如何提高企业能源利用率》，《资源与发展》2005 年第 3 期。

实施途径，但学校却是最重要的场所。在学校实施气候-环境安全教育，就是将气候-环境安全教育贯穿于学校教育的每个环节和各个方面。为表述简便起见，我们将学校气候-环境安全教育概括为中小学和大学两个环节。本节着重讨论中小学气候-环境安全教育，下节专门讨论大学气候-环境安全教育。

1. 中小学气候-环境安全教育目标

在中小学实施气候-环境安全教育，首要问题是如何设定中小学气候-环境安全教育的目标。从中小学生的年龄特征、认知特点、理解能力和行动作为能力等方面综合考虑，中小学气候-环境安全教育的目标内容应该是一个自洽性体系，它主要由四个方面的内容构成。

其一是认知目标：培养中小学生养成正确的气候-环境安全意识。

培养中小学生的"正确的气候-环境安全意识"，需从如下四个方面展开。一是应培养中小学生完整的"气候-环境"意识：气候-环境是对气候环境和地球环境的整体表述。气候是地球生命存在和人类持续生存的宇观环境，地球环境是地球生命存在和人类持续生存的宏观环境。二是应培养中小学生整体动态的气候-环境意识，即气候和地球是一个环境整体，这个整体的环境始终呈动态变化取向，并在动态变化中具有自创生功能，这种自创生功能表现为生生不息。气候和地球的这些自存在特征和取向是不以人力意愿为转移的。三是应培养中小学生具备人类与气候-环境的关系意识：人类存在于地球之上和大气之中，气候-环境构成了人类存在和生存的基本条件。人类文明发展到可以凭自己的意志和力量改变自然状貌的状态时，其指向自然界的行动就构成了对自然界的干预，对地球环境和气候运行方式的干预。这样一来，人类活动一点一点以层累方式悄然地改变着地球环境和大气环境，并最终导致气候失律、地球环境逆生化、气候灾疫和地质灾疫频繁暴发。四是使中小学生明确地意识到，人类活动无限度地介入自然界就是对气候-环境的犯罪，当代人类遭遇存在危机，生存条件深度丧失，都是人类对自然界犯下环境罪过的后果。所以应通过气候-环境安全教育，使每个学生都充分认识到：在今天，我们不经意的生活方式、生活行为，都会对环境产生意想不到的微弱的负面影响。

其二是基础目标：培养中小学生利用厚生的行动能力。具体地讲，就是从节俭实用和敬畏自然、尊重环境、热爱生命几个方面入手，引导学生学会利用厚生，并付诸日常生活行动。

其三是基本目标：培养中小学生养成简朴清洁的生活习惯。在气候-环境安全教育中培养中小学简朴清洁的生活习惯，其最终目的是引导中小学改变消费主义观念和消费主义生活方式。在工业化、城市化、现代化进程中，消费主义生产方式和生活方式之所以盛行，是因为这种消费方式和生产方式背后由一种主观预设的观念模式所支撑。这种主观预设的观念模式就是消费促生产、消费带来创造并且消费创造幸福。客观地看，这种主观预设的观念模式并不成立，因为消费虽然可以刺激生产、发展经济，刺激经济持续增长，但消费所带来的更多是枯竭和破坏，比如城市建设带来了对文化、传统的消解，经济增长带来了环境的破坏。消费更不能创造幸福，因为消费生存并不等于幸福："经济增长与个人消费的增加并不总是增进人们的幸福感。"[①] 消费不能创造幸福的根本原因有三：一是人们总是习惯性地将他们当前的消费与消费的增加加以比对，这种比对对大多数人来讲，"当比对的做出即便是在指向更为富裕的情况时，最初的幸福也总是在下滑"；二是"在于人们对自身与他人间所进行的比对，当与自己加以比对的他人所得更多时，人们会感到怅然若失"，"总而言之，经济增长所带来的财富总体增加并没有使普遍幸福感得以增强，这乃是人性使然。人们开始习惯于、'耽溺于'更高水准的消费，而且由于他们在自身与那些还要富有的他人间所做的令人不快的比对，他们财富的增长更令其沮丧"；[②] 三是贫富之间的差距日益拉大，这让人们总是感受到自己的不幸。

在气候-环境安全教育中培养中小学生简朴清洁的生活习惯，既要引

---

① ［美］彼得·S. 温茨：《现代环境伦理》，朱丹琼、宋玉波译，上海人民出版社 2007 年版，第 373 页。

② ［美］彼得·S. 温茨：《现代环境伦理》，朱丹琼、宋玉波译，上海人民出版社 2007 年版，第 375—376 页。

导和训练学生养成低碳生活和低污染生活的习惯,更应引导和训练中小学生放弃奢侈和安逸,追求必须劳动和辛苦的生活习惯,徒步、骑自行车的习惯,拒绝使用一次性产品的习惯,改变用过即扔的行为习惯等。

培养中小学生简朴清洁的生活习惯,其前提性训练是引导学生凡事想到地球,并且凡事养成从自己做起、从小事做起、从细节做起的习惯。

其四是重要目标:培养中小学生学会具备在日常生活中防治气候灾疫的能力。因为气候灾疫全球化和日常生活化已成为今天的生活特征,在当代生活中,对我们每个人来讲,每天都有可能遭遇气候灾疫、承受气候灾难,培养和训练中小学生具备防治气候灾害和疫病的实际生活能力,就变得特别重要。

2. 中小学气候-环境安全教育内容

中小学实施气候-环境安全教育的主要内容有三:一是气候教育,二是空气清洁教育,三是气候灾疫防治教育。

气候教育 气候教育是气候-环境安全教育的基础内容,重心是气候认知培养。因而,气候教育的基本内容是气候知识。应对中小学生展开气候知识教育,并且气候知识教育主要应落实在气候常识方面,但要力求系统性、科学性、准确性和实用性。

在中小学实施气候知识教育,最基本的内容有六个方面。一是气候运行的时空规律,亦即气候周期性变换运动的时空韵律,这需要结合实际生活中的气候现象来引导学生理解、领悟和把握气候运行的基本规律。二是气候与地球环境、气候与人类环境的关系:气候知识即是地球生命和人类存在的宏观环境和宇观环境方面的知识。三是气候变化与降雨的关系。四是气候失律的规律,包括层累规律和突变规律;气候失律的自然表现;气候失律的生态学后果;气候失律的地球影响和人类影响。五是气候失律的自然动力和人类原因。六是恢复气候的人类努力方向、方式。

空气清洁教育 空气清洁教育,就是大气清洁教育或者大气安全教育。空气清洁教育重在行动。在中小学阶段展开空气清洁教育的基本内容有二。第一,引导中小学生认知清洁空气的重要性、根本性、日常性、人人性。这涉及三个方面：一是清洁空气与恢复气候、重建环境生境的关系，二是清洁空气与个人生活和健康成长的关系，三是认知清洁空气与生活道德的关系。第二，引导训练中小学生的清洁空气的行动能力。清洁空气的行动能力训练须从两个方面展开：一是强化低碳生活的行动能力培养，二是强化生活低污染或零污染的行动能力培养。

引导中小学生展开低碳生活行动能力和生活低污染或零污染行动能力训练，应该遵循返还法则和经济学法则。所谓返还法则，就是所有有机物质的循环利用法则；所谓经济学法则，就是生活成本最低法则。遵循这两个法则，低碳生活行动能力和生活低污染或零污染行动能力培养，应从日常生活入手，从消费观念的更新、物品的使用和生活习惯的改变三个方面展开。其中，最重要的是消费观念，只有率先改变消费观念，才能顺应气候、简朴生活。因为顺应气候、简朴生活的前提是抑制欲望，改变消费观念应从抑制贪婪和享乐两个方面抑制人的欲望，所以，低碳生活行动能力和低污染或零污染行动能力训练，其实就是引导中小学生从小学会抑制贪婪和享乐的欲望，养成简朴的品质和生活习惯。

气候灾疫防治教育　气候灾疫，是指由气候引发出来的所有环境灾害和流行性疾病的简称，它包括由气候失律所直接造成的气候灾疫，以及由气候灾疫所引发出来的各种地质灾害、流行性疾病等。在中小学实施气候灾疫防治教育，重在训练中小学生的预防和恢复气候灾疫的各种生存技能或求生技能。

气候灾疫防治教育虽然是以技能训练为重心，但却要以气候灾疫防治知识教育为前提。进行气候灾疫防治知识的教育，应该进行分类教育。气候灾疫种类多，不同类型的气候灾疫的预兆、机理、特征、危害、后果各不同，比如强暴雨、洪涝与特大干旱、飓风与海啸、地面环境污染与大气污染、酷热与高寒等，在其预兆、机理、特征、危害、后果等方面完全不同，并且对这些不同类型的气候灾疫的信息预判、处置方法和规范行为，同样是各具特征，正是这些方面的不同与特征形成了不同类型的气候灾疫防治知识。气候灾疫防治知识的教育应该分开进行，这样才能使中小学生获得系统认知，形成认知导向的不同类型气候灾疫防治的基本技能。

气候灾疫防治知识教育，最终要落实在培养学生具备独立应对生活中可能发生的各种气候灾疫的生存技能或求生技能。因而，气候灾疫防治教育的重心是气候灾疫防治行为训练，这就要求中小学气候灾疫防治教育：第一，对防治行为进行分类训练时，应该予以环节化考虑，即每项气候灾疫的预防和救助行为训练，都应该进行灾疫前预警、灾疫中求生性救助和灾疫后重建性救助的行动技能训练。第二，气候灾疫防治行为训练教育，应该具有很强的针对性，包括区域针对性和环境针对性，因为不同区域、不同生存环境中经常性暴发的气候灾疫种类是不同的。仅就防治行为主体而言，也存在着很强的针对性，比如小学生与中学生、山区学生与平原学生、城市学生与农村学生，在生活中可能面对的突发性气候灾疫内容会有所不同，并且由于生存方式、生活习惯、生存能力也因出生和居住环境的差异而不同，气候灾疫防治技能训练的方式、方法或侧重也应该有所有区别，这种区别的总体要求是：联系本地气候-环境生态特征和经常暴发的气候灾疫种类，进行针对性的能力训练，力求实用。第三，在中小学展开气候灾疫防治行为训练教育，应尽可能根据其年龄特征、认知理解能力的独特性、实际生活应变能力等方面，从学生的真正需求出发，力图使复杂的气候灾疫预防、救助的行动技能形象化、生动化，使各具特征的学生通过训练而真正掌握和熟练运用各种类型、各个环节、各种情境下的气候灾疫防治技能。第四，应该加强具体气候灾疫情境的设计与预演训练，并延请气候灾疫的经历者给予现身说法与指导。第五，气候灾疫防治行为训练教育应更多地注重"户外教学"。户外教学可以采取学校与学校、学校与社区、学校与气候灾疫防治部门、学校与医院及其他卫生组织、学校与各种气候灾疫防治的社会组织展开合作或协作，对各种类型的气候灾疫防治技能进行多层次的训练，通过这种发散性、立体性的教学方式，真正培养中小学生的气候灾疫防治知识的迁移能力和应用能力。

3. 中小学气候-环境安全教育课程

减排和化污的气候恢复工作始于学校，学校始终处于气候-环境安全教育的最前线。由于气候失律、大气污染、地球环境逆生化所引发的生存问题越来越多、越来越严重、越来越动摇着人的日常生活安全和存在安全，所以在中小学展开气候-环境安全教育，应该设置专门的课程。具体地讲，中学和小学在气候-环境安全教育课程的设置上，应该有对象、目标、内容、范围、方法上的差异，所以应该进行课程的分设。

小学气候-环境安全教育，应该从"自然"课程中独立出来，单独设置**"气候·环境·生命"**课程，此课程对小学生进行气候启蒙教育，并通过这种启蒙教育来奠定小学生的气候-环境**能力基础。**

在小学阶段，对"气候·环境·生命"课程内容的设计，主要应有两个方面。一是基本认知，它包括五部分内容：第一，气候的基本知识；第二，气候与环境的关联知识；第三，气候与生命的关系知识；第四，气候、环境与人类存在关系的知识；第五，人类活动、个人行为与气候、环境的互动影响方面的知识。二是气候灾疫防治技能方面的内容，包括最常见、最普遍的气候灾疫的预防、救助、治理方面的生存技能和求生技能的训练教育。

中学阶段的气候-环境安全教育，应该专门开设**"低碳·气候·生境"**课程。此课程的内容应由两个方面构成。一是基本认知，它包括四部分内容：第一，气候规律知识，包括气候变化规律和气候失律方面的知识；第二，相关的历史知识，包括宇宙史、气候史、生命史、人类史之间的内在律动规律方面的知识；第三，气候与生境方面的知识；第四，气候、生境与温室气体排放方面的知识。通过这些方面的气候知识的传授，引导中学生系统地了解自然的整体存在状况，了解人、地球生命、自然、社会四者的共互生存规律，了解宇观气候、地球生态、生命存在、人类生存之间的互动关联，培养学生获得人、生命、自然、社会共生互生的整体生态视野，引导学生养成关心气候、关怀地球、关爱生命、关心生境的意识、品质和能力，激励学生初步形成可持续生存式发展的远景意识、生存想望和行动尝试。二是气候安全能力训练培养。对中学生来讲，气候安全能力的培养和训练，应该从三个方面努力：第一，低碳生活能力培养，就是训练中学生学会在日常生活中养成低碳排放的品质、习惯和能力；第二，低污染或零污染能力训练；第三，日常生活的生境能力培养。

四、大学的气候-环境安全教育的实施

中小学气候-环境安全教育，目的是培养儿童和少年获得气候环境意识，初步具备气候-环境安全能力和养成空气清洁卫生习惯。它为大学气候-环境安全教育奠定基础，大学气候-环境安全教育就是在这一基础上培养气候-环境安全精英，因而，在教育目标、教育内容、教育实施措施等方面都应体现大学特征。

1. 大学气候-环境安全教育目标

从本质讲，气候-环境安全教育是最深刻维度的人的教育，是在最深刻维度上的人性重塑教育。由于人的教育、人性重塑教育贯穿于教育的始终，所以气候-环境安全教育亦需贯穿其始终。正是在这个意义上，气候-环境安全教育必须进入大学教育，真正的大学教育不可忽视气候-环境安全教育，并且真正的大学教育是解决气候-环境安全的根本问题的教育："真正的大学将解决环境教育的根本问题。在一个环境教育在早期教育中普及的时代，在以经济为导向的'优秀大学'中，环境研究得到的支持将很可怜并逐渐减少。然而，如果思想倾向没有根本改变。大学中的环境意识和行动不太可能得到发展。真正的大学将通过致力于真正的可持续性，承担这种重要的、常常是超国家的、照看人类的真正需要的任务。最重要的是，真正的大学将是新一代生态精英的潜在训练场，当大崩溃来临时，这些生态精英将会努力保护我们文明的残余。他们将会成为新的黑暗时代的新教士。"[1] 大卫·希尔曼（David Shearman）、约瑟夫·韦恩·史密斯（Joseph Wayne Smith）此论向我们揭示了如下三个方面的事实：第一，在当代进程中，气候-环境安全教育的有无是衡量大学在实质上真假的试金

---

[1] ［澳］大卫·希尔曼、约瑟夫·韦恩·史密斯：《气候变化的挑战与民主的失灵》，武锡申、李楠译，社会科学文献出版社 2009 年版，第 199 页。

石，在大崩溃来临的前夜，没有气候-环境安全教育的大学，不能算真正意义上的大学；第二，以经济为导向的大学，抛弃了环境教育，就必然忽视气候-环境安全教育，因而，大学教育既丧失了对社会进行环境引导的功能，也丧失了对社会进行可持续引导的功能；第三，在气候失律的人类时代，大学必须重新回归自己，必须将气候-环境安全教育纳入大学，使之成为人类生态精英的潜在训练场所，这是大学的当代使命和人类使命。

基于如上基本认知，来讨论气候-环境安全教育如何作为宇观的并且能统摄所有环境问题的环境教育内容如何进入大学教育，需要解决大学气候-环境安全教育的课程实施问题。当讨论气候-环境安全教育的大学课程实施时，必须解决的一个现实问题，就是如何能够使气候-环境安全教育进入大学教育体系之中并以课程的方式得到实施。要解决这个现实问题，首先需要重新审视大学。

以历史的眼光审视，大学既是现代文明的缔造者，又是现代文明的产物。客观地看，现代文明产生的土壤是宗教，其动力是思想和科技。思想和科技孕育了大学，大学推动现代文明的诞生，并开启现代文明之旅。所以，大学是现代文明的造血机制。现代文明在诞生中必走向发展，并按照自己的方式展开：现代文明的展开方式，就是工业化、城市化、现代化方式。现代文明以工业化、城市化、现代化的方式展开自己、发展自己的内在动力系统，以无限物质幸福为目标，以消费主义为原动力，以傲慢物质霸权主义为行动纲领，以绝对经济技术理性为行动原则，以征服、改造、掠夺、占有为行动方式。在这种动力系统的推动下，现代文明在自我发展的过程中不断重塑它的缔造者——大学，并使大学最终成为它的附庸、应声虫、服从工具，大学的视野、大学的气质和胸襟、大学的精神和理想、大学的性格与个性、大学的内容与方法，既被彻底地工业化、城市化和现代化，也被彻底地消费主义化和形式主义化。

简·雅各布斯（Jane Jacobs）在反思现代文明对大学教育的塑造时指出，经济全球化和消费主义的表现类似传染性文化基因，它们横扫西方文明的政府、官僚和企业，现在正在感染其他文化。信仰者不能想象任何其他体制；那些反对者是经济宗教的异教徒，他们是退化论教育主义者，他们是右翼或左翼的政治极端主义者。大学就困在这个思想的网络中。大学只有一种模式，变化很少，这种遍布全球的模式，就是一种文凭主义的模式，这种模式最终表述为学位向企业雇主展示受到欢迎的品质，例如上进心、毅力，以及遵从和合作的能力。① "大学文凭是筛选求职者的机制。大学为服务于工业而调适，推动着竞争和消费主义，并且排挤对这种事业无益的思维模式。它的支持者很狂热，而反对者则被边缘化或被取代。同僚们、出版社和媒体迅速摒弃批评的或不顺从的文化基因。"② 现代文明笼罩下的大学，经历工业化、城市化、现代化的如此反反复复的浆洗之后，它的基础变成了砖块、灰浆、大学礼服和互联网及由此而形成的教育技术。"现在的大学欣然接受互联网，不是为了世界和平、公正、保护环境或消除贫困而强化知识，而是为和其他经济导向的大学竞争远方的学生。这些遥远地方的学生将为通过互联网进行的课程支付费用。如果希望这些大学的动机和政府的资助是使大学通过互联网为社会下层和穷人提供教育，或许就太理想化了。"③ 所以，"今天的大学自封为优秀大学，完全以为工业生产工作为导向，那些工作是科学的、技术的、管理的和经济的工作。实际上，这将是 所与社会发展无关的技术和职业学院。可能这些大学现在就是这种情况。这些大学将受到国家政策和产业的严重影响，接受它们的指导，接受他们的资助。它们将抛弃宽泛的自由教育，并抛弃它们认为不经济的学科"④。包括气候-环境安全教育、生态教育等都是"不经济"的内容，因而，都在"被抛弃"之列，并事实上成为"被抛弃"之物。

在对现代文明所塑造的现代大学的整体取向有基本认知之后，再来看

---

① Jane Jacobs, *Dark Age Ahead*, New York：Random House，2004.

② ［澳］大卫·希尔曼、约瑟夫·韦恩·史密斯：《气候变化的挑战与民主的失灵》，武锡申、李楠译，社会科学文献出版社 2009 年版，第 187 页。

③ ［澳］大卫·希尔曼、约瑟夫·韦恩·史密斯：《气候变化的挑战与民主的失灵》，武锡申、李楠译，社会科学文献出版社 2009 年版，第 195 页。

④ ［澳］大卫·希尔曼、约瑟夫·韦恩·史密斯：《气候变化的挑战与民主的失灵》，武锡申、李楠译，社会科学文献出版社 2009 年版，第 198—199 页。

真正的大学应该是什么样子。严格说来，大学教育相对于基础教育论，体现两个方面的基本特征：

第一，思维和认知论。基础教育更多地注重具体性，具体问题、具体认知、具体思维、具体方法；相反，大学教育更多地倾向于思维、认知和方法的整体性、关联性、系统性、动态性培养。因而，基础教育的培养思路是从局部走向整体、从具体走向抽象，大学教育的培养思路却是从整体走向局部、从抽象达向具体。有机论哲学家怀特海在论及大学教育的目的时指出："大学的理想与其说是知识，不如说是力量；大学的目标是把一个孩子的知识转变为成人的力量。"[①] 怀特海此论，其实是在一个至为深刻的维度上揭示了力量与能力既相联系，但更相区别。这种联系和区别既基于理性的判断，更缘于对经验的反观与总结：在通常意义上，能力是指我们为完成某事或做好某事所发挥出来的操作技能、技术或者说功夫，它的智慧或方法含量可能很高，也可能很低，甚至没有智慧或方法含量；与此不同，能够鼓动并支撑人站立起来的力量，必须具备很高的智慧和方法含量，唯有如此，力量发挥时才体现暴发性、创意性和高个性化特征。在一般情况下，一个人的能力可能直接由具体的知识或经验生成，但知识和经验对人的力量的生成所起的作用并不大。因为一个人身上所拥有的力量，更多地是由他所实际掌握的原理、法则、思想、精神的孕育和浸润而形成。或许正是基于这种认知，怀特海才做出这样的判断：在大学里，"真正有价值的教育是使学生透彻理解一些普遍的原理，这些原理适用于各种不同的具体事例"[②]。如果学生真正理解并掌握了这些普遍的原理，当他们走出学校后，"在随后的实践中，这些成人将会忘记你教他们的那些特殊性的细节；但他们潜意识中的判断力会使他们想起如何将这些原理应用于当时具体的情况。直到你摆脱了教科书，烧掉了你的听课笔记，忘记了你为考试而背熟的细节，这时，你学到的知识才有价值。你时刻需要

---

① ［英］怀特海：《教育的目的》，徐汝舟译，生活·读书·新知三联书店 2002 年版，第 49 页。

② ［英］怀特海：《教育的目的》，徐汝舟译，生活·读书·新知三联书店 2002 年版，第 48 页。

的那些细节知识将会像明亮的日月一样长久保留在你的记忆中；而你偶然需要的知识则可以在任何一种参考书中查到。**大学的作用是使你摆脱细节去掌握原理**（引者加粗）"①。美国教育思想家罗伯特·哈钦斯（Robert Hutchins）更直截了当地指出："高等教育的目的是培养智慧。智慧就是关于原理和原因的知识。因此，形而上学就是最高的智慧。……如果我们不能求诉于神学，我们就必须转向形而上学。要是没有神学或形而上学，大学就不能存在。"② 所以哈钦斯认为，大学是探索、理解、掌握原理的场所，这恰恰正是大学的理想，或者说是大学的生命所在和秘密所在："在一个理想的大学教育里，学生不是从最新的观察着手然后回到第一原理，而是从第一原理着手，到所有那些我们认为对了解这些原理是有意义的最新观察。……自然科学从自然哲学导出了它们的原理，而自然哲学则依赖于形而上学。……研究第一原理的形而上学，贯穿整个一切。……依靠着它并且从属于它的则是社会科学和自然科学"③。

第二，基础教育主要教给学生知识，而大学教育主要培养学生认知。怀特海在《哈佛大学的未来》中指出："认知是一个过程，在这个过程中，人们对不断变动的经验加以充实和检查。大学的功能就是启发学生掌握这个认识过程。"④

综合此二者可知，真正的大学是认知的而不是知识的，并且真正的大学的认知不是对细节的认知，而是对原理的认知。大学引导学生认知的原理，主要有两个方面：一是人性原理，这是人对人以及人组建社会、缔造国家、创建政体、制定制度和法律等原理的原理；二是自然原理，它包括生命原理、自然法则、宇宙律令。自然原理是人与自然、地球生命以及其他存在物之关系构成的原理的原理。并且，自然原理还是人性原理的最终

---

① ［英］怀特海：《教育的目的》，徐汝舟译，生活·读书·新知三联书店2002年版，第48—49页。

② 转引自［美］菲利普·弗兰克：《科学的哲学》，许良英译，上海人民出版社1985年版，第5页。

③ 转引自［美］菲利普·弗兰克：《科学的哲学》，许良英译，上海人民出版社1985年版，第6页。

④ ［英］怀特海：《怀特海文录》，陈养正等译，浙江文艺出版社1999年版，第155页。最终

依据。这就是大卫·希尔曼和约瑟夫·韦恩·史密斯之所以认为"真正的大学将解决环境教育的根本问题"的根本理由。因为环境教育，无论是生物环境教育、地球环境教育还是大气环境教育，就是引导学生了解、认知、掌握自然原理的方式，并且，只有在大学里，才可将探讨、认知、掌握原理作为教育的基本任务；也只有在大学实施气候-环境安全教育的过程中，才可能真正解决人类得以存在的地球环境和气候环境的认知的根本问题。

教育之于人类，既是对历史的传承，更是基于未来的召唤而突围当下存在的整体困境而开启时代生存新格局、新方向。当代人类所面对的整体存在困境，就是世界风险和全球生态危机，对这一存在困境和生态危机境遇的整体突围，就是探索社会转型发展，这种转型发展所呈现出来的整体方向是生境文明。基于生境文明对人类当代教育的宏观定向的呈现，在当代社会，真正的大学必须是生境主义的。当代大学应该将生境主义思想贯穿在大学教育的所有领域和每门课程中。以生境主义思想为导向的大学，其最高任务不是了解人类知识、文化、思想、智慧，而是了解自然、认知宇宙、理解生命，发现和掌握人类知识、文化、思想、智慧的自然依据和最终根源。"人类的大学将是这样一个地方，在这里宇宙通过人类智慧反观自身，在这里宇宙向人类群体传达它自己。大学将把宇宙作为自己发源、合法和统一的依据。由于宇宙是一个涌现的现实，所以宇宙首先应当通过它的故事被理解。在教育的每一个层次上，都应当把了解宇宙故事和人类在这个故事中的角色看作是不言而喻的任务。宇宙的故事将是所有学院或大学的基本课程。"① 在大学里，气候-环境安全教育就担当起了引导学生去了解宇宙故事和人类故事的课程，通过这个课程，宇宙和人类共互生存的秘密和原理，因为气候周期性变换运动的时空韵律而得到敞开。或者说，宇宙世界的全部秘密和最终原理，均蕴含在气候的周期性变换运动的时空韵律之中，了解和探讨所蕴含的全部秘密和最终原理，构成了大学

---

① ［美］托马斯·贝里：《伟大的事业：人类未来之路》，曹静译，生活·读书·新知三联书店 2005 年版，第 94 页。

气候-安全教育的最精彩而神圣的内容。

以生境主义为导向的大学，必须基于现实的存在风险和生存危机，为谋求人类存在安全和可持续生存培养环境主义精英，并要为平安地度过世界风险社会和全球生态危机，培养引导人类实现未来存在安全和可持续生存的思想家和拥有环境思想能力的政治家、企业家。在未来社会里，政治家必须是环境思想家，企业家必须是环境主义的公共知识分子。当前的世界风险取向和全球生态危机态势已经从整体上表明："未来的政府将会以生物圈的最高管理机构为基础（或者是把这种最高管理机构整合到政府中，这依赖于文明崩溃程度）。这种机构将由经过特别训练的哲学家和生态学家组成。这些监护人要么亲自统治，要么依据他们的生态学训练和哲学敏感性向威权政府提出政策建议。这些监护人将为这项任务而接受特殊的训练。"[①] 所以，以生境主义为导向的大学，其真正使命就是为突围当代境遇，为构建未来存在安全和可持续生存"培训和全面教育一种新型个人，这种个人将会是聪明的，并做好了服务和统治的准备。与今天的关注内容狭隘的经济理性主义大学不同，真正的大学将会用所有的艺术和科学来训练全面的思想家，这种思想家是环境危机使我们面对的决策所必需的。这些思想者将会是拥有立足于生态学知识的真正公众知识分子"[②]。处于世界风险和全球生态危机进程中的当代人类，"需要建立新的大学来培养一批新的思想家和活动家，以便我们能无所畏惧地解决本书讨论的问题。一所真正的大学是为人类和自然的根本需要服务的智慧的中心。我们很难相信，根深蒂固的政府/法人企业能被民主地取代，但有希望的是，当危机到来时，新启蒙的人将会在民事防御系统、政府中服务"[③]。

2. 大学气候-环境安全教育内容

气候-环境安全教育源于气候失律和由此引发的日益暴虐的气候灾疫。

---

① ［澳］大卫·希尔曼、约瑟夫·韦恩·史密斯：《气候变化的挑战与民主的失灵》，武锡申、李楠译，社会科学文献出版社2009年版，第178页。

② ［澳］大卫·希尔曼、约瑟夫·韦恩·史密斯：《气候变化的挑战与民主的失灵》，武锡申、李楠译，社会科学文献出版社2009年版，第177页。

③ ［澳］大卫·希尔曼、约瑟夫·韦恩·史密斯：《气候变化的挑战与民主的失灵》，武锡申、李楠译，社会科学文献出版社2009年版，第185页。

气候失律和气候灾疫的暴虐频发，共同谱写出全球气候生态危机的进行曲，其他所有的存在风险和生态危机，都是气候生态危机向深度和广度领域的扩散形态。气候生态危机，无论从自然宇宙的存在本性论，还是从生物本性和人类存在本性讲，都涉及道德的危机：气候"生态危机是一个道德问题……对生命的尊重和对人类个人尊严的尊重也扩展到对其他生物的尊重……人类辜负了上帝的期望。尤其是在我们的时代，人类毫无犹豫地破坏长满树木的平原和山谷、污染水资源、损害地球的栖息地、使空气污染不适宜呼吸、扰乱水文系统和大气系统、使丰饶的地区变成荒漠，并进行不加限制的工业化……因此，我们必须鼓励和支持生态皈依，生态皈依近几年使得人类对自己曾经前往的灾难更加敏感"[①]。气候-环境安全教育就是面对气候生态危机训练人们的生态危机意识，并在此基础上训练人的生境主义认知观、价值观和伦理道德观。

展开环境生产力教育·培养大学生的气候-环境能力　在世界风险社会、全球生态危机和社会转型发展的当代境遇下，气候-环境安全教育构成了环境教育的主题，并贯穿生境主义的基本诉求和价值取向。

气候-环境安全教育的生境主义诉求，是基于人类存在的三种天赋朝向而形成的：一是人人都有渴望自己存在安全的本能倾向，二是人人都有更平等地生活的渴望，三是人人都有接受人性再造的天赋朝向。气候-环境安全教育不过是以如何消解气候生态危机为动力，唤醒、放大人类的这三种天赋生命激情，引导人们从单一、片面的物质幸福追求中突围出来，注重存在安全和可持续生存本身，恢复气候、重建地球环境生境。气候-环境安全教育的首要任务，是展开环境生产力教育，培养当代人的气候-环境能力。

环境，无论是宇观的气候环境，还是宏观的地球环境，或者是具体的地域环境，对人类安全存在和可持续生存来讲，都是一种生产力，一种基础性的生产力。因而，大学气候-环境安全教育的首要任务，是展开环境

---

① Jahn Psul II, "The Ecological Crisis: A Common Responsibility", *World Day of Peace*, Jan. 1, 1990, http: www. ncrlc. com. /ecological-crisis. html.

生产力教育来培养学生的气候-环境能力。

展开环境生产力教育来培养大学生的气候-环境能力，涉及两个基本的方面：一是引导当代人重新了解环境，重新认知环境；二是培养当代人养成向环境学习、向自然学习的能力。

引导大学生重新了解环境、重新认知环境的重心，是了解和认知环境的自在本性和自生境活力，即无论是气候周期性变换运动这一宇观环境还是地球环境，都不是静止的，更不是无生命性的，而是有生命地存在着，具有自在本性和自生境力量。换言之，气候环境和地球环境的自在本性和自生境力量，使它具有按自身本性而存在而敞开生存运动的轨迹、规律，这是不以人的意愿或意志为转移的内在规定性。了解和认知气候环境和地球环境的这一内在本性和运动轨迹及其规律，是尊重气候、适应气候、维护地球环境生境的根本前提，亦是我们向气候学习、向地球学习、向整个自然世界学习的最终依据。

怀特海在讨论教育的含义时指出："'教育'的字面意思是引导出来的过程，因此，我们要谈谈如何循循善诱才能使你们的聪明才智增长起来，发挥出来。让我们想一想，大自然通常是用什么方法诱导世界万物生长的。如果你们不晓得整个生长的基本动因在你们内部，那么你们就无法去了解大自然的方法。从外部，你们能够得到的充其量不过是某些用以构建肌体的物质食粮和精神营养以及促使你们生龙活虎、蓬勃向上的某些激动和鞭策。实际上，在你们的成长过程中，至关重要的一切必须由你们自己去身体之，力行之。大自然的通常的方法是循循善诱的和轻松愉快的。如果不采用这种方法，很难说会有什么令人满意的成长。"① 培养大学生向气候学习、向地球环境学习、向整个自然学习，其根本目的是诱导、激励、促进他们了解、认知和掌握气候、地球、自然的运动轨迹、运动规律、运动法则和原理，以指导他们更理性地尊重气候、尊重环境、尊重自然，更好地适应气候、环境和自然，这是大学气候-环境安全教育的基础

---

① ［英］怀特海：《怀特海文录》，陈养正等译，浙江文艺出版社 1999 年版，第 109—110 页。

内容。

展开生境政治教育·培养大学生的生境政治能力 我们今天所面对的环境危机，无论是气候环境危机还是地球环境危机，其生成的主要原因是人类经济活动和人类军事活动。因为人类经济活动改造地球、征服自然、掠夺地球资源，构成了人类与环境对立的本质关系，在这种对立的本质关系中，地球环境逆生化，气候失律成为必然。因为人类的军事活动，地球环境和大气环境遭到前所未有的毁灭性破坏，核武器的试验与使用、核工业的发展与无限度的扩张，为争取土地、财富、资源和霸权而展开的各种各样的战争，不仅造成生命的消亡、生活的悲剧，而且在源源不断地制造各种各样的污染，这些污染不仅破坏了地球生态有机性，而且更破坏了大气，破坏了气候。在今天，人们都在大谈气候变化、国际减排，并将气候失律的所有责任推到经济发展上来，但有一个一直让人们沉默的且更加严重的事实，那就是与战争相关的各种军工生产和核建设，所排放出来的有毒污染物和二氧化碳等温室气体，所造成的气候失律和地球环境破坏，其实比单纯的经济增长所造成的气候失律和地球环境破坏要大得多，其造成的恶劣生态学后果和影响也更持久得多。

然而，无论是经济增长运动，还是不断扩张的军工业及核工业，都仅仅是表现形态，因为推动无限度经济活动和军工业及核工业得以加速扩张的最终动力，是政治力量。无论从本原讲，还是从本质论，"政治"既不产生于经济，也不产生于斗争和阶级，这些都是政治的后起形态，而是产生于人与生俱来的求群、适群、合群的生命本性的生存论释放，是人与人从个体走向整体、从自助走向互助、从孤立劳作走向群体创造的必然方式，它既是契约的，也是平等的，更是共在互生的。马克思主义揭露资本主义社会的异化劳动，但推动资本主义社会异化劳动的本质力量是异化的政治，它表征为垄断和集权。在人类工业文明进程中，垄断和集权带来了两个后果：一是人的自由程度降低，二是社会秩序及权力的稳固性弱化。解决这两个问题的根本之道就是发展经济，因为发展经济，追求经济高增长，能够给人们带来物质上的实惠和经济生活水平上的提高。同时，引导社会发展，激发人们追求经济高增长这个过程，把人们的注意力从自由关怀、权利追求引向对经济、收益和财富增长的关注。为了持续地、长久地把人们的注意力引向经济、收益、财富的梦想道路，唯一的办法就是不断地刺激经济和持续地追求经济高增长。于是，向自然开战，向地球进军，向土地要财富，向海洋和太空要空间拓展，就成为发展的主题。这一主题以不断拓展的方式展开的历史所产生的不可避免的结果，就是大地被掏空、污染全球化、气候失律、环境灾害和流行性疾病频发、地球生命和人类存在的安全感逐渐丧失。以此来看，降解污染，恢复气候，重建地球生境的根本任务，不仅要改变经济方式和生活方式，也要改变政治取向和政治方式，使政治回归生境道路，即使当代人类政治回归"自然、生命、人"合生存在和"环境、社会、人"共生生存的生境道路。

使政治回归生境道路的努力过程，就是重建生境政治的过程，这是生境文明的政治方向。顺应这一方向，大学气候-环境安全教育的核心任务，就是展开生境政治教育，培养大学生的生境政治能力。因为"现代文明的所有方面和地球的所有地方，都在陷入多种危机之中，这些危机使得现代文明统治的原则、实践和制度受到质疑。在这种'危机的危机'中，有一种危机仍有待于得到其应得的关注：自由主义政体是一种以古典自由主义和启蒙时代的理性哲学原则为基础的现代政治体系，它的失败正在迫近。自由主义政体建立在本质上具有自我毁灭性和具有危险性的原则之上。它在其集体主义形式上已经失败，并且与许多人的观点相反，它现在在其个人主义形式上也同样垂垂待死。……因此，现代文明的三个主要组成部分，即自由主义政体、资源开发性的经济和有目的的理性实践，因内部矛盾而漏洞百出。因此，文明处于崩溃之中。结果，现代政治潜在的极权主义，在未来的几年中，将展现其越来越大的力量。简言之，如果文明没有大的进步，我们将见证政治的崩溃"①。展开生境政治教育，培养大学生的生境政治能力，首先是展开人的世界性存在教育，培养大学生的生态整

———————

① W. Ophuls, *Requiem for Modern Polities*: *The Tragedy of the Enlightenment and the Challenge of the New Millennium*，Boulder：Westview Press，1997，p. 1.

体能力；其次是展开"自然为人立法，人为自然护法"教育，培养大学生学习自然的能力，培养学生向自然宇宙和生命世界领悟根本的存在智慧和可持续生存的整体方法；其三是展开"人、生命、自然"合生存在和"人、社会、环境"共生生存教育，培养大学生的"人、生命、自然"和"人、社会、环境"的共创生能力和生生不息的自创生能力。

展开可持续生存教育·培养大学生可持续生存式发展的生境利益能力

气候-环境安全教育的真正目的，是改变人类的存在姿态和生存方式，具体地讲就是改变人类的生产方式和生活方式，以使自己顺应气候变化和环境生境。具体地讲，就是通过改变已有生产方式和生活方式恢复气候、重建地球生境，实现存在安全和可持续生存。因而，气候-环境安全教育的重要内容，就是对大学生展开可持续生存教育，培养大学生可持续生存式发展的生境利益能力。这种生境利益能力培养须从两个方面着手：

首先，进行可持续生存教育。人类近代科学革命和哲学革命的最大胜利，不是发现了新大陆和重新发现了人，而是通过牛顿、弗朗西斯·培根、霍布斯、洛克、亚当·斯密、康德等人的努力，建立起了以人为唯一目的的存在论信仰、"发展就是一切"的生存论信念、物质霸权主义行动纲领与绝对经济技术理性行动原则，这四者支撑起片面的经济增长发展观，这种发展观只讲经济增长速度和经济增长的可持续性，忽视生存的可持续性。气候失律、灾疫失律、地球环境和大气环境全面遭受破坏，致使整个人类的最低生存条件——即可供人安全生存的大气条件和气候条件逐渐丧失。可持续生存教育的目的是彻底扭转这种存在观、生存论和行动方式，培养大学生的可持续生存意识，确立生存才是基石、生存才是起步、生存才是目的本身的基本信念。使每一个大学生都能在自己的认知世界里确立起这样一种发展观，即只有在可持续生存的基础上的发展，才是真正意义上的发展，才是具有永续存在之价值诉求的发展，才是生和生生不息的发展，一切其他形式的发展，只能给人的生存和人类存在带来毁灭。

其次，展开生境利益教育。人注定了是个体生命，因而每个人的存在和生存都需要资源的滋养，每个人都因为需要滋养生命的资源而必须谋求利益，包括物质利益或精神、情感利益。但基于可持续生存的需要，每个人所谋求的需要满足的利益，都不仅仅是当下利益，也不仅仅是静止的、缺乏生殖取向和生殖空间的利益，恰恰相反，每个人基于可持续生存的要求所谋求的利益，都应该是具有边际效应取向的生境利益。只有当人们获得了这样一种实质指向的利益观，只有当生存在这个世界里的大多数人或者所有人都具备了这样一种生境利益观，并在事实上谋取这样一种生境利益时，地球环境才可逐渐重获生境，气候才可真正恢复。

展开可持续生存的生境利益教育，一是引导大学生在谋求个人利益的过程中，也要为与之相关联的他者（他人、生命、环境）获得利益生殖而努力；二是训练大学生致力于使资源和环境重获可再生能力，因为可再生能力的获得，是环境重获自生境力量的真正体现。

3. 大学气候-环境安全教育课程

从整体讲，气候-环境安全教育应贯穿于大学教育、大学学习的各个领域和各门课程的内容之中，但基于当前环境恶化的严峻性和气候失律的不断恶化倾向，大学气候-环境安全教育还应设置专门的课程。

在大学设置专门的气候-环境安全教育课程，也符合人类基于现实而谋求未来的要求。1992年，联合国环境与发展大会所公布的《21世纪议程》在第36章"提高环境意识"中指出，在全球范围内，应该"从小学学龄到成年都接受环境与发展的教育"，并提出了如下五个方面的宏观要求：一是"把环境与发展的观念，包括人口统计学，结合到所有教育计划中去，特别强调结合地方实际情况讨论环境问题"；二是"成立一个国家委员会代表所有环境与集团的利益，为教育提供咨询"；三是"使学龄儿童参加地方和地区的环境卫生的研究，包括安全的饮用水、卫生、食物和生态系统"；四是"鼓励大学设立对环境有影响的跨学科课程"；五是"推广与当地环境与发展问题有关的成年教育计划"[①]。

在大学里，所要设置的气候-环境安全教育课程，应该是跨学科视野

① 万以诚、万岍选编：《新文明的路标：人类绿色运动史上的经典文献》，吉林人民出版社2001年版，第92—93页。

的课程，这门课程应该是大学所有专业学生都必须学习的课程。因而，以气候安全为主题的气候-环境安全教育课程，应该是大学教育的公共基础课程，并且是人人必修的公共基础课程。这门课程并不以修学分和学知识为标志，应使人人通过这门课程的学习而具备多元开放视野的环境能力，成为社会环境精英。大卫·希尔曼和约瑟夫·韦恩·史密斯讲得很对："真正的大学会推进世界人民的根本需要：和平、平等、救济贫困、创造健康，并用知识和智慧来看护环境。这一定义的优点是，它使诸如科学、经济学等学科服务于人类的需要。这些学科将与语言、艺术、历史和哲学一起，成为智慧的工具。"① 基于这一基本要求，气候-环境安全教育这门跨学科的必修公共基础课程，可以名之为**"气候环境学"**。

　　"气候环境学"是一门综合性课程，其课程内容应该对如下重要学科内容之精髓予以整合：一是天体运行体系，即宇宙科学和地球科学；二是世界的自然体系，就是物理学；三是以有机生命为基本主题的地球生命体系，即生物学；四是人类可持续生存的敞开进程，即历史学；五是人类社会存在与发展的结构与功能，即社会学、政治学和经济学；六是存在向生存敞开所形成的一般认知和概念体系，即哲学、伦理学和神学；七是"人、生命、自然"和"人、社会、环境"共互生存的自由空间体系，即艺术、美学、诗学。唯有具有如此整合视野和整合原理的课程，才可能真正培养起大学生"看护环境"的能力。这种能力构成了人类未来的保证，亦构成民族国家永续生存发展的保证。

---

① ［澳］大卫·希尔曼、约瑟夫·韦恩·史密斯：《气候变化的挑战与民主的失灵》，武锡申、李楠译，社会科学文献出版社 2009 年版，第 193 页。

参考文献

《马克思恩格斯全集》第 1 卷，人民出版社 2002 年版。

《马克思恩格斯全集》第 2 卷，人民出版社 2002 年版。

《马克思恩格斯全集》第 3 卷，人民出版社 2002 年版。

《马克思恩格斯选集》第 1 卷，人民出版社 1995 年版。

[澳] 凯尔森：《法与国家的一般理论》，沈宗灵译，中国大百科全书出版社 1996 年版。

[德] 恩格斯：《自然辩证法》，人民出版社 1984 年版。

[德] 马克思：《资本论》第 1 卷，人民出版社 1975 年版。

[德] 乌尔里希·贝克：《世界风险社会》，吴英姿、孙淑敏译，南京大学出版社 2004 年版。

[德] 约翰·德赖泽克：《地球政治学：环境话语》，蔺雪春、郭晨星译，山东大学出版社 2008 年版。

[法] 克洛德·阿莱格尔：《城市生态，乡村生态》，陆亚东译，商务印书馆 2003 年版。

[法] 克洛德·阿莱格尔：《气候骗局》，孙瑛译，中国经济出版社 2011 年版。

[法] 孟德斯鸠：《论法的精神》，张雁深译，商务印书馆 2004 年版。

[芬兰] Ilkka Hanski：《萎缩的世界：生境丧失的生态学后果》，张大勇、陈小勇译，高等教育出版社 2006 年版。

[加] 威廉·莱斯：《自然的控制》，岳长岭、李健华译，重庆出版社

2007 年版。

　　［加］詹姆斯·霍根、理查德·里都摩尔：《利益集团的气候圣战》，展池译，中国环境科学出版社 2011 年版。

　　［美］A. K. 贝茨：《气候危机：温室效应与我们的对策》，苗润生、成志勤译，中国环境科学出版社 1992 年版。

　　［美］Anthony N. Penna：《人类的足迹：一部地球环境的历史》，张新、王兆润译，电子工业出版社 2013 年版。

　　［美］The World Bank：《国际贸易与气候变化经济、法律和制度分析》，廖玟等译，高等教育出版社 2010 年版。

　　［美］阿尔弗雷德·克劳斯比：《人类能源史：危机与希望》，王正林等译，中国青年出版社 2009 年版。

　　［美］奥尔多·利奥波德：《沙乡的沉思》，候文惠译，经济科学出版社 1992 年版。

　　［美］巴巴拉·沃德、雷内·杜博斯：《只有一个地球》，《国外公害丛书》编委会译，吉林人民出版社 2005 年版。

　　［美］本杰明·卡多佐：《法律的成长：法律科学的悖论》，董炯等译，中国法制出版社 2002 年版。

　　［美］波斯纳：《法律的经济分析》，蒋北康译，中国大百科全书出版社 1997 年版。

　　［美］埃德加·博登海默：《法理学：法哲学与法律方法》，邓正来译，中国政法大学出版社 2004 年版。

　　［美］法里斯：《大迁移：气候变化与人类的未来》，傅季强译，中信出版社 2010 年版。

　　［美］戈登·B. 伯南：《生态气候学概念与应用》，延晓冬等译，气象出版社 2009 年版。

　　［美］格温·戴尔：《气候战争：即将到来的第三次世界大战》，冯斌译，中信出版社 2010 年版。

　　［美］赫尔曼·E. 戴利、肯尼思·N. 汤森编：《珍惜地球——经济

学、生态学、伦理学》，马杰等译，商务印书馆 2001 年版。

[美] 亨利·大卫·梭罗：《瓦尔登湖》，徐迟译，吉林人民出版社 1997 年版。

[美] 詹姆斯·汉森：《环境风暴气候灾变与人类的机会》，张邱宝慧等译，人民邮电出版社 2011 年版。

[美] 吉沃尼：《建筑设计和城市设计中的气候因素》，汪芳等译，中国建筑工业出版社 2011 年版。

[美] 杰里米·里夫金、特德·霍华德：《熵：一种新的世界观》，吕明、袁舟译，上海译文出版社 1987 年版。

[美] 卡洛琳·麦茜特：《自然之死》，吴国盛等译，吉林人民出版社 1999 年版。

[美] 科尔伯特：《灾异手记人类、自然和气候变化》，何恬译，译林出版社 2012 年版。

[美] 莱斯特·R. 布朗：《建设一个持续发展的社会》，祝友三等译，科学技术文献出版社 1984 年版。

[美] 雷蒙德·J. 伯比：《与自然谐存》，欧阳琪译，湖北人民出版社 2008 年版。

[美] 梅萨罗维克、[德] 佩斯特尔：《人类处于转折点》，梅艳译，生活·读书·新知三联书店 1987 年版。

[美] 米都斯等：《增长的极限》，李宝恒译，四川人民出版社 1983 年版。

[美] 泌姆·雷根、卡尔科亨：《动物权利论争》，杨通进译，中国政法大学出版社 2005 年版。

[美] 纳什：《大自然的权利》，杨通进译，青岛出版社 1999 年版。

[美] W. Schwerdtfeger：《南极的天气与气候》，贾朋群等译，气象出版社 1989 年版。

[美] 托马斯·贝里：《伟大的事业；人类未来之路》，曹静译，生活·读书·新知三联书店 2005 年版。

〔美〕威廉·H. 麦克尼尔：《瘟疫与人》，余新忠、毕会成译，中国环境科学出版社 2010 年版。

〔美〕约瑟夫. P. 德马科、理查德·M. 福克斯编：《现代世界伦理学新趋向》，石毓彬等译，中国青年出版社 1990 年版。

〔美〕詹姆斯·M. 布坎南、罗杰·D. 康格尔顿：《原则政治，而非利益政治》，张定准、何志平译，社会科学文献出版社 2004 年版。

〔葡〕何赛·P. 佩索托、〔美〕阿伯拉罕·H. 奥特：《气候物理学》，吴国雄等译，气象出版社 1995 年版。

〔日〕朝仓正：《气候异常与环境破坏》，周力译，气象出版社 1991 年版。

〔日〕福井英一郎、吉野正敏：《气候环境学概论》，柳又春译，气象出版社 1988 年版。

〔瑞士〕克里斯托夫·司徒博：《环境与发展：一种社会伦理学的考量》，邓安庆译，人民出版社 2008 年版。

〔英〕伯勒斯：《气候变化多学科方法》，李宁主译，高等教育出版社 2010 年版。

〔英〕戴维·赫尔德主编：《气候变化的治理：科学、经济学、政治学与伦理学》，谢来辉等译，社会科学文献出版社 2012 年版。

〔英〕哈特：《法律的概念》，张文显等译，中国大百科全书出版社 2007 年版。

〔英〕基思·托马斯：《人类与自然世界：1500—1800 年间英国观念的变化》，宋丽丽译，译林出版社 2008 年版。

〔英〕吉拉尔德特：《城市·人·星球城市发展与气候变化》，薛彩荣译，电子工业出版社 2011 年版。

〔英〕库拉：《环境经济学思想史》，谢杨举译，上海人民出版社 2007 年版。

〔英〕詹姆斯·拉伍洛克：《盖娅：地球生命的新视野》，肖显静等译，上海人民出版社 2007 年版。

世界环境与发展委员会：《我们共同的未来》，王之佳等译，商务印书馆 1992 年版。

《变幻莫测的气候》编写组编：《变幻莫测的气候》，世界图书广东出版公司 2010 年版。

《气候变化国家评估报告》编写委员会编：《第二次气候变化国家评估报告》，科学出版社 2011 年版。

《气候变化国家评估报告》编写委员会编：《气候变化国家评估报告》，科学出版社 2006 年版。

WWF 中国 SNAPP 项目组编：《气候变化国际制度：中国热点议题研究》，中国环境科学出版社 2007 年版。

曹荣湘主编：《全球大变暖：气候经济、政治与伦理》，社会科学文献出版社 2010 年版。

曾维华：《环境灾害学引论》，中国环境科学出版社 2000 年版。

陈刚：《京都议定书与国际气候合作》，新华出版社 2008 年版。

陈鹤：《气候危机与中国应对：全球暖化背景下的中国气候软战略》，人民出版社 2010 年版。

程明道：《气候变化与社会发展》，社会科学文献出版社 2012 年版。

崔大鹏：《国际气候合作的政治经济学分析》，商务印书馆 2003 年版。

董文杰等：《陆-气相互作用对我国气候变化的影响》，气象出版社 2005 年版。

高庆华：《中国 21 世纪初期自然灾害态势分析》，气象出版社 2003 年版。

葛全胜主编：《公民行动气候变化中的人类自觉》，学苑出版社 2010 年版。

顾延生：《2 万年来气候变化人类活动与江汉湖群演化》，地质出版社 2009 年版。

郭冬梅：《应对气候变化法律制度研究》，法律出版社 2010 年版。

郭世昌等编：《大气臭氧变化及其气候生态效应》，气象出版社 2002

年版。

郭远珍、彭密军编：《二氧化碳与气候》，化学工业出版社 2012 年版。

国家发展和改革委员会能源研究所编：《减缓气候变化 IPCC 第三次评估报告的主要结论和中国的对策》，气象出版社 2004 年版。

国家气候变化对策协调小组办公室、中国 21 世纪议程管理中心：《全球气候变化人类面临的挑战》，商务印书馆 2004 年版。

国家气候委员会办公室编：《国家气候委员会第二次全体委员扩大会议文件汇编》，气象出版社 1990 年版。

国家气候委员会编：《1991—2000 年中国国家气候计划纲要》，气象出版社 1990 年版。

何建坤主编：《低碳发展应对气候变化的必由之路》，学苑出版社 2010 年版。

何一鸣：《国际气候谈判研究》，中国经济出版社 2012 年版。

胡鞍钢、管清友编：《中国应对全球气候变化》，清华大学出版社 2009 年版。

解振华主编：《中国应对气候变化的政策与行动：2010 年度报告》，社会科学文献出版社 2010 年版。

解振华主编：《中国应对气候变化的政策与行动：2011 年度报告》，社会科学文献出版社 2012 年版。

雷毅：《深层生态学思想研究》，清华大学出版社 2001 年版。

李传轩等：《气候变化与环境法理论与实践》，法律出版社 2011 年版。

李建平：《全球大气环流气候图集 I：气候平均态》，气象出版社 2001 年版。

李俊峰等：《减缓气候变化原则、目标、行动及对策》，中国计划出版社 2011 年版。

李梦东：《传染病学》，科学技术文献出版社 1994 年版。

联合国国际减灾战略：《2009 减轻灾害风险全球评估报告气候变化中的风险和贫困》，中国社会出版社 2010 年版。

《联合国气候变化框架公约》，中国环境科学出版社 1994 年版。

廖小平：《伦理的代际之维》，人民出版社 2004 年版。

廖建凯：《我国气候变化立法研究以减缓适应及其综合为路径》，中国检察出版社 2012 年版。

林云华：《国际气候合作与排放权交易制度研究》，中国经济出版社 2007 年版。

刘湘溶：《生态伦理学》，湖南师范大学出版社 1992 年版。

刘湘溶：《生境文明论》，湖南教育出版社 1999 年版。

刘湘溶：《生态意识论——现代文明的反省与展望》，湖南教育出版社 1994 年版。

骆高远：《气候变化及其影响研究》，中国科学技术出版社 2005 年版。

绿色煤公司编：《挑战全球气候变化：二氧化碳捕获与封存》，中国水利水电出版社 2008 年版。

潘家华等：《减缓气候变化的经济分析》，气象出版社 2003 年版。

秦大河、陈宜瑜：《中国气候与环境演变下气候与环境变化的影响与适应、减缓对策》，科学出版社 2005 年版。

世界银行：《2010 年世界发展报告发展与气候变化》，清华大学出版社 2010 年版。

宋俊荣：《应对气候变化的贸易措施与 WTO 规则冲突与协调》，上海社会科学院出版社 2011 年版。

宋立刚、胡永泰主编：《经济增长、环境与气候变迁中国的政策选择》，社会科学文献出版社 2009 年版。

唐代兴、杨兴玉：《灾疫伦理学：通向生境文明的桥梁》，人民出版社 2012 年版。

唐代兴：《生境伦理的人性基石》，上海三联书店 2013 年版。

唐代兴：《生境伦理的哲学基础》，上海三联书店 2013 年版。

唐代兴：《生境伦理的规范原理》，上海三联书店 2014 年版。

唐代兴：《生境伦理的教育道路》，上海三联书店 2014 年版。

唐代兴：《生态理性哲学导论》，北京大学出版社 2005 年版。

唐代兴：《生态化综合：一种新的世界观》，上海三联书店 2015 年版。

唐颖侠：《国际气候变化条约的遵守机制研究》，人民出版社 2009 年版。

万以诚、万岍选编：《新文明的路标：人类绿色运动史上的经典文献》，吉林人民出版社 2001 年版。

王伟光、郑国光主编：《应对气候变化报告.2009，通向哥本哈根》，社会科学文献出版社 2009 年版。

王伟光、郑国光主编：《应对气候变化报告.2010，坎昆的挑战与中国的行动》，社会科学文献出版社 2010 年版。

王伟光、郑国光主编：《应对气候变化报告.2011，德班的困境与中国的战略选择》，社会科学文献出版社 2011 年版。

王伟男：《应对气候变化欧盟的经验》，中国环境科学出版社 2011 年版。

王正平：《环境哲学：环境伦理的跨学科研究》，上海人民出版社 2004 年版。

王子忠：《气候变化政治绑架科学?》，中国财政经济出版社 2010 年版。

文焕然：《秦汉时代黄河中下游气候研究》，商务印书馆 1959 年版。

徐嵩龄：《环境伦理学进展：评论与阐释》，社会科学文献出版社 1999 年版。

徐振韬：《太阳黑子与人类》，天津科学技术出版社 1986 年版。

杨槐：《21 世纪备忘录：全球气候变暖的科学真相与人文反思》，海天出版社 2010 年版。

杨洁勉主编：《世界气候外交和中国的应对》，时事出版社 2009 年版。

杨通进：《走向深沉的环保》，四川人民出版社 2000 年版。

杨兴：《〈气候变化框架公约〉研究——国际法与比较法的视角》，中国法制出版社 2007 年版。

杨永龙：《气候战争》，中国友谊出版公司 2010 年版。

叶平：《生态伦理学》，东北林业大学出版社 1995 年版。

余谋昌：《生态伦理学——从理论走向实践》，首都师范大学出版社 1999 年版。

余谋昌：《生态文化论》，河北教育出版社 2001 年版。

余谋昌：《生态哲学》，陕西人民出版社 2000 年版。

余谋昌：《惩罚中的醒悟——走向生态伦理学》，广东教育出版社 1995 年版。

余新忠主编：《清以来的疾病、医疗和卫生：以社会文化史为视角探索》，生活·读书·新知三联书店 2009 年版。

张焕波：《中国、美国和欧盟气候政策分析》，社会科学文献出版社 2010 年版。

张小曳、周凌晞、丁国安：《大气成分与环境气候灾害》，气象出版社 2009 年版。

中国气象学会大气环境学委员会编：《大气气溶胶及其对气候环境的影响》，气象出版社 2003 年版。

中华人民共和国国务院新闻办公室编：《中国应对气候变化的政策与行动》，外文出版社 2008 年版。

中华人民共和国国务院新闻办公室：《中国应对气候变化的政策与行动：2011 年度报告》，人民出版社 2011 年版。

朱力：《我国重大突发事件解析》，南京大学出版社 2009 年版。

朱留财等编：《2012 年后联合国气候变化框架公约履约资金机制初步研究》，经济科学出版社 2009 年版。

庄贵阳、陈迎：《国际气候制度与中国》，世界知识出版社 2005 年版。

庄贵阳、朱仙丽、赵行姝：《全球环境与气候治理》，浙江人民出版社 2009 年版。

庄贵阳：《低碳经济气候变化背景下中国的发展之路》，气象出版社 2007 年版。

索 引

后记

本书以《气候失律的伦理》所提供的环境智识、视野和方法，立足宏观，探讨环境治理如何做到局部动力向整体动力实现和整体动力向局部动力回归，或曰，如何以前瞻性预防治理带动结果性灾害治理，并以结果性灾害治理推动前瞻性预防治理，亦可用"表本兼治"来表述。

探究表本兼治之道，是本书的目标，为此而努力解决表本兼治的可能性和现实性何在的问题。注目前者，发现环境的自组织、自繁殖、自调节、自修复能力。环境能力、环境生产力的客观存在性，为表本兼治提供了自然可能性。关注后者，表本兼治的现实路径，是以生境伦理为指南，同时展开生境政治学、生境经济学、生境法学的实践探索。为卓有成效地展开生境政治、生境经济和生境法学治理，进行社会整体动员，实施环境教育，是必不可少的社会动力；再造人性、重塑社会运行机制，成为核心任务。所以，恢复气候、重建地球生境的实质性前提，是再造限度生存、权责对等的社会环境。具体落实为去奢侈化存在观和无限物质幸福论梦想，形成重新向自然学习、以自然为师的社会取向，再造以简朴为安、以简朴为美、以简朴为乐的生活方式。

后环境时代，是可持续生存才是硬道理的时代。

后环境时代，是以厉行节约、简朴生活为准则的时代。

本书得以顺利出版，首先受益于所在学校四川师范大学科研处和所在单位政治教育学院的资助，其次是人民出版社新学科分社社长陈寒节先生的鼎力支持；最为重要的是文字编辑张龙高先生将其智识和智慧运用于虔诚敬业的劳作之中，使本书少却了许多错误和失误。在此，谨致以最诚挚敬意和感谢！

　　感谢一直以来真诚关心、扶持、帮助我的所有朋友、同事、亲人和学生，尤其是燕子女士、尔多博士和昌阁博士的太多扶助；当然，更该致谢一路走来，那些以另外的方式给予我困境式激励和鼓动的人们。

2017 年 7 月 28 日书于狮山之巅